Lambacher Schweizer 7

Mathematik für Gymnasien – G9

Lösungen

Niedersachsen

Ernst Klett Verlag
Stuttgart · Leipzig

Inhalt

* Dieser Inhalt geht über das Kerncurriculum hinaus.

I Zuordnungen

Lösungshinweise zu den Erkundungen

Seite 6

An der Obst- und Gemüsewaage
- Neben der Obstsorte und dem Datum findet man auf dem Etikett den Preis für 1 kg, das Nettogewicht sowie den Preis für das Nettogewicht. Unter dem Nettogewicht versteht man das Obstgewicht (ohne Verpackung oder Aufkleber).
- Bei einem Nettogewicht von 3,136 kg wäre ein Preis von 4,99 € angegeben.
- 1 kg Bananen kostet knapp 1,60 €.
  2,50 € sind $\frac{25}{16}$ von 1,60 €, also bekommt man für 2,50 € auch $\frac{25}{16}$ kg Bananen. Das sind ca. 1,5 kg.
  $\frac{1}{2}$ kg Bananen kostet knapp 0,80 €, also kosten 1,5 kg ca. 1,60 € + 0,80 € = 2,40 €.
- individuelle Lösung

Zum Weiterdenken:
Die Waage rundet kaufmännisch. Ist die dritte Nachkommastelle eine 0, 1, 2, 3, oder 4 wird abgerundet, bei einer 5, 6, 7, 8 oder 9 wird aufgerundet.

Seite 7

Wenn ein Rechteck „die Kurve kratzt"
- individuelle Lösung, zum Beispiel:

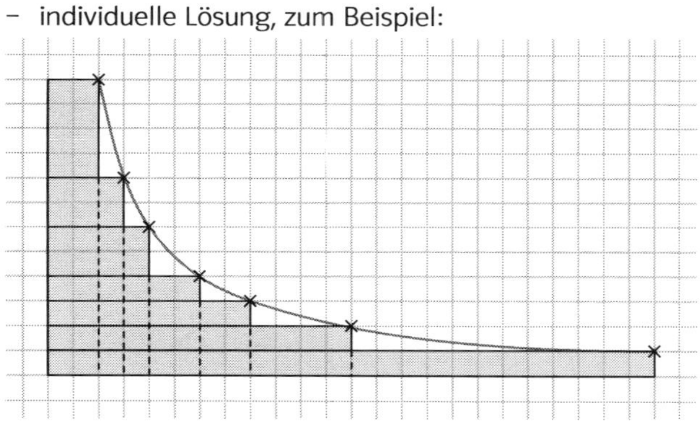

- Wenn die eine Seitenlänge ein halbes Karo lang ist, muss die andere Seite 48 Karos lang sein; bei einem Viertelkaro wäre die zweite Seite 96 Karos lang. Das Produkt beider Seitenlängen ergibt den vorgegebenen Flächeninhalt von 24 Karos.
- Man erhält die zweite Seitenlänge, indem man 24 durch die erste Seitenlänge teilt: $b = \frac{24}{a}$
  (a: erste Seitenlänge, b: zweite Seitenlänge).
- bei 36 Kästchen: $b = \frac{36}{a}$
  bei 20 Kästchen: $b = \frac{20}{a}$
  (a: erste Seitenlänge, b: zweite Seitenlänge).

Die Kurve rückt entweder näher an die Ecke unten links heran (bei 20 Kästchen) oder weiter von ihr weg (bei 36 Kästchen).

Nach Diagrammen laufen (Spiel für 3 bis 4 Personen)
Spiel

1 Zuordnungen

Seite 8

Einstiegsaufgabe
Wenn ein Pfeil von einem Fluss zu einem Land zeigt, bedeutet dies, dass dieser Fluss (zumindest teilweise) in diesem Land verläuft. Da ein Fluss durch mehrere Länder fließen kann, sind auch mehrere Pfeile von einem Fluss ausgehend möglich. Vom Amazonas geht kein Pfeil aus. Dies bedeutet nicht, dass er in keinem Land fließt, sondern nur, dass keines der Länder, durch die er fließt (zum Beispiel Brasilien), hier aufgeführt ist.

Ergänzte Darstellung:
individuelle Lösung, zum Beispiel:

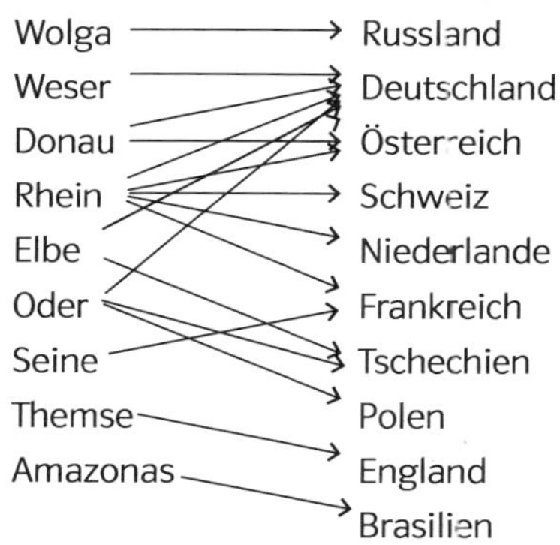

Seite 9

1 individuelle Lösung

2 individuelle Lösung (Die Veranschaulichung ist zum Beispiel mit einem Säulendiagramm möglich.)

3 individuelle Lösung

Seite 10

5 a) 8 € = 9,6 SFr.
25 € = 30 SFr.
7,50 € = 9 SFr.
b) individuelle Lösung, zum Beispiel:
15 SFr. = 12,45 €
200 SFr. = 166 €
Da 1 SFr. den Wert von 0,83 € hat, multipliziert man den entsprechenden Betrag in Schweizer Franken mit 0,83, um den Wert in Euro zu erhalten.

6 a) Durch die dreizeilige Tabelle sind die Zuordnungen *Fußlänge (in cm)* → *deutsche Größe*; *Fußlänge (in cm)* → *englische Größe* und *deutsche Größe* → *englische Größe* dargestellt. Dabei kann die Zuordnungsrichtung in allen drei Fällen auch umgekehrt werden.
b) Der englischen Größe 9 ist eine Fußlänge von 28,4 cm bis 28,8 cm zugeordnet. Ebenso lässt sich die deutsche Größe 43 zuordnen.

c) Der Fußlänge 27 cm entsprechen die Schuhgrößen 7 (englisch) bzw. 41 (deutsch).
d) individuelle Lösung

7 a) 12 hat die Teiler 1, 2, 3, 4, 6 und 12.
16 hat die Teiler 1, 2, 4, 8 und 16.
19 hat die Teiler 1 und 19.
b)

natürliche Zahl	2	3	4	5	6	7	8	9	10
Anzahl der Teiler	2	2	3	2	4	2	4	3	4

natürliche Zahl	11	12	13	14	15	16	17	18	19	20
Anzahl der Teiler	2	6	2	4	4	5	2	6	2	6

c) 2, 3, 5, 7, 11, 13, 17 und 19
Diese Zahlen sind nur durch 1 und sich selbst teilbar. Man nennt sie Primzahlen.

8 a) Haus: •••• •– ••– •••
Morse: –– ––– •–• ••• •
b) MATHE IST GEHEIMNISVOLL

2 Graphen von Zuordnungen

Seite 11

Einstiegsaufgabe
Die Mädchen haben ihre Mitgliederzahl grafisch dargestellt. Man sieht sehr gut, wie sich die Mitgliederzahl der Mädchen in den letzten Jahren verändert hat.
Die Jungen haben ihre Mitgliederzahlen in einer Tabelle dargestellt. Hier kann man die exakten Werte für jedes Jahr mühelos ablesen. Die zeitliche Entwicklung ist aber nicht auf einen Blick zu erkennen wie bei der Darstellung der Mädchen.

Seite 12

1 a)

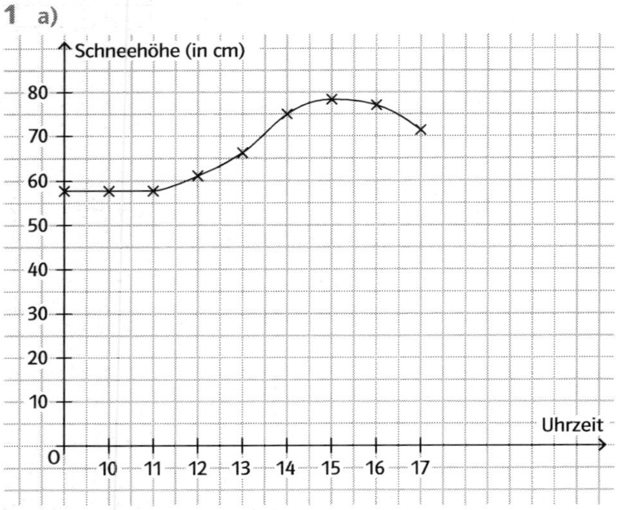

b) Um 12:30 Uhr wird der Schnee etwa 64 cm hoch gelegen haben.
c) Die Schneehöhe war ungefähr im Zeitraum zwischen 13:30 Uhr und 17:05 Uhr größer als 70 cm und vor 11:30 Uhr kleiner als 60 cm.

Seite 13

2 a)

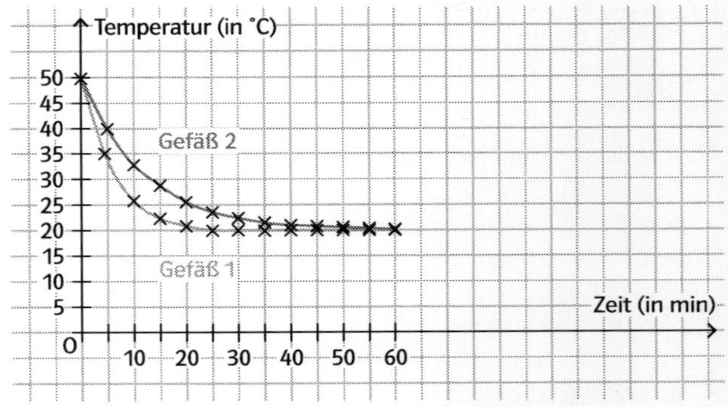

Hier ist es sinnvoll, die Punkte zu verbinden, da das Wasser über die Zeit kontinuierlich abkühlt.
b) Nach 22 Minuten beträgt die Temperatur des Wassers im ersten Gefäß etwa 21 °C und im zweiten Gefäß etwa 25 °C.
c) Da die Temperatur im zweiten Gefäß langsamer abnimmt, könnte es zum Beispiel besser isoliert sein, es könnte sich aber auch um eine größere Wassermenge handeln als in Gefäß 1.
Die Umgebungstemperatur wird vermutlich etwa 20 °C betragen.

3 Da es zwischen den Messwerten auch Zwischenwerte gegeben hat, ist die Verbindung der Punkte sinnvoll. Im Graphen (2) wurden die Punkte allerdings nur gerade verbunden; der dazugehörige Geschwindigkeitsverlauf wäre sehr unwahrscheinlich. Der Graph (3) stellt die Zuordnung daher am besten dar.

4 a)

Zeit (in h)	0	1	2	3	4	5	6
Höhe (in m)	0	2,5	5	4	3	5,5	8

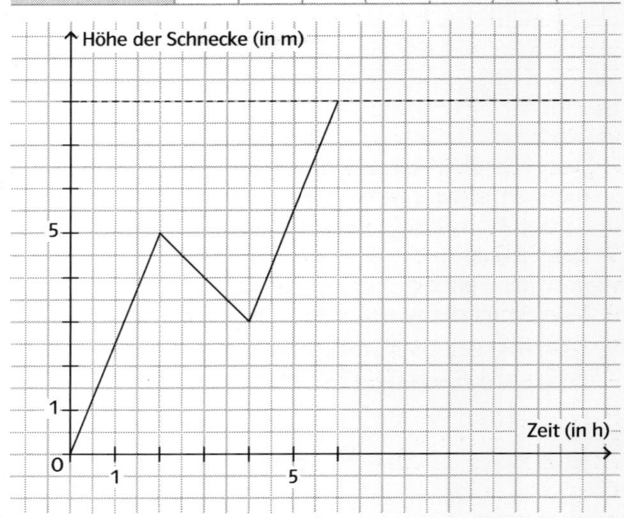

b) Die Schnecke ist nach 6 h oben angekommen.
c) Nach 1,6 h = 1 h 36 min, nach 3 h und schließlich nach 4,4 h = 4 h 24 min befindet sich die Schnecke in einer Höhe von 4 m, der Hälfte der Gesamthöhe.

5 a) individuelle Lösung
b) Unabhängig von der Wahl der Versuchsbedingungen (Flussstärke des Wasserhahns, Größe des Gefäßes, Zeitabstände für die Messung) ist zu erwarten, dass sich zumindest näherungsweise eine Gerade durch den Koordinatenursprung als Graph ergibt, wenn die Gefäßwände senkrecht zur Bodenfläche verlaufen. Bei anderen Gefäßformen ist es eine Kurve oder eine „gezackte" Linie, die durch den Ursprung geht (vgl. auch Aufgabe 7 dieser Lerneinheit).

Seite 14

7 individuelle Lösung

8 a)

Anzahl der Fahrten	0	1	2	3	4	5	6	7
günstigster Preis (in €)	0	1	2	2,5	3	3	4	5

Anzahl der Fahrten	8	9	10	11	12	13	14	15
günstigster Preis (in €)	5,5	6	6	7	8	8,5	9	9

b)

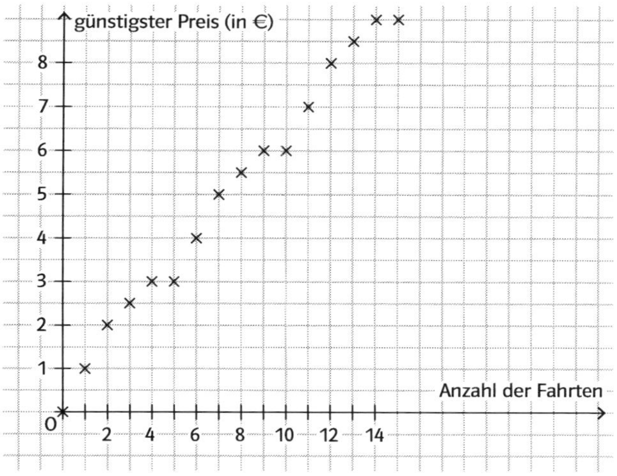

Es ist nicht sinnvoll, die einzelnen Punkte miteinander zu verbinden, weil die Anzahl der Fahrten eine natürliche Zahl sein muss. So lässt sich zum Beispiel der Zahl 2,5 kein günstigster Fahrpreis zuordnen.

9 Graph a) gehört zu Gefäß (3), weil hier die Füllhöhe wegen des immer größer werdenden Querschnitts des Gefäßes immer langsamer zunimmt. Graph b) gehört zu Gefäß (2), weil hier der Querschnitt des Gefäßes zunächst gleich bleibt und damit auch die Füllhöhe gleichmäßig zunimmt. Sobald sich das Gefäß verengt, bekommt der Graph einen Knick, die Füllhöhe nimmt dann wieder gleichmäßig zu, aber schneller als zuvor. Graph c) gehört zu Gefäß (4), weil hier die Füllhöhe zunächst immer schneller zunimmt, solange sich der Querschnitt des Gefäßes verkleinert. Dann bleibt der Querschnitt gleich, somit nimmt die Füllhöhe gleichmäßig zu. Graph d) gehört zu Gefäß (1), weil hier der Querschnitt des Gefäßes gleich bleibt und somit die Füllhöhe gleichmäßig zunimmt.

10 a) individuelle Lösung, zum Beispiel:
roter Weg:
Auf der Landstraße von Dorf A nach Dorf B kann man 100 km/h fahren. Kurz vor Dorf B muss man auf Ortsgeschwindigkeit (50 km/h) abbremsen. Nach Passieren von Dorf B kann man auf einem kurzen Stück wieder beschleunigen, um dann rechtzeitig vor den Kurven abzubremsen. Nach den Serpentinen kann man das letzte Teilstück bis Dorf E wieder 100 km/h fahren.
blauer Weg:
Auf der Landstraße von Dorf A nach Dorf D kann man 100 km/h fahren. Kurz vor Dorf D muss man auf Ortsgeschwindigkeit (50 km/h) abbremsen. Nach Passieren von Dorf D kann man auf der Landstraße nach Dorf E wieder auf 100 km/h beschleunigen.
gelber Weg:
Auf der Landstraße von Dorf A nach Dorf C gibt es wegen der Steigung ein Tempolimit von 70 km/h. Vor Dorf C muss man auf 30 km/h abbremsen, weil man durch ein Wohngebiet fährt. Auf der Landstraße von Dorf C nach Dorf D kann man wieder auf 100 km/h beschleunigen. In Dorf D gibt es eine Ampel, bei der man kurzfristig zum Stehen kommt. Auf dem letzten Teilstück von Dorf D nach Dorf E darf man wieder 100 km/h fahren.
b) individuelle Lösung
Die hier gezeichneten Graphen entsprechen den Beschreibungen aus Teilaufgabe a).

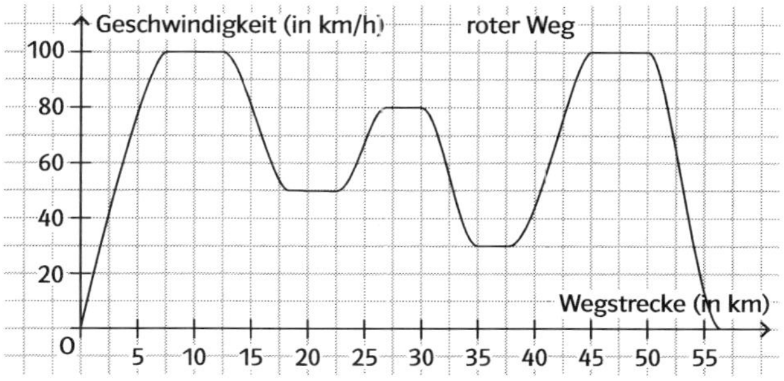

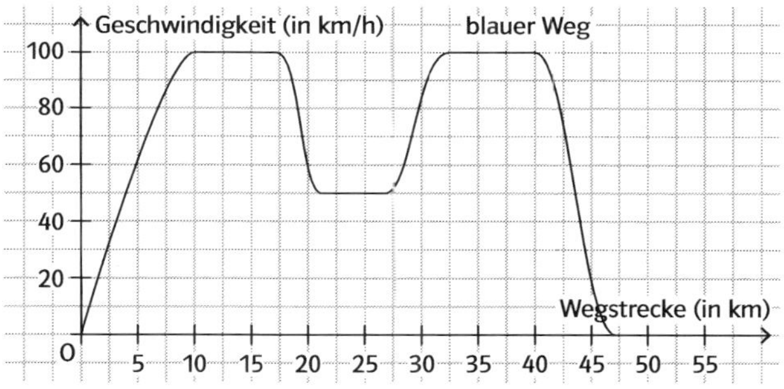

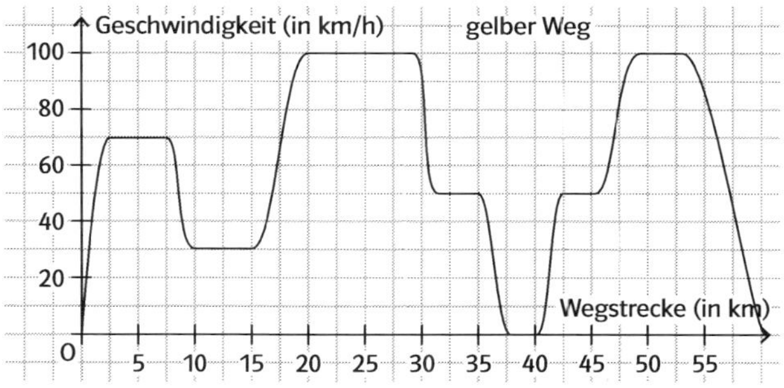

11 Lässt man die Kugel im höchsten Punkt los, so beschleunigt sie zunächst, bremst nach der Mulde etwas ab, um dann im letzten Abschnitt der Bahn wieder zu beschleunigen. Zur Zuordnung *Zeit → Geschwindigkeit* gehört Graph (3).

3 Zuordnungsvorschriften

Seite 15

Einstiegsaufgabe

Klasse	1	2	3	4	5	6	7	8	9	10	11	12
Lara	0	3	6	9	12	15	18	21	24	27	30	33
Peter	2	?	?	4	5	7	?	15	15	20	?	?
Sabine	2	2	4	4	8	8	14	14	22	22	32	32

Lara bekommt jedes Jahr 3 € mehr als im Vorjahr. Bei Peter folgen die Taschengelderhöhungen keiner Gesetzmäßigkeit. Sabine bekommt jeweils zwei Jahre lang das gleiche Taschengeld, dann gibt es eine Erhöhung um 2 €, 4 €, 6 €, 8 € und zuletzt 10 €.

Seite 16

1 a) In Fig. 1 ergibt sich der Flächeninhalt, indem man die Kantenlänge s mit sich selbst multipliziert und den dann erhaltenen Flächeninhalt eines Teilquadrats mit 4 multipliziert. In Fig. 2 ergibt sich der Flächeninhalt des Rechtecks, indem man die Länge 3 cm mit der Breite s multipliziert.
b) Fig. 1: $s \mapsto 4 \cdot s^2$; Fig. 2: $s \mapsto 3 \cdot s$
c) Fig. 1:

Kantenlänge (in cm)	1	2	3	4	5
Flächeninhalt (in cm²)	4	16	36	64	100

Fig. 3:

Kantenlänge (in cm)	1	2	3	4	5
Flächeninhalt (in cm²)	3	6	9	12	15

d) Fig. 1

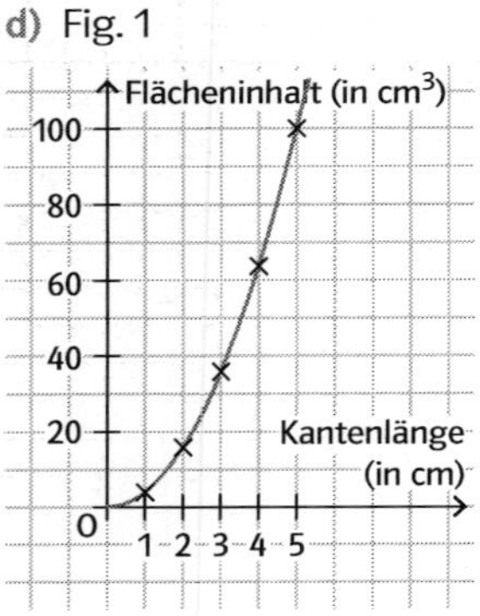

Fig. 2

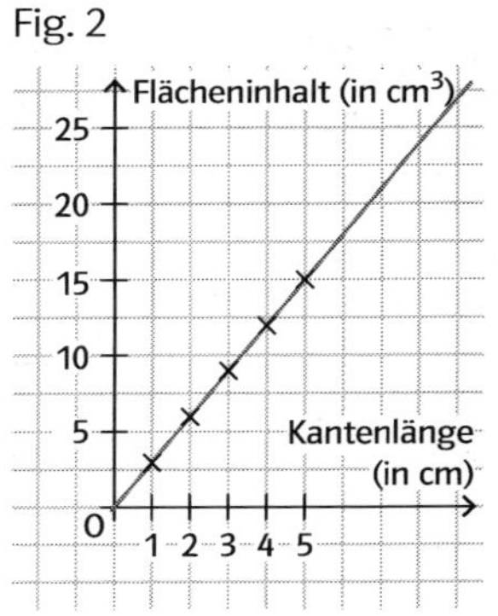

2 a) $k \mapsto k^3$ (k = Kantenlänge)

b)

Kantenlänge (in cm)	0,5	1	2	3	4
Volumen (in cm³)	0,125	1	8	27	64

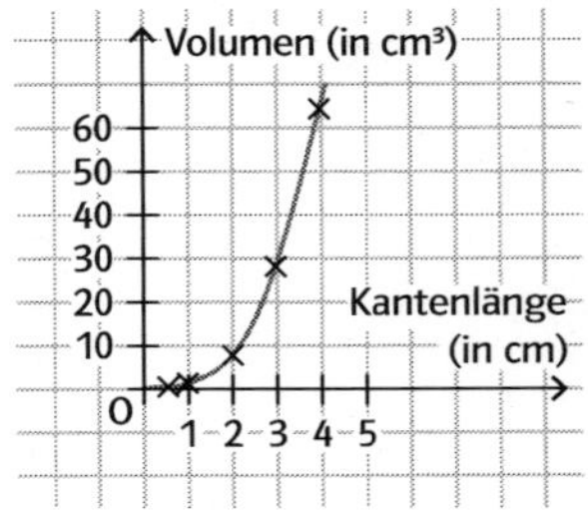

Bei einer Kantenlänge von ca. 2,7 cm beträgt das Volumen 20 cm³.
c) Oliver irrt sich. Wenn die Kantenlänge doppelt so lang ist, ist das Volumen 8-mal so groß. Dies kann er folgendermaßen einsehen: Zu einer gegebenen Kantenlänge k gehört das Volumen k^3. Verdoppelt man die Kantenlänge auf 2k, erhält man das Volumen $(2k)^3 = 2k \cdot 2k \cdot 2k = 8k^3$.

3 a) Nennt man die Körpergröße (in cm) x, ergibt sich die Zuordnungsvorschrift $x \mapsto x - 100$.
b)

Körpergröße (in cm)	150	155	160	165	170	175	180	185	190	195
Normalgewicht (in kg)	50	55	60	65	70	75	80	85	90	95

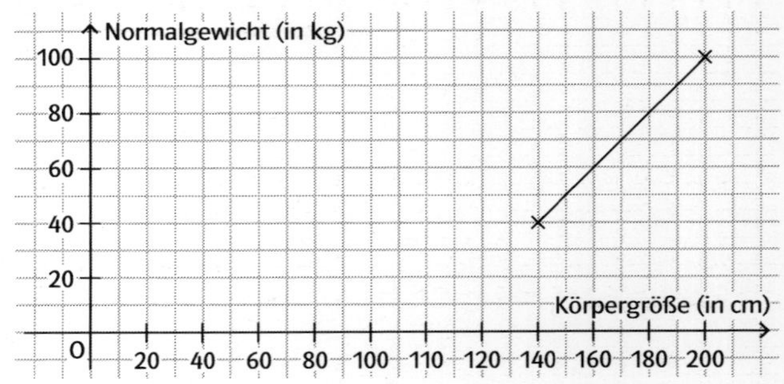

c) Für Menschen, deren Körpergröße unter 100 cm liegt, kann die Formel nicht gelten. Auch bei Körpergrößen zwischen 100 cm und 115 cm ist die Faustregel praktisch unbrauchbar; unterhalb 150 cm generell sehr ungenau.

4 a) $v \mapsto \frac{v}{10} \cdot \frac{v}{10} = \left(\frac{v}{10}\right)^2$ (v = Geschwindigkeit in km/h)
b)

Geschwindigkeit (in km/h)	20	30	50	100
Bremsweg (in m)	4	9	25	100

c)

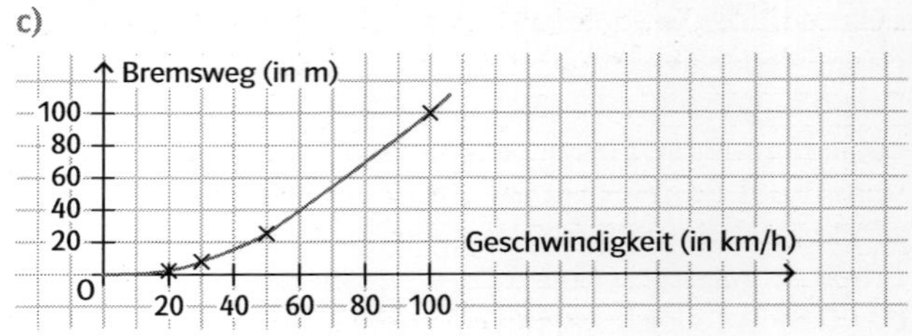

Seite 18

6 a) Die y-Werte sind bei (3) und (4) auf eine Dezimale nach dem Komma gerundet, die Graphen korrekt gezeichnet.

(1)

x	−5	−4	−3	−2	−1	0	1	2	3	4	5
y	−5	−4	−3	−2	−1	0	1	2	3	4	5

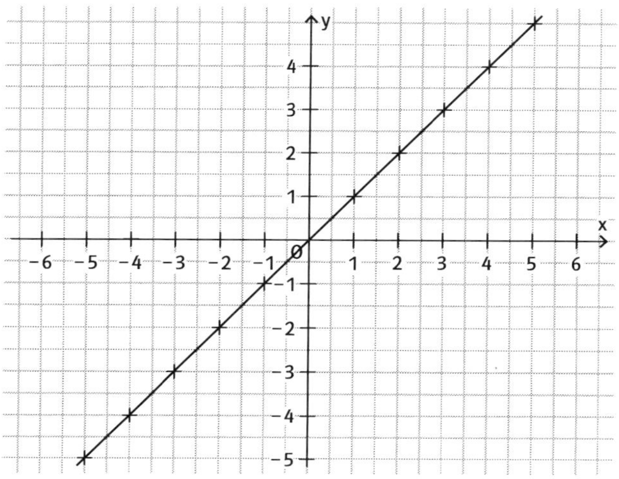

(2)

x	−5	−4	−3	−2	−1	0	1	2	3	4	5
y	−15	−12	−9	−6	−3	0	3	6	9	12	15

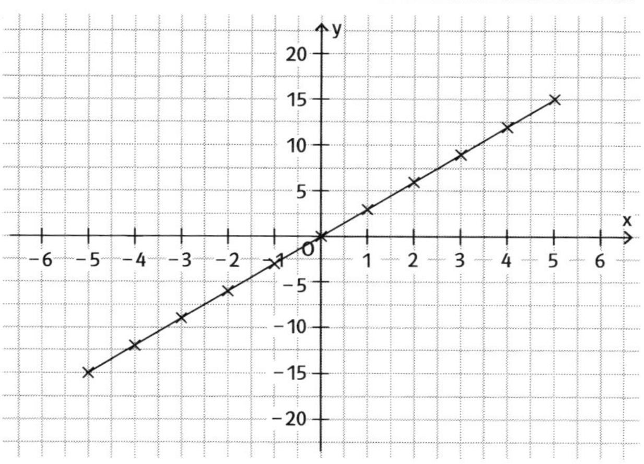

(3)

x	−5	−4	−3	−2	−1	0	1	2	3	4	5
y	−0,2	−0,3	−0,3	−0,5	−1		1	0,5	0,3	0,3	0,2

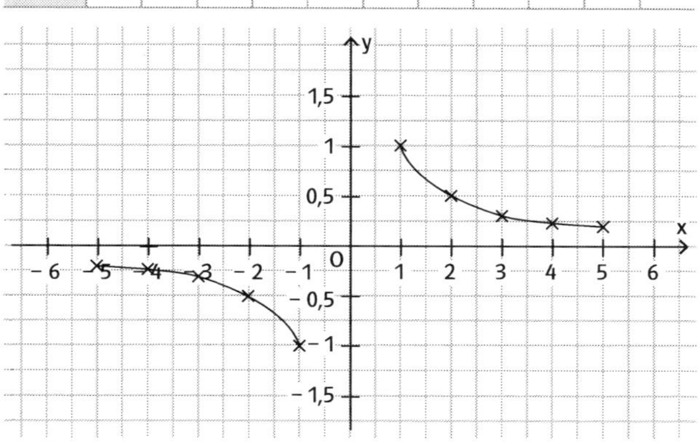

(4)

x	−5	−4	−3	−2	−1	0	1	2	3	4	5
y	0	0,1	0,1	0,3	1		1	0,3	0,1	0,1	0

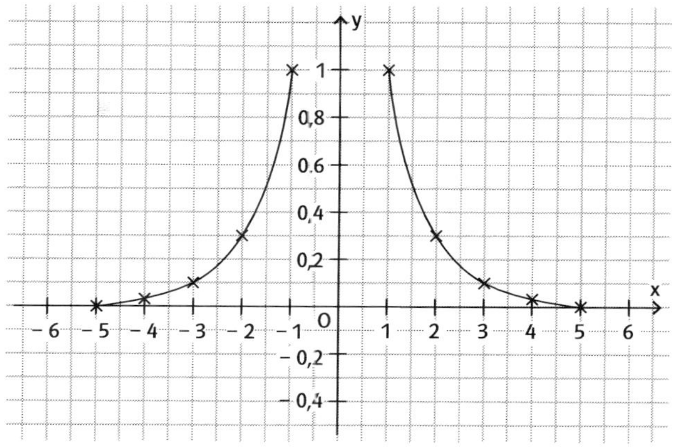

(5)

x	−5	−4	−3	−2	−1	0	1	2	3	4	5
y	26	17	10	5	2	1	2	5	10	17	26

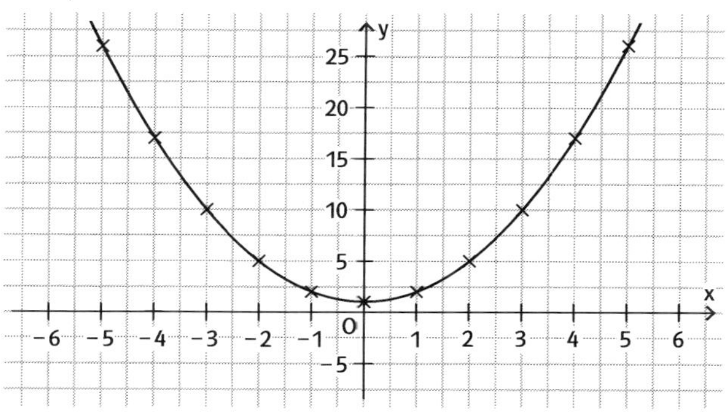

(6)

x	−5	−4	−3	−2	−1	0	1	2	3	4	5
y	−125	−64	−27	−8	−1	0	1	8	27	64	125

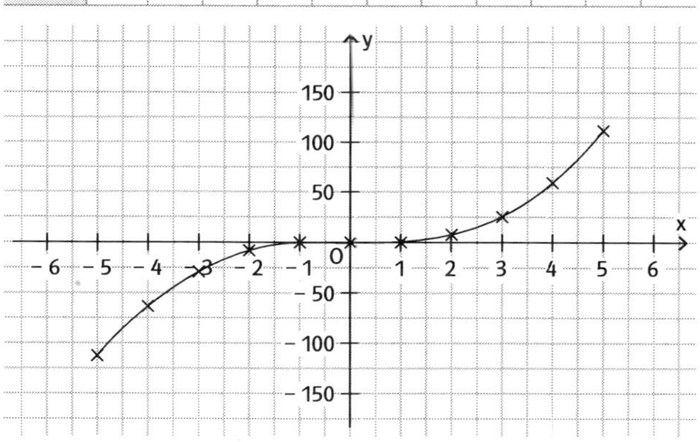

(7)

x	−5	−4	−3	−2	−1	0	1	2	3	4	5
y	625	256	81	16	1	0	1	16	81	256	625

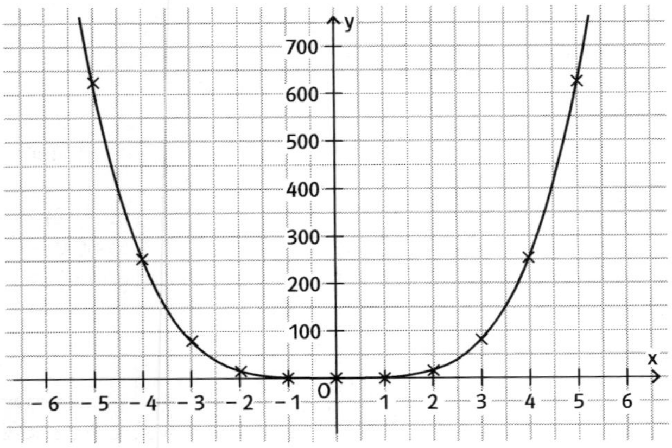

(8)

x	−5	−4	−3	−2	−1	0	1	2	3	4	5
y	−155	−88	−45	−20	−7	0	7	20	45	88	155

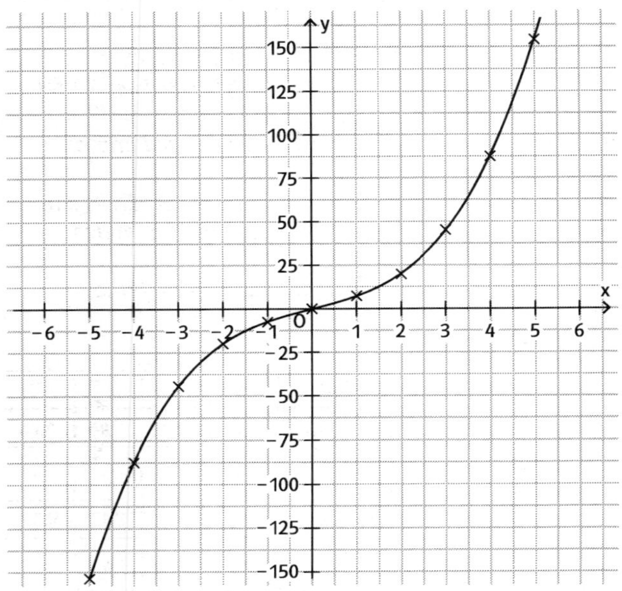

b) individuelle Lösung

7 a) individuelle Lösung, zum Beispiel:

Seitenlänge x (in cm)	0	2	3,5	7	8,8
Inhalt der grauen Restfläche (in cm²)	100	96	87,75	51	22,56

b) $x \mapsto 100 - x^2$

c)

Seitenlänge x (in cm)	0	1	2	3	4	5	6	7	8	9	10
Inhalt der grauen Restfläche (in cm²)	100	99	96	91	84	75	64	51	36	19	0

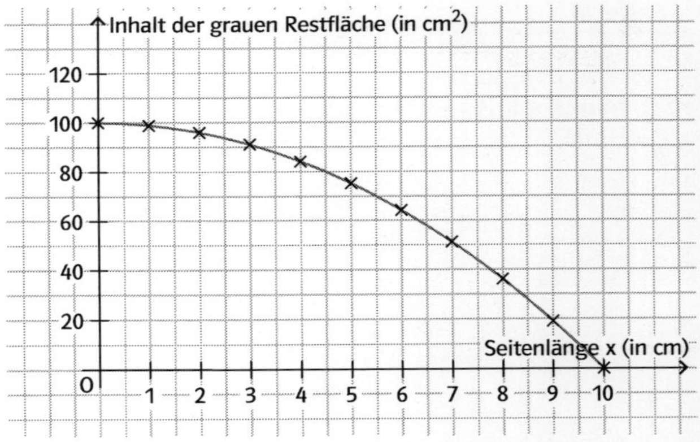

d) Zum y-Wert 50 kann man am Graphen den zugehörigen x-Wert ablesen: ≈ 7,1.

8 a) Der Umfang ist das 4-Fache der Kantenlänge q.
$q \mapsto 4q$

b) Der Oberflächeninhalt eines Würfels ergibt sich aus den Flächeninhalten von sechs gleichen Quadraten. Jedes dieser Quadrate hat den Flächeninhalt der Kantenlänge w zum Quadrat.
$w \mapsto 6 \cdot w^2$

c) Da der Winkel β Nebenwinkel zu α ist, ergibt er sich als Differenz von 180° und α.
$\alpha \mapsto 180° - \alpha$

9 Druckfehler im 1. Druck der 1. Auflage: Die Teilaufgabe a) kann an dieser Stelle noch nicht gestellt werden und wird gestrichen. Die Teilaufgaben b) bis d) müssen dann a) bis c) heißen und können uneingeschränkt bearbeitet werden.

a)

Anteil	10 %	20 %	30 %	40 %	50 %
Größe des Mittelpunktswinkels	36°	72°	108°	144°	180°

Anteil	60 %	70 %	80 %	90 %	100 %
Größe des Mittelpunktswinkels	216°	252°	288°	324°	360°

b)

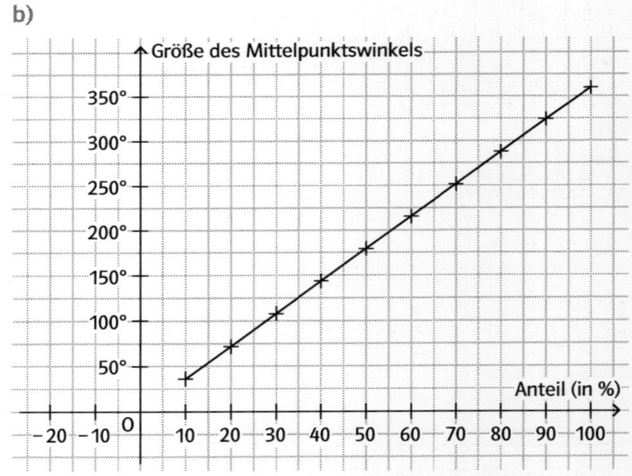

Zum Mittelpunktswinkel 210° gehört der Anteil $58,\overline{3}$ %.

c) $a \mapsto 360° \cdot \frac{a}{100}$

10 a)

Länge a (in cm)	3	4	**2**	**1**	10
Breite b (in cm)	2	**1,5**	3	6	**0,6**

b) Zuordnungsvorschrift der Zuordnung *Länge a (in cm)* → *Breite b (in cm)*: $a \mapsto \frac{6}{a}$
Zuordnungsvorschrift der Zuordnung *Breite b (in cm)* → *Länge a (in cm)*: $b \mapsto \frac{6}{b}$

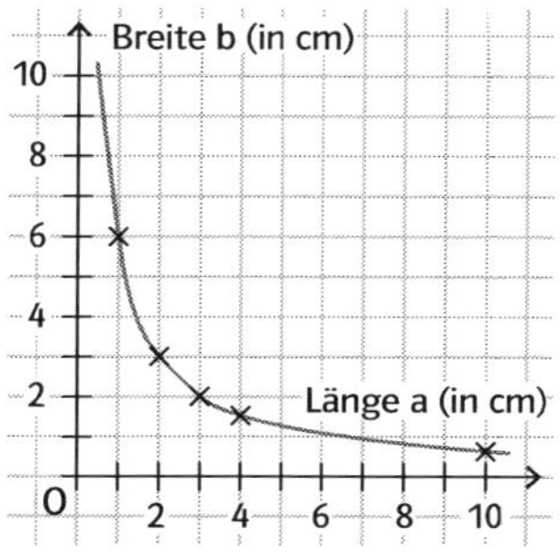

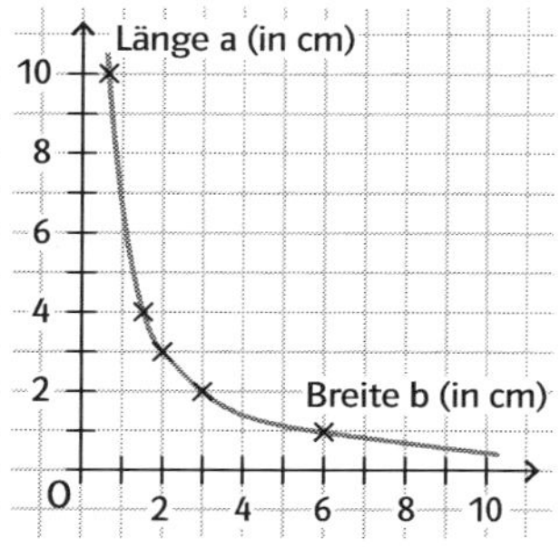

Die Graphen beider Zuordnungen sind identisch, da in der Zuordnungsvorschrift nur a und b vertauscht werden.

c)

Länge a (in cm)	3	4	2	1	10
Breite b (in cm)	2	1,5	3	6	0,6
Umfang (in cm)	10	11	10	14	21,2

Wertetabelle:

Länge a (in cm)	1	2	3	4	5	6	7	8	9
Breite b (in cm)	6	3	2	1,5	1,2	1	$\frac{6}{7}$	0,75	$\frac{2}{3}$
Umfang 2a + 2b (in cm)	14	10	10	11	12,4	14	≈ 15,71	17,5	≈ 19,3

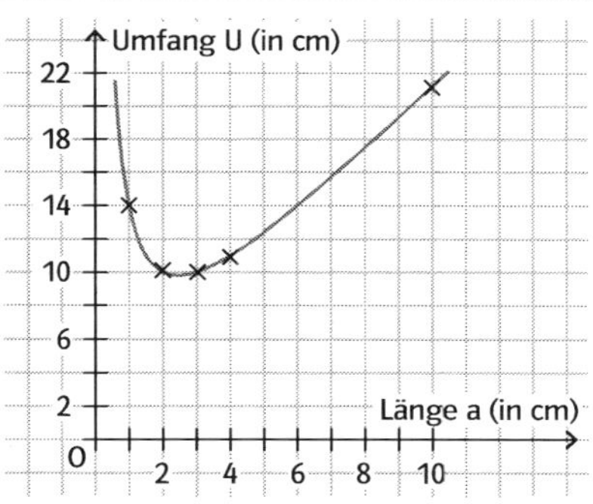

4 Proportionale Zuordnungen

Seite 19

Einstiegsaufgabe
Die dreifache Menge würde auch das Dreifache kosten, also 2,67 €. Um den Preis für 1 kg = 1000 g zu berechnen, kann man zunächst den Preis pro Gramm berechnen: $\frac{0{,}89\,€}{452\,g}$. Diesen muss man mit 1000 g multiplizieren. 1 kg Äpfel kostet also ca. 1,97 €.

Seite 21

1 a) Da jedes Blatt die gleiche Dicke besitzt, ist die Zuordnung *Anzahl der Blätter* → *Höhe des Stapels proportional.*
b) Die Zuordnung *Alter eines Menschen* → *Körpergewicht* ist nicht proportional. Mit 40 ist man beispielsweise nicht doppelt so schwer wie mit 20.
c) und d) Ein Quadrat mit doppelt so großer Kantenlänge hat einen doppelt so großen Umfang und einen viermal so großen Flächeninhalt. Die Zuordnung *Seitenlänge eines Quadrats* → *Umfang eines Quadrats* ist proportional, die Zuordnung *Seitenlänge eines Quadrats* → *Flächeninhalt eines Quadrats* ist dagegen nicht proportional.

2

	Je-mehr-desto-mehr-Zuordnung	proportional
a)	ja	nein
b)	nein	nein
c)	ja	ja

3 individuelle Lösung, zum Beispiel:
proportionale Je-mehr-desto-mehr-Zuordnungen:
- *Anzahl gleichartiger Würfel* → *Gewicht dieser Würfel (in g)*
- *Gewicht von Tomaten (in kg)* → *Preis der Tomaten (in €)*

nicht-proportionale Je-mehr-desto-mehr-Zuordnungen:
- *Anzahl der absolvierten Schuljahre* → *Menge des Wissens*
- *Anzahl der Sänger in einem Chor* → *Lautstärke*

4 a)

Anzahl	1	2	3	4	5	6	7
Preis (in €)	0,24	0,48	0,72	0,96	1,20	1,44	1,68

Anzahl	8	9	10	11	12	13	14
Preis (in €)	1,92	2,16	2,40	2,64	2,88	3,12	3,36

Anzahl	15	16	17	18	19	20
Preis (in €)	3,60	3,84	4,08	4,32	4,56	4,80

b) Proportionalitätsfaktor: 0,24
Den Proportionalitätsfaktor kann man als Preis von 0,24 € pro Bild deuten.

5 a) Ja, der y-Wert ist das 7-Fache des x-Wertes. Der Proportionalitätsfaktor ist also 7.
b) Nein, denn 45 ist nicht das 12-Fache von 3,5.
c) Nein, denn 14 ist nicht $\frac{1}{6}$ von 72.
d) Ja, der x-Wert ist das 4-Fache des y-Wertes. Der Proportionalitätsfaktor ist also $\frac{1}{4}$.

6 a)

x	0	1	2	3	5	7
y	0	2	4	6	10	14

b)

x	3	6	9	12	15	30
y	7	14	21	28	35	70

7 a) 900-g-Packung: 331 ct : 900 g ≈ 0,37 ct/g
3-kg-Packung: 699 ct : 3000 g ≈ 0,23 ct/g
4,5-kg-Packung: 949 ct : 4500 g ≈ 0,21 ct/g
Die Zuordnung ist nicht proportional, da die Wertepaare nicht quotientengleich sind.
b) 150-g-Joghurt: 29 ct : 150 g ≈ 0,19 ct/g
250-g-Joghurt: 39 ct : 250 g ≈ 0,16 ct/g
Die Zuordnung ist nicht proportional, da die Wertepaare nicht quotientengleich sind.
c) Gründe für Proportionalität: In der Herstellung kostet jedes Gramm Waschmittel bzw. Joghurt das Gleiche. Dies würde dafür sprechen, dass die Zuordnungen proportional sein sollten.
Gründe gegen Proportionalität: In der Praxis beobachtet man oft Mengenrabatte. Mit steigendem x-Wert sinkt der Quotient aus y-Wert und x-Wert. Dies kann man folgendermaßen begründen: Mit steigendem Inhalt sinken die Kosten für Verpackungsmaterial pro Gramm. Außerdem sind Mengenrabatte eine Marketingstrategie, die die Kunden zum Kauf größerer Mengen anreizen soll, um so den gesamten Absatz zu steigern.

8 a) gleichbleibende Einflussmenge, gleichbleibende Querschnittsfläche der Tonne, die Tonne darf noch nicht voll sein
b) gleichbleibender Abstand zwischen den einzelnen Schritten
c) gleichbleibende Geschwindigkeit, gleichbleibende Steigung, gleichbleibender Untergrund, gleichbleibende Windverhältnisse
d) Wenn zum Beispiel in öffentlichen Verkehrsmitteln jeder Fahrgast den gleichen Fahrpreis bezahlen muss und keine Vergünstigungen und Rabatte gewährt werden.

Seite 22

9 a) (1) Zuordnung *Zeit (in s)* → *Volumen (in l)*
Proportionalitätsfaktor: 0,5
Deutung als 0,5 l je s
(2) Zuordnung *Gewicht (in kg)* → *Preis (in €)*
Proportionalitätsfaktor: 1,5
Deutung als 1,50 € je kg
(3) Zuordnung *Länge (in m)* → *Gewicht (in kg)*
Proportionalitätsfaktor: 0,9
Deutung als 0,9 kg je m
(4) Zuordnung *Zeit (in min)* → *Strecke (in km)*
Proportionalitätsfaktor: 0,4
Deutung als 0,4 km je min
b)
(1)

Zeit (in s)	Volumen (in l)
10	5
8	4
25	12,5

(2)

Gewicht (in kg)	Preis (in €)
0,5	0,75
0,8	1,20
1,5	2,25

(3)

Länge (in m)	Gewicht (in kg)
2	1,8
3,5	3,15
5	4,5

(4)

Zeit (in min)	Strecke (in km)
30	12
120	48
125	50

c) individuelle Lösung, zum Beispiel:
(1) Eine Hüpfburg wird durch eine elektrische Pumpe aufgeblasen.
(2) Äpfel werden auf dem Markt verkauft.
(3) Im Baumarkt kann man Holzleisten zuschneiden.
(4) Ein Motorboot fährt mit gleichbleibender Geschwindigkeit.

12 Um die Rechnung zu vereinfachen, wird hier zunächst mit Sekunden gerechnet und danach wieder in Minuten umgerechnet.
1:12,68 min = 1 min 12,68 s = 72,68 s
Der Proportionalitätsfaktor der Zuordnung *Strecke (in m)* → *Laufzeit (in s)* wäre also 72,68 s : 1000 m = $0{,}07268\,\frac{s}{m}$.
Für 500 m würden
500 m · $0{,}07268\,\frac{s}{m}$ = 36,34 s = 0:36,34 min benötigt.
Für 1500 m würden
1500 m · $0{,}07268\,\frac{s}{m}$ = 109,02 s = 1:49,02 min benötigt.
Für 5000 m würden
5000 m · $0{,}07268\,\frac{s}{m}$ = 363,40 s = 6:03,40 min benötigt.
Je länger die Strecke ist, desto „schlechter" ist der Weltrekord, da die Läuferinnen ihre Kräfte einteilen müssen.
Der 500-m-Weltrekord ist „schlechter", da hier die langsame Startphase stärker zu Buche schlägt.

13 a) Für die Quotienten $\frac{\text{Ausdehnung}}{\text{Gewicht}}$ erhält man:
$\frac{2,5}{10} = 0{,}25$; $\frac{3,7}{15} \approx 0{,}247$; $\frac{6,3}{25} = 0{,}252$; $\frac{10,1}{40} = 0{,}2525$;
$\frac{13,7}{55} \approx 0{,}249$; $\frac{14,8}{60} \approx 0{,}247$; $\frac{16,3}{65} \approx 0{,}251$.
Alle Quotienten sind annähernd gleich. „Annähernd" bedeutet in diesem Zusammenhang, dass die meisten Quotienten nicht genau 0,25 betragen, sondern nur nahe bei 0,25 liegen.
Diese Abweichungen können beispielsweise durch Messfehler oder Runden entstehen.
b)

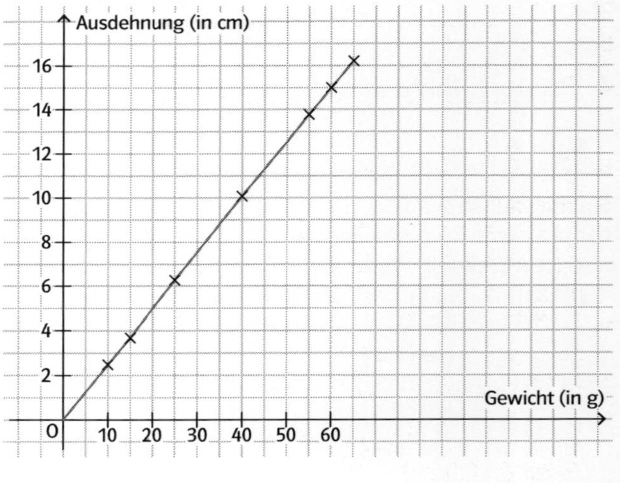

c) Aus der grafischen Darstellung kann man ablesen, dass bei 30 g eine Ausdehnung von etwa 7,5 cm zu erwarten ist. Bei 300 g ergäbe sich eine Ausdehnung von 75 cm, wenn man proportionale Verhältnisse voraussetzt. Der Proportionalitätsbereich ist jedoch begrenzt und kann nicht beliebig weit ausgedehnt werden.
d) Der Proportionalitätsfaktor zeigt, dass die Feder nur begrenzt ausgedehnt werden kann.

5 Antiproportionale Zuordnungen

Seite 23

Einstiegsaufgabe
Bei Arne reicht das Futter nur für 30 Tage (ein Drittel der Zeit, die die gleiche Futtermenge bei Jan reicht), da er im Vergleich zu Jan jeden Tag die 3-fache Menge Futter benötigt.

Seite 24

1 a) Die Zuordnung *Dicke der Brotscheiben (in cm) → Anzahl der Brotscheiben* ist antiproportional, da bei einer Verdopplung der Dicke einer Brotscheibe die Anzahl der Brotscheiben halbiert wird.
b) Die Zuordnung *zurückgelegte Strecke (in km) → verbleibende Strecke (in km)* ist nicht antiproportional. Auf der Hälfte der Strecke sind zurückgelegte und verbleibende Strecke gleich groß. Am Ende der Wanderung hat sich demgegenüber die zurückgelegte Strecke verdoppelt, die verbleibende Strecke aber nicht halbiert.
c) Die Zuordnung *Schrittlänge (in cm) → Anzahl der Schritte* ist (bei einer für die gesamte Wanderung konstanten Schrittlänge) antiproportional, da bei einer Verdoppelung der Schrittlänge die Anzahl der Schritte halbiert wird.
d) Die Zuordnung *Gewicht der Kugel (in g) → Wurfweite (in m)* ist nicht antiproportional. Wäre die Zuordnung antiproportional, so wäre es auch möglich eine entsprechend kleine Kugel mehrere Kilometer weit zu werfen.

2

	Je-mehr-desto-weniger-Zuordnung	antiproportional
a)	nein	nein
b)	ja	ja
c)	ja	nein

Seite 25

3 individuelle Lösung, zum Beispiel:
antiproportionale Je-mehr-desto-weniger-Zuordnungen:
- *Geschwindigkeit (in km/h) → Dauer bis zur Ankunft (in h)*
- *Preis für eine Fahrt (in €) → Anzahl möglicher Fahrten bei gegebenem Budget*

nicht-antiproportionale Je-mehr-desto-weniger-Zuordnungen:
- *Anzahl der absolvierten Schuljahre → Dauer bis zum Abitur (in Jahren)*
- *Anzahl der verspeisten Pizzen → Hungergefühl*

4 a)

Teilnehmerzahl	4	6	8	10	12
Tage	90	60	45	36	30

Teilnehmerzahl	16	20	24	30
Tage	22,5	18	15	12

b) Das Produkt ist für alle Wertepaare 360.
Deutung: Der Trinkwasservorrat besteht aus 360 Wasserrationen. Eine solche Wasserration reicht für einen Teilnehmer einen Tag.

5 a) Diese Zuordnung ist antiproportional, da alle Wertepaare produktgleich sind ($1 \cdot 48 = 2 \cdot 24 = 3 \cdot 16 = 4 \cdot 12 = 6 \cdot 8 = 8 \cdot 6 = 48$).
b) Diese Zuordnung kann nicht antiproportional sein, da die Wertepaare nicht produktgleich sind ($20 \cdot 0{,}3 = 6$; alle anderen Wertepaare ergeben das Produkt 5).

6 a)

x	1	2	4	6	10	20
y	12	6	3	2	1,2	0,6

b)

x	1	2	5	10	20	50
y	200	100	40	20	10	4

7 a)

Teilnehmerzahl	10	15	20	25
Kostenanteil (in €)	14,70	9,80	7,35	5,88

Teilnehmerzahl	30	35	40
Kostenanteil (in €)	4,90	4,20	≈ 3,68

b) $147 : 8 = 18{,}375$
Es müssen mindestens 19 Teilnehmer sein, damit der Kostenanteil je Teilnehmer nicht über 8 € liegt.

8 a) konstante Schrittlänge, die Schrittlänge ist ein Teiler von 100 m
b) gleiche Arbeitsleistung der Arbeiter, jeder kann ungehindert arbeiten
c) gleiche Ausflussmenge aus den Leitungen

9 a) Ein Strauß mit 15 (20; 25; 30) Rosen kostet 18,75 € (25,00 €; 31,25 €; 37,50 €). Die Zuordnung *Anzahl der Rosen → Preis des Straußes (in €)* ist proportional.
b) Wenn sich 15 (20; 25; 30) Personen zu gleichen Teilen an den Kosten beteiligen, muss jeder 2,00 € (1,50 €; 1,20 €; 1,00 €) bezahlen. Die Zuordnung *Anzahl der Personen → Kostenanteil je Person (in €)* ist antiproportional.

Seite 26

11 a)

Länge a (in cm)	0,5	1	2	3	4	5	6	8	10	12
Breite b (in cm)	24	12	6	4	3	2,4	2	1,5	1,2	1

b) $a \mapsto \frac{12}{a}$

c)

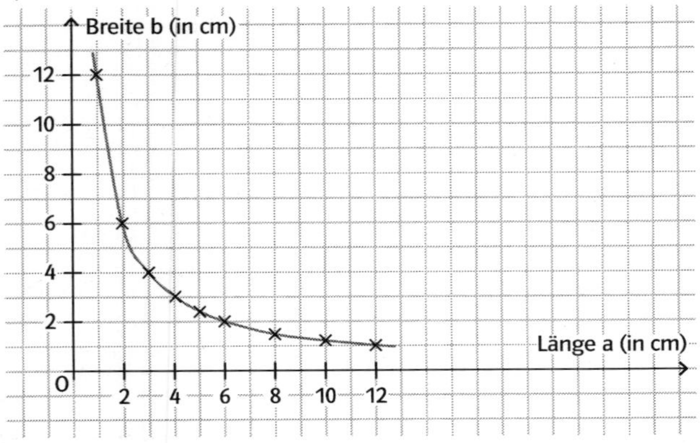

12 a) Die Zuordnung ist proportional mit dem Proportionalitätsfaktor 1,4. Begründung: Für alle Wertepaare ergibt der Quotient aus y-Wert und x-Wert 1,4.
Zuordnungsvorschrift: $x \mapsto 1{,}4x$

b) Die Zuordnung ist weder proportional noch antiproportional. Begründung: Die Wertepaare sind weder produkt- noch quotientengleich.

c) Die Zuordnung ist antiproportional.
Begründung: Für alle Wertepaare ergibt das Produkt aus x-Wert und y-Wert 180.
Zuordnungsvorschrift: $x \mapsto \frac{180}{x}$

d) Die Zuordnung ist weder proportional noch antiproportional. Mögliche Begründung: Bei einer proportionalen Zuordnung muss dem x-Wert 0 auch der y-Wert 0 zugewiesen werden. Dies ist hier nicht der Fall. Bei einer antiproportionalen Zuordnung darf 0 nicht als x-Wert auftauchen.

13 a)

x-Wert	1	1,5	2	3	4	6	8	12
y-Wert	6	4	3	2	1,5	1	0,75	0,5

b) individuelle Lösung

14 a) roter Graph: $y \approx 2{,}1$; blauer Graph: $y \approx 1{,}6$; grüner Graph: $y \approx 1$

b) berechnete y-Werte:

	y-Wert für x = 2	y-Wert für x = 3	y-Wert für x = 4	y-Wert für x = 5	y-Wert für x = 6
roter Graph	1,05	0,7	0,525	0,42	0,35
blauer Graph	0,8	≈ 0,53	0,4	0,32	≈ 0,27
grüner Graph	0,5	≈ 0,33	0,25	0,2	≈ 0,17

gemessene y-Werte (es wurden nur die Werte eingetragen, die man gut ablesen kann):

	y-Wert für x = 2	y-Wert für x = 3	y-Wert für x = 4	y-Wert für x = 5	y-Wert für x = 6
roter Graph	1	0,7	0,5		
blauer Graph	0,75	0,5			0,25
grüner Graph	0,5		0,25		

Alle drei Graphen gehören näherungsweise zu antiproportionalen Zuordnungen. Allerdings beschreibt nur der grüne Graph eine exakte antiproportionale Zuordnung. Beim roten Graphen sind beispielsweise die Wertepaare (1 | 2,1) und (2 | 1) nicht exakt produktgleich, beim blauen Graphen gilt dies für die Wertepaare (1 | 1,6) und (1,5 | 1).

6 Drei Werte sind gegeben – Dreisatz

Seite 27

Einstiegsaufgabe
Für die Kaufentscheidung ist nicht der Paketpreis ausschlaggebend, sondern der Stückpreis.
Stückpreis (Preis B): 699 ct : 750 = 0,932 ct
Stückpreis (Preis E): 1999 ct : 2000 = 0,9995 ct
Timm sollte also die kleinere Verpackungseinheit wählen und davon drei Pakete kaufen (insgesamt 2250 Nägel).

Seite 29

1 a)

	h	km	
	3	210	
:3	**1**	**70**	:3
· 8	8	**560**	· 8

Beispiel für eine mögliche Zuordnung:
Dauer einer Autofahrt bei konstanter Geschwindigkeit von 70 km/h (in h) → zurückgelegte Strecke (in km)

b)

	g	Anzahl	
	250	3,50	
:5	**50**	**0,70**	:5
· 12	600	**8,40**	· 12

Beispiel für eine mögliche Zuordnung:
Mehl (in kg) → Anzahl der Brötchen

c)

	m	min	
	150	240	
:15	**10**	16	:15
· 3	**30**	48	· 3

Beispiel für eine mögliche Zuordnung:
Länge einer Warteschlange (in m) → Wartezeit (in min)

2 a)

	l	Anzahl	
	0,7	30	
:7	0,1	**210**	· 7
· 5	0,5	**42**	:5

Beispiel für eine mögliche Zuordnung:
Inhalt eines Glases (in l) → Anzahl der Gläser, die gefüllt werden können bei einer Gesamtmenge von 21 l

b)

	h	$\frac{km}{h}$	
	$2\frac{1}{2}$	120	
:5	$\frac{1}{2}$	**600**	· 5
· 8	4	**75**	:8

Beispiel für eine mögliche Zuordnung:
Reisezeit mit dem Flugzeug (in h) → benötigte Durchschnittsgeschwindigkeit (in $\frac{km}{h}$)

c)

	Anzahl	Tage	
	9	49	
·7	63	7	:7
:3	21	21	·3

Beispiel für eine mögliche Zuordnung:
Anzahl der Kühe → Zeit, wie lange 441 Futterrationen ausreichen (in Tagen)

3 15,0 l; 850 km

4 a) Es können 255 Glasballons mit je 4 l gefüllt werden.
b) Jedes Fass hat ein Volumen von 85 l.

5 a) Das Regal hat eine Gesamtbreite von $8 \cdot 5\,\text{cm} = 40\,\text{cm}$. Die Zuordnung *Breite eines Ordners (in cm) → Anzahl der Ordner* ist antiproportional (vorausgesetzt, dass man als x-Werte nur Teiler von 40 einsetzt). Also ist der Dreisatz anwendbar. Bei einer Breite der Ordner von 4 cm passen in das Regal zehn Stück hinein.
b) Der Kanister hat einen Inhalt von 3,75 l. Die Zuordnung *Inhalt eines Glases (in l) → Anzahl der Gläser, die gefüllt werden können* ist antiproportional. Also ist der Dreisatz anwendbar. Es hätten 12,5 Gläser mit je 0,25 l gefüllt werden können.
c) Diese Zuordnung ist zwar eine Je-mehr-desto-weniger-Zuordnung, aber nicht antiproportional. 650 Personen brauchen beispielsweise nicht bloß $\frac{1}{650}$ der Zeit, die eine Person benötigt, da das Verteilen der Chips ebenfalls Zeit beanspruchen würde. Daher ist hier kein Dreisatz anwendbar.

Seite 30

6 Gesamtstreckenlänge: 252 km
Aus der Rückfahrtdauer in Tagen ergibt sich die durchschnittliche Tagesleistung in km.

Tage	4	7	9	12
Tagesleistung (in km)	63	36	28	21

7

Anzahl der Affen	8	12	3	5	18	40
Tage	45	30	120	72	20	9

10 individuelle Lösung, zum Beispiel:
a) Wie lange würden fünf Bagger unter der Voraussetzung brauchen, dass sie sich gegenseitig nicht behindern?
Lösung: 4 h
b) Jan braucht für die Vermessung des Schulgebäudes genau 60 Schritte. Wie groß ist seine Schrittlänge?
Lösung: 60 cm
c) Wie lang wären die Fadenstücke, wenn man 500 Stücke abschneiden würde?
Lösung: 1,5 cm

11 Eine Portion wäre 882 g schwer gewesen.

12 benötigte Arbeitszeit: $2 \cdot 50\,\text{h} = 100\,\text{h}$
In der Theorie hat Jana recht: 50 Maler würden $100 : 50 = 2\,\text{h}$ brauchen.
Die Situation ist aber unrealistisch. Auch wenn man 50 gleich schnell arbeitende Maler hätte, müsste die Arbeit so verteilt werden können, dass die Maler parallel und ohne sich gegenseitig zu behindern arbeiten.

13 a) 350 g Schafskäse kosten 4,20 €, 400 g Butterkäse kosten 3,40 €, 200 g Camembert kosten 4,40 €.
b) Für 4,59 € erhält man 540 g Butterkäse.

Seite 31

14

	Streckenlänge (in km)	Höhenunterschied (in m)	
	50	17	
:50	1	0,34	:50
·0,275	0,275	0,0935	·0,275

Der Höhenunterschied beträgt 9,35 cm.

15 a) Bei 348 Personen würde der Vorrat noch für 12 Tage reichen.
Bei 348 Personen + 87 Personen = 435 Personen reicht der Vorrat nur noch für knapp 10 Tage (Rechenergebnis: 9,6).
b) Bei 348 Personen würde der Vorrat für weitere 12 Tage ausreichen. Würde die Fahrt nur weitere 14 Tage − 6 Tage = 8 Tage dauern, so könnten 522 Personen versorgt werden. Es können also 522 Personen − 348 Personen = 174 Personen zusätzlich an Bord genommen werden.

16 a) und b)

Fach	Stimmenanzahl	Winkelgröße
Sport	12	144°
Deutsch	5	60°
Englisch	4	48°
Mathematik	3	36°
Sonstige	6	72°
Summe	30	360°

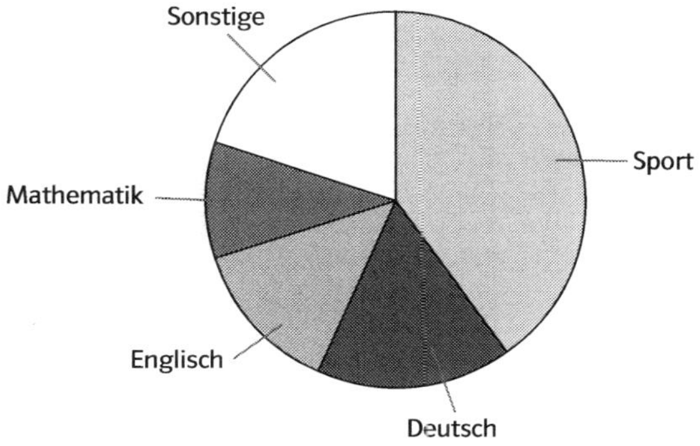

17

Fach	Säulenhöhe (in cm)
Sport	6,0
Deutsch	2,5
Englisch	2,0
Mathematik	1,5
Sonstige	3,0

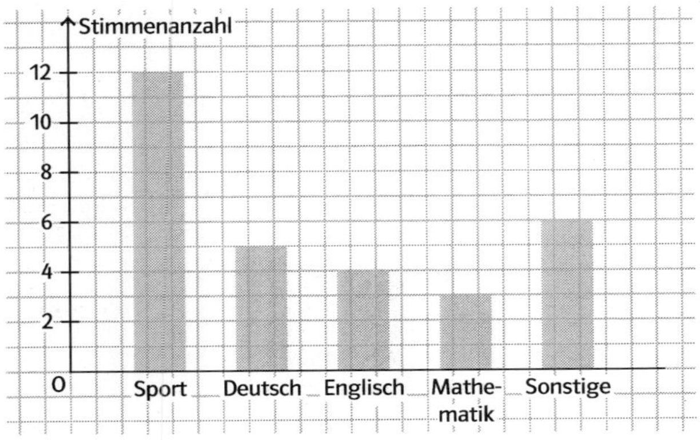

18 20 m Kabel wiegen 6,5 kg − 4,9 kg = 1,6 kg.
50 m Kabel wiegen 4,0 kg. Die Trommel allein wiegt also 6,5 kg − 4,0 kg = 2,5 kg.

19

Sportart	Anzahl der Sportler	Winkelgröße (gerundet)
Leichtathletik	77	70,7°
Wassersport	38	34,9°
Rudern	48	44,1°
Radsport	25	22,9°
Ballsport	58	53,3°
Sonstige	146	134,1°
Summe	392	360,0°

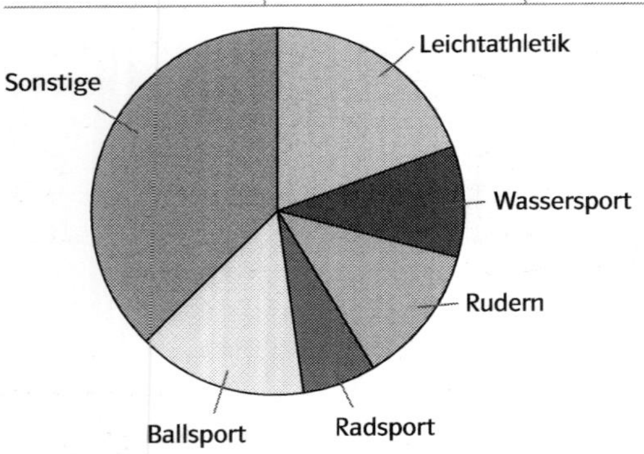

20 individuelle Lösung, zum Beispiel:
a) gemessene Zeit für 100 cm^3: 5 min
b) 1 Woche = 10 080 min
Wasserverlust pro Woche: 2016 · 0,1 l = 201,6 l
c) 1 m^3 Wasser kostet in Hannover ca. 1,80 €. Bei einer jährlichen Tropfmenge von
52 · 201,6 l = 10 483,2 l = 10 483,2 dm^3 ≈ 10,48 m^3 entstehen Kosten von ca. 18,86 €.

Vertiefen und Vernetzen

Seite 32

1 a)

Anzahl	1	2	3	4	5	6	7	8	9	10
Länge (in cm)	240	120	80	60	48	40	≈ 34,3	30	≈ 26,7	24

b) $x \mapsto \frac{240}{x}$ (x = Anzahl der Stücke)
c) Die Zuordnung ist antiproportional.
d)

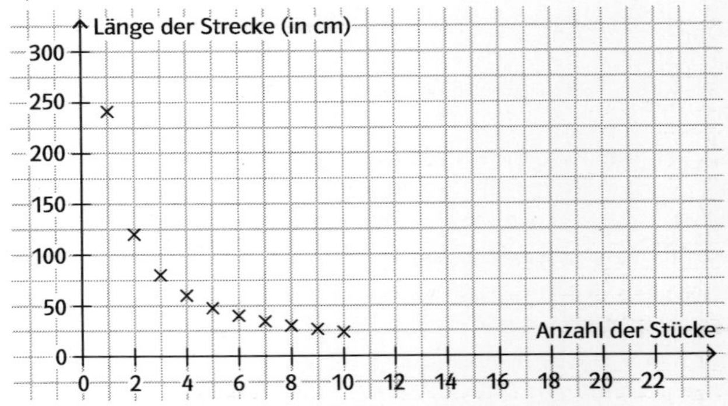

Da die Stückzahl eine natürliche Zahl sein muss, ist es nicht sinnvoll, die eingetragenen Punkte zu verbinden.

2 a)

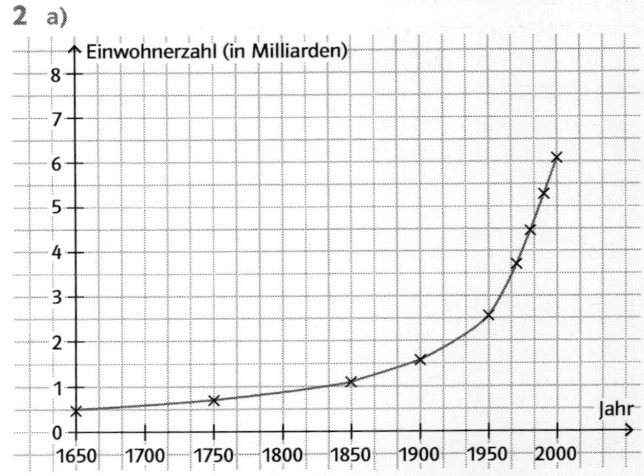

b) Im Jahr 1800 haben ca. 900 Millionen Menschen auf der Erde gelebt.
c) Die Schätzung könnte etwas zu niedrig sein. Begründung: Von 2000 bis 2010 ist die Einwohnerzahl innerhalb von zehn Jahren um 855 Millionen gestiegen. Ein gleichbleibendes Wachstum vorausgesetzt, gäbe es im Jahr 2050 bereits
6 079 000 000 + 5 · 855 000 000 = 10 354 000 000 Einwohner.
In den Jahren seit 1650 war das Wachstum aber nicht gleichbleibend, sondern ist jährlich gestiegen. Die tatsächliche Einwohnerzahl im Jahr 2050 könnte also noch über 10,354 Milliarden liegen.

3 a) Durchforsten des Waldes bedeutet, kranke und alte Bäumen zu fällen, um nachwachsenden Bäumen genug Platz und Licht zu geben.

b) Der Holzbestand beträgt nach etwa 25, 41, 51 und 53 Jahren 300 m³; der Holzbestand beträgt nach etwa 50, 63, 76 und 84 Jahren 400 m³; der Holzbestand beträgt nach etwa 24, 26, 38 und 52 Jahren 275 m³.
c) Das erste Mal wurde der Wald nach 25 Jahren durchforstet, das zweite Mal nach 50 Jahren und das dritte Mal nach 75 Jahren. Insgesamt wurden bei den Durchforstungen etwa 400 m³ Holz geschlagen.

4 Da das Auto in der Kurve abbremsen muss, gehört Graph (3) zur Zuordnung *Zeit → Geschwindigkeit*.

5 a) Wenn man davon ausgeht, dass die Zuordnung *Tankinhalt (in l) → Reichweite (in km)* proportional ist, kann man mit dem Dreisatz ausrechnen, dass Herr Wassenberg mit einem Tankinhalt von 70 l ca. 840 km weit fahren könnte.
b) x → 12x (x = Tankinhalt (in l))
c)

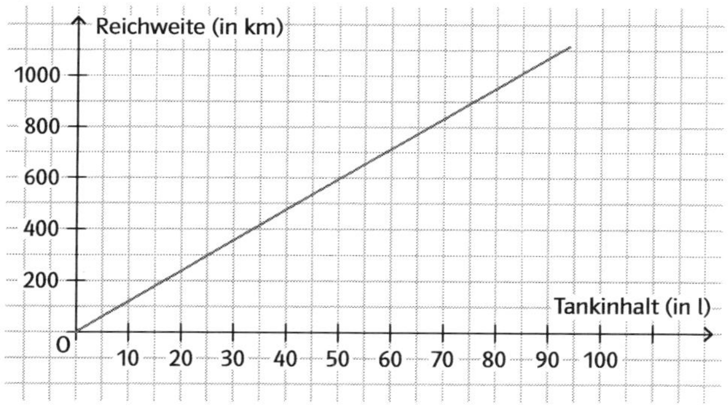

d) Der Graph würde steiler verlaufen, da Herr Wassenberg mit einem Liter Benzin mehr als 12 km fahren könnte.

Seite 33

6 Der Zuckergehalt beträgt 63 %. Obwohl zur Herstellung der Konfitüre 50 % des Endgewichts an Früchten verwendet wird, beträgt der Fruchtanteil nach dem Einkochen nur noch 100 % − 63 % = 37 %.

Konfitürenmenge (in g)	0	10	50	100	200	250	500	800
zur Herstellung verwendete Früchtemenge (in g)	0	5	25	50	100	125	250	400
Fruchtgehalt (in g)	0	3,7	18,5	37	74	92,5	185	296
Zuckergehalt (in g)	0	6,3	31,5	63	126	157,5	315	504

7 a) Strecke: 150 Seemeilen = 277,8 km
b) Dauer: ca. 1 h 21 min

8 a) Das Gefäß wird nach etwa 21 min 26 s überlaufen.
b) Wenn aus dem Wasserhahn die dreifache Wassermenge in gleicher Zeit tropft, wäre nach 5 Minuten eine Höhe des Wasserspiegels von 35 cm erreicht. Das Gefäß würde nach etwa 7,1 min überlaufen.
c) Das Gefäß würde in der Hälfte der ursprünglichen Zeit, also nach 10 min 43 s überlaufen.

9 a) Die Zuordnung *Anzahl an männlichen Steinläusen → Zeit, die die Windräder als Nahrungsquelle dienen* ist antiproportional. Man geht davon aus, dass der Vorrat genau 10 Jahre reicht.

	Anzahl an männlichen Steinläusen	Zeit, die die Windräder als Nahrungsquelle dienen	
:196	196	10	· 196
· 49	1	1960	:49
	49	40	

Für 49 Männchen reicht die Betonmenge etwa 40 Jahre.
b) 196 Männchen würde der Vorrat noch 8 Jahre reichen. Vereinfachend wird angenommen, dass ein schwangeres Weibchen genau doppelt so viel frisst wie ein Männchen. Damit fressen 46 schwangere Weibchen so viel wie 92 Männchen. Zur Berechnung kann man also mit 196 + 92 = 288 Männchen rechnen statt mit 196 Männchen und 46 schwangeren Weibchen.

	Anzahl an männlichen Steinläusen	Zeit, die die Windräder noch als Nahrungsquelle dienen	
:196	196	8	· 196
· 288	1	1568	:288
	288	$5,\overline{4}$	

Die Windräder reichen noch etwa 5,4 Jahre als Vorrat. Bei dieser Rechnung wurde angenommen, dass die Weibchen die gesamte Zeit schwanger sind.
c) Nach 3 Jahren würde der Vorrat den 196 Männchen noch 7 Jahre reichen. Wenn die Windräder insgesamt 5 Jahre als Vorrat genügen sollen, verbleiben noch 2 Jahre.

	Anzahl an männlichen Steinläusen	Zeit, die die Windräder noch als Nahrungsquelle dienen	
· 7	196	7	:7
:2	1372	1	· 2
	686	2	

Es könnten sich noch 686 − 196 = 490 Männchen anschließen.

Exkursion: Uhren

Seite 34

1 Wenn die Sonnenuhr richtig ausgerichtet ist, überstreicht der Schatten des Stabes jede Stunde einen Winkel von 360° : 24 = 15°. Die Messung kann natürlich nur vorgenommen werden, wenn die Sonne scheint.

2 Der Kompass ist dazu da, das Zifferblatt einzunorden, also den Himmelsrichtungen entsprechend auszurichten. Als Orientierung dient dabei, dass die Sonne um 12 Uhr genau im Süden steht.

Seite 35

3 a) Aus einer Flasche tröpfelt eine Flüssigkeit in ein Gefäß mit einer Skala. An der Füllhöhe im unteren Gefäß kann man die Zeit ablesen. Der Zeit wird der Flüssigkeitsstand im Gefäß zugeordnet.
b) In einem Glasgefäß rieselt feiner Sand von dem oberen Teil durch eine Verengung in den unteren Teil. Der Zeit wird die Höhe des Sandes in einem der Gefäßteile zugeordnet.
c) Da die Kerze gleichmäßig abbrennt, lässt sich an der angebrachten Skala die Zeit ablesen. Der Zeit wird die Höhe der Kerze zugeordnet.

4 individuelle Lösung

5 a)

Zeit (in min)	10	20	30	40	50	60
Ölverbrauch (in cm^3)	4,5	9	13,5	18	22,5	27

Zeit (in min)	70	80	90	100	110	120
Ölverbrauch (in cm^3)	31,5	36	40,5	45	49,5	54

Insgesamt befinden sich $3\,cm \cdot 3\,cm \cdot 6\,cm = 54\,cm^3$ Öl im Gefäß. Nach 120 min ist die Ölmenge vollständig verbraucht.
b) Bei $9\,cm^2$ Grundfläche sinkt der Ölspiegel in 40 min um 2 cm (vgl. Teilaufgabe a)), in 10 min also um 0,5 cm = 5 mm. Die Zuordnung *Höhendifferenz je 10 min (in mm) → Grundfläche (in cm²)* ist antiproportional.

Höhendifferenz je 10 min (in mm)	1	2	5	10
Grundflächeninhalt (in cm^2)	45	22,5	9	4,5

Je kleiner der Grundflächeninhalt ist, desto genauer kann die Zeit abgelesen werden, da die Höhendifferenz dann größer ist. Von den aufgeführten Möglichkeiten ist bei einer $4,5\,cm^2$ großen Grundfläche die genaueste Ablesung möglich.
c) Zunächst muss überlegt werden, wie groß die Kantenlänge der Grundfläche ist. Der Flächeninhalt eines Quadrats der Kantenlänge a beträgt $a \cdot a$. Man sucht also eine Zahl, die mit sich selbst multipliziert 4,5 ergibt. Wegen $2 \cdot 2 = 4$ und $3 \cdot 3 = 9$ könnte man es mit 2,5 versuchen: $2,5 \cdot 2,5 = 6,25$. Die gesuchte Zahl muss also kleiner als 2,5 sein. Durch Probieren findet man heraus, dass 2,1 gut passt: $2,1 \cdot 2,1 = 4,41$. Die Kantenlänge der Grundfläche beträgt also etwa 2,1 cm.
Über die Höhe der Öluhr und des Ölstandes zu Beginn ist nichts gesagt. Es wird für die Zeichnung eine Höhe der Öluhr von 7 cm und des Ölstandes zu Beginn von 6 cm angenommen. Die folgende Zeichnung ist im Maßstab 1 : 2 erstellt.

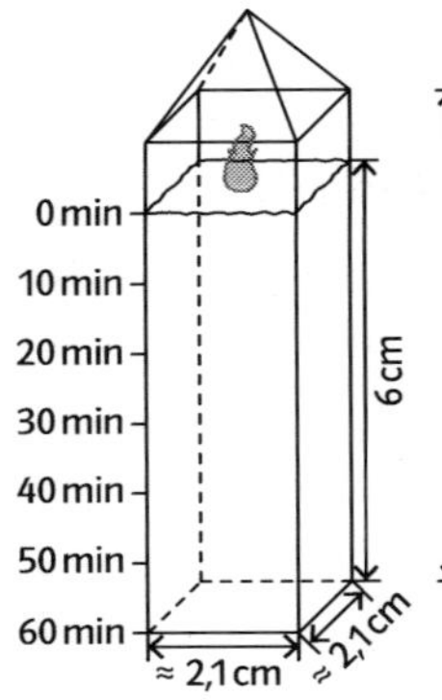

6 a)

Brenndauer (in h)	0	0,5	1	1,5	2	2,5	3	$3\frac{1}{3}$
Abbrand (in cm)	0	3	6	9	12	15	18	20

b)

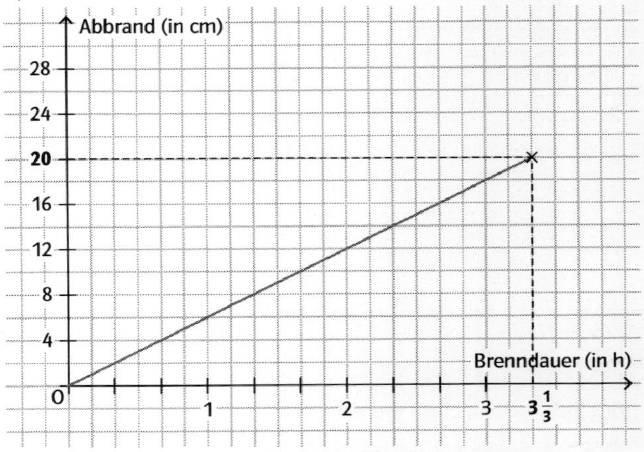

Es handelt sich um eine proportionale Zuordnung.
c) Nach 1,5 Stunden = 90 Minuten wird die Kerze 9 cm, nach 40 Minuten 4 cm abgebrannt sein.
d) Nach 3 Stunden und 20 Minuten ist die Kerze vollständig abgebrannt.

II Prozente und Zinsen

Lösungshinweise zu den Erkundungen

Seite 40

Prozentgummi
individuelle Lösung

Seite 41

Schnäppchen gesucht
Bei einem Verkaufspreis unter 13,33 € ist das Angebot „Jeder Kunde erhält bei Vorlage des Gutscheins einen Rabatt von 10 €" am günstigsten. Bei einem höheren Verkaufspreis ist das Angebot „Alle Preise auf 1/4 reduziert" am günstigsten.
Vergleich der Angebote:

Angebote	Ersparnis in Prozent
„Alle Preise auf 1/4 reduziert"	75 %
„Rabatt-Woche im Schlussverkauf, Samstag"	60 %
„Rabatt-Woche im Schlussverkauf, Freitag"	50 %
„Wegen Räumungsverkauf alle Preise halbiert"	50 %
„Rabatt-Woche im Schlussverkauf, Donnerstag"	40 %
„Jetzt zugreifen!!! Beim Kauf von zwei T-Shirts erhalten Sie ein drittes gratis!"	33 %
„Rabatt-Woche im Schlussverkauf, Mittwoch"	30 %
„Alle Preise um 1/4 reduziert"	25 %
„Rabatt-Woche im Schlussverkauf, Dienstag"	20 %
„20 % auf alles (außer bereits reduzierte Ware)"	20 %
„Am kommenden Montag sparen Sie bei uns die Mehrwertsteuer!"	ca. 16 %
„Rabatt-Woche im Schlussverkauf, Montag"	10 %
„Alle Preise um 4 % reduziert"	4 %
„Jeder Kunde erhält bei Vorlage des Gutscheins einen Rabatt von 10 €"	hängt vom Gesamtpreis ab

Prozente im Straßenverkehr
Schilder mit Prozenten:
(1) (2) (3) (4)

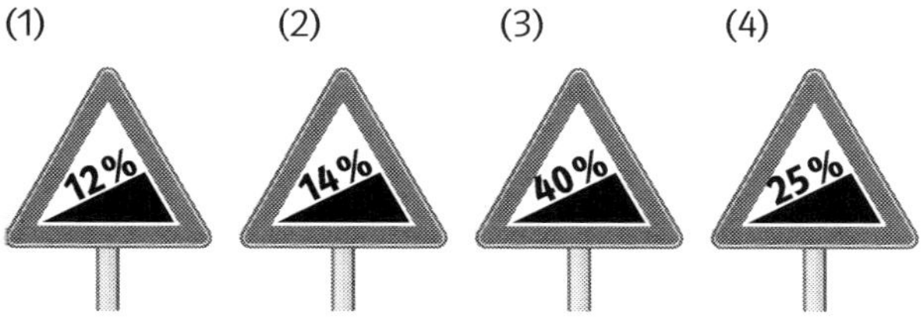

Straßenabschnitt mit einer Steigung von 100 %:

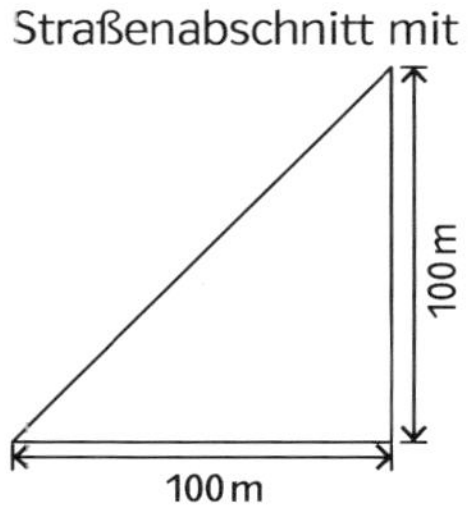

Passstraßen haben im Allgemeinen Steigungen unter 20 %. Nur in Ausnahmefällen haben sie streckenweise Steigungen bis 25 %.

Steigungen selbst bestimmen:
individuelle Lösung, zum Beispiel:
Treppen mit einem Steigungsverhältnis von 17/29 werden beim Treppensteigen als besonders angenehm empfunden. Dies entspricht einer Steigung von ca. 58,62 %.

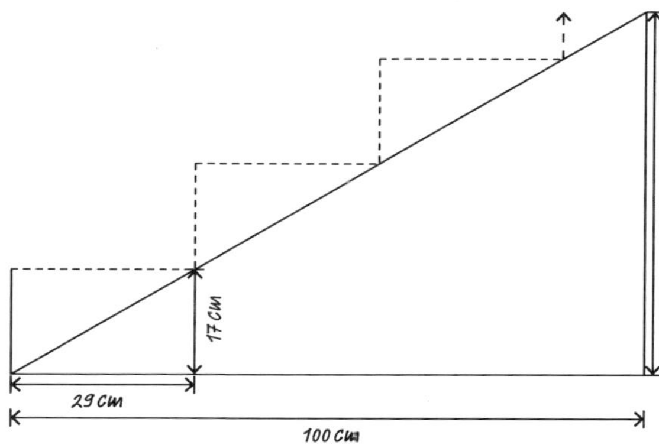

1 Prozente – Vergleiche werden einfacher

Seite 42

Einstiegsaufgabe

Name	Anzahl Treffer	Anzahl Würfe	Trefferquote
Daniela	12	20	$\frac{12}{20} = 60\,\%$
Till	15	25	$\frac{15}{25} = 60\,\%$
Kim	14	22	$\frac{14}{22} \approx 64\,\%$

Daniela und Till haben zu 60 % getroffen, Kim zu ca. 64 %. Also gewinnt Kim.

Seite 43

1 a) 7 % b) 27 % c) 6 % d) 94 %
e) 5 % f) 16 % g) 25 % h) 60 %
i) 42 % j) 5 % k) 0,5 % l) 37,5 %

2 a) $\frac{23}{100}$ b) $\frac{1}{10}$ c) $\frac{3}{4}$ d) $\frac{99}{100}$
e) $\frac{3}{5}$ f) $\frac{18}{25}$ g) $\frac{11}{100}$ h) $\frac{7}{10}$
i) $\frac{6}{5}$ j) $\frac{1}{200}$ k) $\frac{7}{20}$ l) $\frac{9}{125}$

3 Anteile der gefärbten Flächen in Prozent:
75 % – 60 % – 40 % – 50 % – 25 % – $66\frac{2}{3}$ % – $66\frac{2}{3}$ %
der Größe nach geordnet: 25 % – 40 % – 50 % – 60 % – $66\frac{2}{3}$ % – $66\frac{2}{3}$ % – 75 %
Lösungswort: TREFFER

4 Prozentangaben, gerundet auf eine Dezimalstelle:

a) 22,5 %	b) 75 %	c) 0,6 %	d) 23,8 %
e) 16,7 %	f) 77,8 %	g) 3,3 %	h) 42,9 %
i) 140 %	j) 66,7 %	k) 33,3 %	l) 120 %

5

	a)	b)	c)	d)	e)
Bruch	$\frac{1}{4}$	$\frac{16}{25}$	$\frac{9}{10}$	$\frac{3}{2}$	$\frac{3}{125}$
Dezimalbruch	0,25	0,64	0,9	1,5	0,024
Prozentangabe	25 %	64 %	90 %	150 %	2,4 %

6 Der Mandelanteil bei der 100-g-Tafel Schokolade beträgt 23 %, der bei dem 30-g-Knusperriegel ca. 23,3 %, also ist der Anteil der Mandeln bei dem Knusperriegel größer.

7 a) Elf Prozent der Niedersachsen waren 2010 zwischen 10 und 20 Jahren alt.
b) 50 Prozent der Bergunfälle sind Lawinenunglücke.
c) Ein Meisterschütze trifft bei 90 Prozent seiner Schüsse ins Schwarze.
d) 3,75 % der Eisberge, die jährlich von Westgrönland ausgehen, driften in den Nordatlantik und gefährden dort die Schifffahrt.

Seite 44

8 a) 60 % < 65 % b) 75 % > 74 % c) 90 % < 95 %

9 a) 5 % < 8 % b) 20 % < $\frac{1}{4}$ c) 0,65 < $\frac{5}{6}$
d) $\frac{4}{5} > \frac{7}{11}$ e) 5,6 % < 5,6 f) $\frac{9}{11}$ < 99 %

10 Es sind noch $\frac{28}{40}$ = 70 % der Seiten leer.

13

Klasse	7 a	7 b	7 c
Schüler	30	32	28
Stimmen	Tanja 16	David 17	Steffi 15
Anteil	≈ 53,3 %	≈ 53,1 %	≈ 53,6 %

Steffi hatte den größten Stimmenanteil.

14 Insgesamt sind es 20 Gummibären.

Farbe	Anzahl	Prozent
rot	7	35 %
gelb	6	30 %
grün	4	20 %
blau	0	0 %

Die übrigen drei Gummibären sind orange (15 %).

15 individuelle Lösung, zum Beispiel:

a)

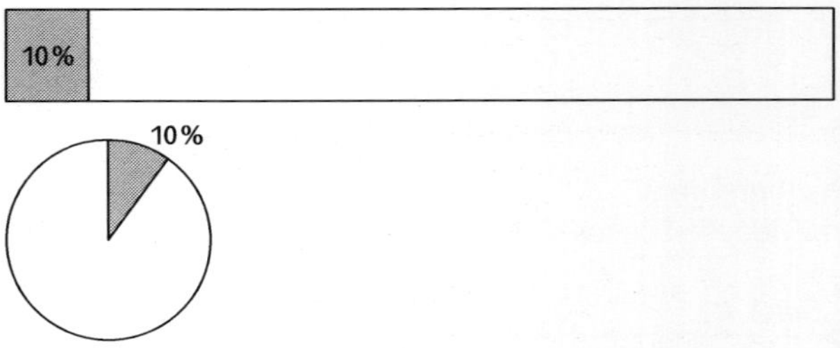

b)

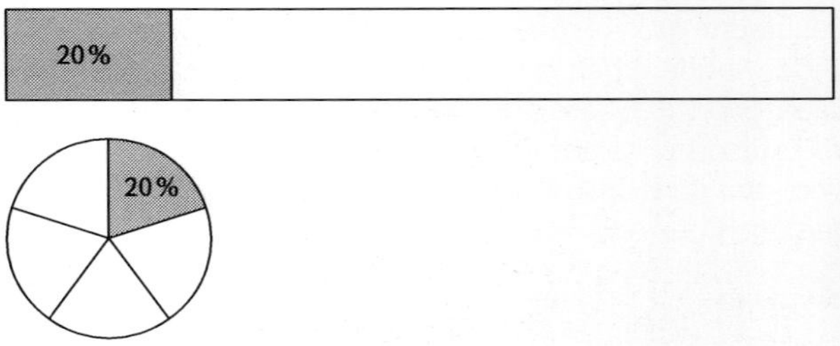

c)

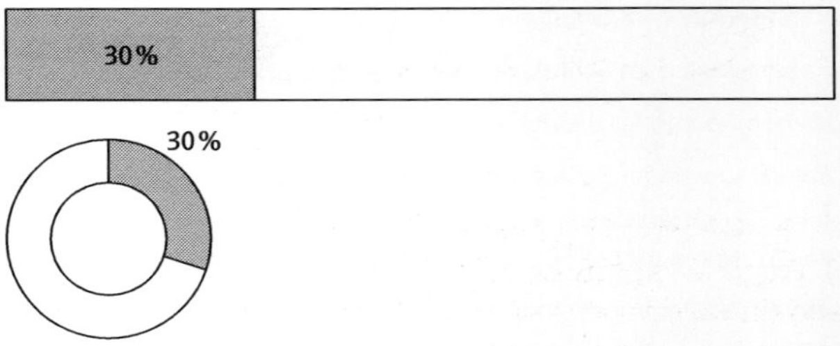

d)

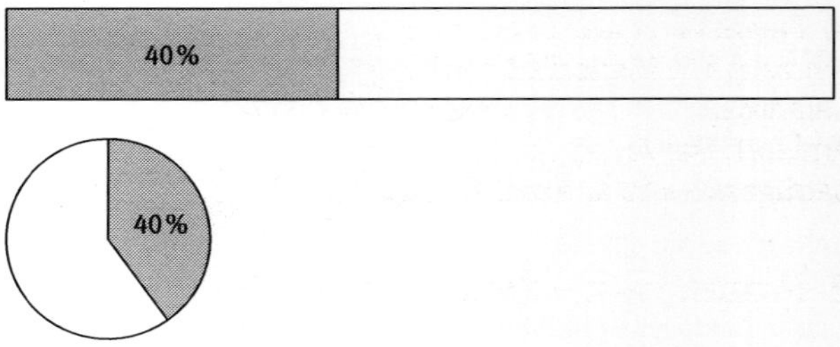

e)

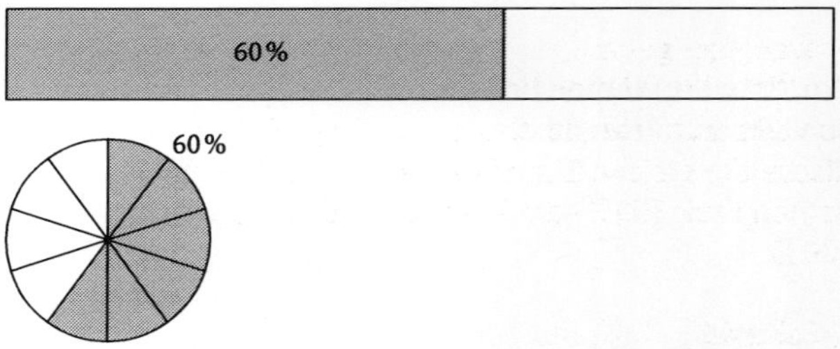

f)

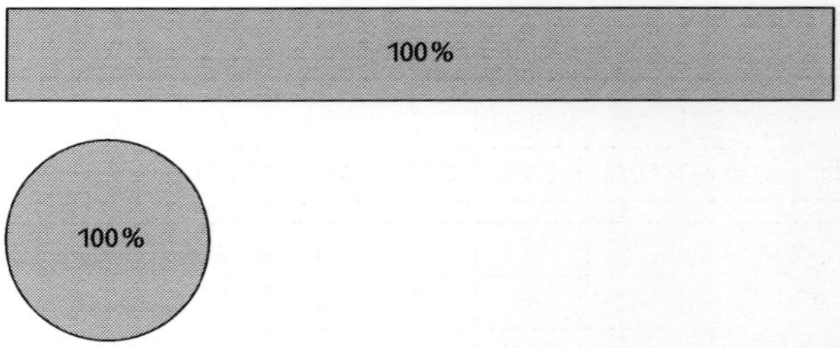

16 Ausverkauf: 30 %; 50 %
Sparkasse: 1,5 %; 4 %; 2,5 %
Bei einem Ausverkauf wird in der Regel angegeben, wie viel Prozent Rabatt es auf den ursprünglichen Preis gibt. Üblich sind Prozentwerte zwischen 10 und 50. Bei einer Sparkassen-Werbung wird angegeben, wie viel Prozent Zinsen man auf Kapitalanlagen erhält. Üblich sind dabei Prozentwerte unter 10.

17 (1) 1,5 % = 15 m; (2) 200 % = 2000 m (5 Runden);
(3) 4 % = 40 m; (4) 1000 % = 10 000 m (25 Runden);
(5) 2,5 % = 25 m; (6) 30 % = 300 m; (7) 50 % = 500 m;
(8) 99 % = 990 m
In der Skizze ist die jeweilige Position nach Zurücklegen des Streckenanteils von 1000 m markiert (Laufrichtung in Pfeilrichtung):

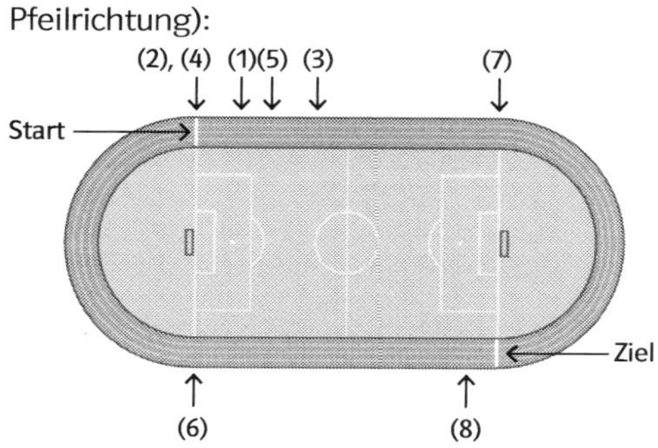

18 individuelle Lösung, zum Beispiel:
a) Frage: Wie groß ist der Ausländeranteil in Deutschland (in Niedersachsen)? Gib die Antwort in Prozent an.
Antwort: Der Anteil der Ausländer in Deutschland (Niedersachsen) beträgt etwa 8,5 % (6,25 %).
b) Frage: Wie groß ist der prozentuale Anteil der Kraftfahrzeuge in Niedersachsen? Vergleiche mit dem Einwohneranteil.
Antwort: Der Anteil der Kraftfahrzeuge in Niedersachsen beträgt etwa 10 %, der Bevölkerungsanteil 9,8 %.

2 Prozentsatz – Prozentwert – Grundwert

Seite 45

Einstiegsaufgabe
Die Klasse von Frank hat doppelt so viele Lose (200 %) zu verkaufen wie die Klasse von Tanja. Daher erhält die Klasse die gleiche Einnahme, wenn sie die Lose zum halben Preis (50 %) anbietet, denn 50 % von 200 % sind 100 %.

Seite 46

1 a)

Prozentwert	5	5	5	30	12	50
Grundwert	10	20	25	40	40	40
Prozentsatz	50 %	25 %	20 %	75 %	30 %	125 %

Prozentwert	2	7	14	1	37
Grundwert	40	35	35	8	37
Prozentsatz	5 %	20 %	40 %	12,5 %	100 %

b) individuelle Lösung, zum Beispiel:
Prozentwert: 20 und Grundwert: 100;
Prozentwert: 45 und Grundwert: 225

2 Kirschen: $\frac{65}{500} = 0{,}13 = 13\,\%$
Orangen: $\frac{13{,}8}{150} = 0{,}092 = 9{,}2\,\%$
Nudeln: $\frac{360}{500} = 0{,}72 = 72\,\%$
Der Anteil der Kohlenhydrate ist in Nudeln am höchsten.

3 a) Der Text besteht aus 80 Buchstaben, darunter 13-mal „e" und 8-mal „n". Andere Buchstaben sind seltener: So kommt z. B. „t" nur 4-mal vor, „p" überhaupt nicht.
b)

Buchstabe	e	n	t	p
Anzahl	13	8	4	0
Anteil	16,25 %	10 %	5 %	0 %

c) individuelle Lösung

4 a) (1) 15 % (2) 60 % (3) 9,6875 %
(4) 95 % (5) 100 % (6) 50 %
b) individuelle Lösung, zum Beispiel:
zu (1): W = 9 und G = 60
zu (2): W = 6 und G = 10
zu (3): W = 3,1 und G = 32

5 a) Bekannt sind der Prozentwert 16 000 000 und dass gilt: 20 % ≦ Prozentsatz ≦ 30 %.
b) Grundwert: 80 000 000
Der Prozentsatz beträgt dann $\frac{16\,000\,000}{80\,000\,000} = 20\,\%$.
Die Angabe passt zu den Daten.
c) individuelle Lösung
Wegen der relativ geringen Anzahl von Schülerinnen und Schülern in einer Klasse können durchaus deutliche Abweichungen auftreten.

6 a) 15 ist um 50 % größer als 10; 10 um $33\frac{1}{3}\,\%$ kleiner als 15.
b) 6 ist um 20 % größer als 5; 5 um $16\frac{2}{3}\,\%$ kleiner als 6.
c) 12 ist um $33\frac{1}{3}\,\%$ größer als 9; 9 um 25 % kleiner als 12.
d) 1,1 ist um 10 % größer als 1; 1 um $9\frac{1}{11}\,\%$ kleiner als 1,1.
e) 1,3 ist um 4 % größer als 1,25; 1,25 um $3\frac{11}{13}\,\%$ kleiner als 1,3.
f) 1250 ist um 150 % größer als 500; 500 um 60 % kleiner als 1250.

Seite 47

9

	a)	b)	c)	d)	e)
Prozentwert	8	9	18	18	12,5
Grundwert	10	25	40	18	50
Prozentsatz	80 %	36 %	45 %	100 %	25 %

f) individuelle Lösung zum Beispiel:
Prozentwert: 36; Grundwert: 72

10 individuelle Lösung, zum Beispiel:
a) Daniels Taschengeld erhöht sich von 5 € (Grundwert) um 1 € (Prozentwert) auf 6 €.
b) Der Preis der Jeans wird von 50 € (Grundwert) um 20 € (Prozentwert) auf 30 € reduziert.
c) 20 Millionen Personen (Grundwert) haben ferngesehen, davon haben 2,4 Millionen (Prozentwert) die Spielshow angeschaut.

11 a) „je größer"
Erläuterung an einem Beispiel:
Grundwert: 100 €
Prozentwert 1: 30 €
Prozentwert 2: 45 €
Prozentwert 2 ist größer als Prozentwert 1 und entspricht auch dem größeren Prozentsatz (45 % statt 30 %).
b) „je kleiner"
Erläuterung an einem Beispiel:
Prozentwert: 4 l; Grundwert 1: 8 l; Grundwert 2: 6 l
Grundwert 2 ist kleiner als Grundwert 1 und 4 l hat einen größeren Anteil an Grundwert 2 $\left(66\frac{2}{3}\%\right.$ statt 50 %$\left.\right)$.

12 a)
- $33\frac{1}{3}$% der Schüler haben Angst, anderen bei Gewaltübergriffen zu helfen.
- 20 % wurden selbst schon mal angegriffen.
- 25 % geben an, dass ihre Mitschüler bei Gewalt wegsehen.

b)
- $33\frac{1}{3}$% entsprechen 333 Schüler.
- 20 % entsprechen 200 Schüler.
- 25 % entsprechen 250 Schüler.

13

	Prozentsatz	Prozentwert	Grundwert
Käse	45 %	Fettgewicht in der Trockenmasse	Gesamtgewicht der Trockenmasse
Stiefel	50 %	halber Preis	ganzer Preis
Verurteilte	45 %	Zahl der Verkehrssünder	Zahl der Verurteilten

3 Grundaufgaben der Prozentrechnung

Seite 48

Einstiegsaufgabe
Die Rabattangaben zu Mountainbike und Snowboard sind gerundet, aber korrekt und vollständig. Es ist jedoch unüblich, wie bei dem Mountainbike anzugeben, auf wie viel Prozent reduziert wurde; üblicher wäre die Angabe: „reduziert um 15 %".
Die Angaben beim Tennisschläger sind nicht vollständig, da man nicht erfährt, was dieser zuvor gekostet hat. Dies lässt sich allerdings berechnen: Da der Tennisschläger um 30 % reduziert wurde, entsprechen die 80 € einem Prozentwert von 70 %. Der Grundwert ist also ca. 114,29 €.

Seite 49

1 a) 20 % von 72 = 14,4
b) 9 % von 700 = 63
c) 1,5 % von 2345 = 35,175
d) 16 % von 450 € = 72 €
e) 99 % von 620 € = 613,80 €
f) 0,15 % von 400 kg = 0,6 kg
g) 0,4 % von 18 ha = 0,072 ha
h) 110 % von 2 dm^3 = 2,2 dm^3

2 a) $\frac{1}{10} \cdot 75\,€ = 7{,}50\,€$
b) $\frac{1}{4} \cdot 280\,€ = 70\,€$
c) $\frac{1}{2} \cdot 620\,km = 310\,km$
d) $\frac{1}{5} \cdot 80\,m = 16\,m$
e) $\frac{3}{4} \cdot 240\,kg = 180\,kg$
f) $\frac{2}{5} \cdot 360\,kg = 144\,kg$
g) $\frac{3}{5} \cdot 80\,cm = 48\,cm$
h) $\frac{9}{10} \cdot 40\,km = 36\,km$

3 a) 106 ist um 6 % größer als 100.
212 ist um 6 % größer als 200.
530 ist um 6 % größer als 500.
10 600 ist um 6 % größer als 10 000.
b) 15 ist um 85 % kleiner als 100.
30 ist um 85 % kleiner als 200.
75 ist um 85 % kleiner als 500.
1500 ist um 85 % kleiner als 10 000.

Seite 50

4 a)

	800	92	3,5	7100
5 %	40	4,6	0,175	355
9 %	72	8,28	0,315	639
15 %	120	13,8	0,525	1065
45 %	360	41,4	1,575	3195

b)

	20	70	0,8	13
7 %	1,4	4,9	0,056	0,91
0,7 %	0,14	0,49	0,0056	0,091
14 %	2,8	9,8	0,112	1,82
77 %	15,4	53,9	0,616	10,01

5

	a)	b)	c)	d)	e)
Prozentsatz	50 %	25 %	10 %	5 %	1 %
Prozentwert	100	40	33	5	22
Grundwert	200	160	330	100	2200

	f)	g)	h)	i)	j)
Prozentsatz	5,3 %	1,5 %	5 %	1,2 %	125 %
Prozentwert	44	123	1,75	12	120
Grundwert	830,2	8200	35	1000	96

6

	a)	b)	c)	d)	e)
Prozentsatz	4%	4%	4%	8%	16%
Prozentwert	0,48	0,24	0,72	1,92	0,48
Grundwert	12	6	18	24	3

	f)	g)	h)	i)	j)
Prozentsatz	3%	6%	9%	10%	11%
Prozentwert	0,69	1,38	2,07	2,3	1,32
Grundwert	23	23	23	23	12

	k)	l)	m)	n)	o)
Prozentsatz	4%	4%	8%	16%	8%
Prozentwert	4	2	2	2	1
Grundwert	100	50	25	12,5	12,5

	p)	q)	r)	s)	t)
Prozentsatz	23%	23%	23%	24%	25%
Prozentwert	134	268	67	134	134
Grundwert	582,61	1165,22	291,30	558,33	536

7 1998 gab es in Niedersachsen etwa 145 649 Gymnasiasten.

8 a) 39,99 € b) 54,99 €

9 a) Einkaufspreis: 125 €
b) Preis vor Preissenkung: 187,50 €

10 Die ursprüngliche Miete betrug 680 €, die Mieterhöhung von 18% macht also 122,40 € aus.

11 a) 694,18 € b) 691,49 € c) ca. 3,08%

Seite 51

15 a) Der Kühlschrank kostet 307,38 €.
b) Bei Barzahlung kostet der Kühlschrank 303,79 € und ist damit billiger als bei Jehle.

16 a) 403,59 € b) 384,60 €
c) 399 € d) 452,20 €
Angebot b) ist am günstigsten.

17 a) von links nach rechts: 89,9%; 88,2%; 93,2%; 80,3%
b) Die prozentuale Einsparung, also die Einsparung im Vergleich zum alten Preis, ist bei dem Angebot mit dem alten Preis 1,22 € am größten. Insofern hat Lisa recht.
Es kommt natürlich beim Einkauf darauf an, wie viel man einkauft. Die absolute Einsparung ist zum Beispiel viel größer bei dem Artikel mit dem alten Preis von 169 €, wenn man je einen der reduzierten Artikel vergleicht.

18 a)

Nährstoff	Prozent	Energiebedarf	Tagesbedarf
Kohlenhydrate	60%	1200 kcal	300 g
Fett	30%	600 kcal	$66\frac{2}{3}$ g
Eiweiß	10%	200 kcal	50 g

b) 180 g Schweineschnitzel enthalten 32,4 g Eiweiß und 37,8 g Fett.
250 g Kartoffeln enthalten 5 g Eiweiß und 47,5 g Kohlenhydrate.
Insgesamt sind 37,4 g Eiweiß (74,8%), 37,8 g Fett (56,7%) und 47,5 g Kohlenhydrate (15,83%) enthalten.
c) individuelle Lösung, zum Beispiel:
Zunächst wird der Restbedarf ermittelt.

Nährstoff	Restbedarf in %	Bedarf in g
Kohlenhydrate	84,17	252,5
Fett	43,3	28,9
Eiweiß	25,2	12,6

Der Restbedarf lässt sich beispielsweise folgendermaßen decken:

Nahrungsmittel	Kohlenhydrate	Fett	Eiweiß
35 g Salami	0 g	16,5 g	6 g
35 g Müsli	15,4 g	6,7 g	2,5 g
13 g Erdnüsse	2,5 g	6,1 g	3,5 g
1500 g Äpfel	180 g	0 g	0 g
190 g Marmelade	55,1 g	0 g	0 g
Summe	253 g	29,3 g	12 g

In der Realität ist eine ausgewogene Ernährung allerdings noch anspruchsvoller, weil mehr Nährstoffe (wie Vitamine und Mineralien) bedacht werden müssen.

19 individuelle Lösung

Seite 52

20 a)

	Eiweiß	Kohlenhydrate	Fett
Anteil vorher (in %)	11,7	73,7	1,4
Anteil nachher (in %)	4,2	25,5	0,5
Abnahme (in %)	64,1	65,4	64,3

Die Spaghetti nehmen beim Kochen viel Wasser auf.
b) 400 g (gekochte Spaghetti)

21 Spiel

22 individuelle Lösung

23 individuelle Lösung, zum Beispiel:
a) Wie viel Prozent der deutschen Grenze entfallen auf die Grenze mit Frankreich?
Etwa 11,9%.
b) Wie viel Prozent wurden 2009 für Schüler von Gymnasien mehr ausgegeben als im Durchschnitt für Schüler aller Schulformen?

Etwa 12,7%.
c) Wie viele Lehrer wurden etwa im Schuljahr 2011/2012 in Deutschland beschäftigt?
Etwa 669582 Lehrer. Der Lehreranteil für Niedersachsen entspricht etwa dem Bevölkerungsanteil.
d) Wie groß war der Anteil der männlichen Bevölkerung in Deutschland im Jahre 2011?
Etwa 49,13%.
Wie groß war der Anteil der Türken in Deutschland an der ausländischen Bevölkerung im Jahre 2011?
Insgesamt gab es 2011 in Deutschland ca. 7,45 Millionen ausländische Bewohner, ca. 21,6% davon waren Türken.
e) Wie weit ist der Jupiter von der Sonne entfernt?
Etwa 780 Millionen km.

Seite 53

24 a) 24 kg
b) 17,1 kg. Es ist nicht genügend Zink vorhanden.
Das Kupfer würde für 21,5 kg ausreichen.

25 a) In 1 kg Meerwasser sind 35 g Salz enthalten.
Gegeben sind der Prozentwert 35 g und der Prozentsatz 0,25%.
Gesucht ist der Grundwert:
$35\,g : 0{,}25 \cdot 100 = 14\,000\,g = 14\,kg$.
Man muss also 13 kg reines Wasser hinzufügen.
b) Gegeben sind der Prozentwert 1 kg und der Prozentsatz 3,5%.
Gesucht ist der Grundwert: $1\,kg : 3{,}5 \cdot 100 \approx 28{,}57\,kg$.
Aus ca. 28,57 kg Meerwasser erhält man 1 kg Salz.

26 a) Rechnung Autohaus Sayler

Menge	Bezeichnung	Preis	Summe
4	Reifenmontage	14,20 €	**56,80 €**
4	Winterräder	**81,59 €**	326,36 €
1	Mehrwertsteuer 19%		**72,80 €**
	Summe		**455,96 €**
	Nachlass Barzahlung **2,0**%		9,12 €
	zu zahlen		**446,84 €**

b) Rechnung Autohaus Sauter

Menge	Bezeichnung	Preis	Summe
4	Reifenmontage	**13,00 €**	**52,00 €**
4	Winterräder	79,83 €	319,32 €
1	Mehrwertsteuer 19%		**70,55 €**
	Summe		**441,87 €**
	Nachlass Barzahlung 3,0%		**13,26 €**
	zu zahlen		**428,61 €**

Autohaus Sauter ist in allen Posten günstiger und gewährt auch noch mehr Rabatt.

27 individuelle Lösung

4 Problemlösen am Beispiel der Prozentrechnung

Seite 54

Einstiegsaufgabe
Robin hat einen Denkfehler. Bei der zweiten Reduzierung geht man von einem neuen Grundwert aus, der halb so groß ist wie der ursprüngliche Grundwert. Zieht man davon 50% ab, entspricht dies 25% des ursprünglichen Preises.
Beispiel (Jeans kostet ursprünglich 100 €):
erstes Reduzieren:
Grundwert: 100 €; Prozentsatz: 50%; Prozentwert: 50 €;
neuer Preis: 100 € – 50 € = 50 €
zweites Reduzieren:
Grundwert: 50 €; Prozentsatz: 50%; Prozentwert: 25 €;
neuer Preis: 50 € – 25 € = 25 €.
Die Jeans wurde also insgesamt um 75% reduziert.

Seite 56

1 Grundwert: 43 Millionen; Prozentsatz: 140%;
Prozentwert: 60,2 Millionen
Etwa 60,2 Millionen Autos werden im Jahr 2030 auf deutschen Straßen fahren.

2

	Anzahl Armbänder	neuer Preis (in €)	alter Preis (in €)
a)	1	99	129
b)	3	297	387
c)	2	198	258

	Anzahl Colliers	neuer Preis (in €)	alter Preis (in €)
a)	1	199	249
b)	0	0	0
c)	1	199	249

	neuer Preis gesamt (in €)	alter Preis gesamt (in €)	Ersparnis
a)	298	378	21,2%
b)	297	387	23,3%
c)	397	507	21,7%

3 täglich 21,6%; mehrmals pro Woche 13,3%

4 a) Gewinn von Frau Hinz: 25%
b) Verlust von Frau Bach: 20%

5 a) (4800 € · 1,19) · 0,97 = 5540,64 €
b) 15,43%; Die Reihenfolge ist egal, weil Faktoren vertauscht werden können.

7 a) Kosten für die Wohnung insgesamt: 561 €;
Gehalt: 2244 €
b) Gehalt nach Lohnerhöhung: 2277,66 €
c) 24,63% (Miete: ca. 19,8%; Nebenkosten: ca. 1,6%; Heizung und Strom: ca. 3,3%)

d) Es gibt drei Möglichkeiten:
1. Die Kosten für Strom und Heizung sind auf 83,42 € gestiegen.
2. Die Nebenkosten sind auf 9,87 % der Miete gestiegen.
3. Die Miete hat sich auf 458,42 € erhöht.

Durch alle drei Möglichkeiten steigen die gesamten Kosten auf ca. 569,42 €, also auf 25 % von Herrn Planers neuem Gehalt.

Seite 57

8 a) ca. 55,6 %
b) ca. 21,46 %

9 a) individuelle Lösung, zum Beispiel:
bei 30 Schülern etwa 6
b) individuelle Lösung, zum Beispiel:
bei 800 Schülern etwa 168
c) etwa 81 900

10 a)

Zahl der Tore	0	1	2	3	4	5	6	7	8	9	10
Zahl der Spiele	14	51	68	71	51	28	17	2	2	2	0
Anteil (in %)	4,6	16,7	22,2	23,2	16,7	9,2	5,6	0,7	0,7	0,7	0,0

Bei den insgesamt 306 Spielen fielen durchschnittlich 2,9 Tore pro Spiel.
b) individuelle Lösung
Es ist zu erwarten, dass die Prozentzahlen der Tabellen ähnlich sind.

11 Die Schulterhöhen werden durch Abmessen bestimmt:
Equus: 3 cm; Eohippus: 0,6 cm; Merychippus: 1,2 cm
a) 200 %
b) 500 %
c) 250 %

5 Prozente im Geldwesen – Zinsrechnung

Seite 58

Einstiegsaufgabe
Herr Wombat würde bei dieser Anlagemöglichkeit 45 € Zinsen bekommen. Nach Zahlung der Kontoeröffnungsgebühr von 10 € blieben ihm 35 € übrig. Die Anlage lohnt sich also für ihn.

Seite 59

1

	a)	b)	c)	d)	e)	f)
Guthaben (in €)	500	500	4000	2400	7124	4866
Zinssatz (in %)	3	4	5	2,5	1,5	3,5
Jahreszinsen (in €)	15	20	200	60	106,86	170,31

2

	a)	b)	c)	d)	e)	f)
Guthaben (in €)	1200	150	70 000	7000	7000	7700
Zinssatz (in %)	3	1,5	3,6	3,6	7,2	7
Tage	100	70	1	10	50	10
Zinsen (in €)	10,00	≈ 0,44	7,00	7,00	70,00	≈ 14,97

3 a) 19,69 € b) 131,25 €
c) 721,88 € d) 4068,75 €

4 a) 2,5 % b) 4 %
c) 8,61 €; bei 10-fachem Guthaben 86,10 €
d) 3000 € e) 6000 € bzw. 2500 €

5 a) 4 % b) 2,5 %

6 Familie Bechtold muss monatlich
618,75 € + 360 € = 978,75 € bezahlen.

7 360 000 €

8 300 €

9 480 €

10 Zinsen für 240 € für 5 Tage: $240\,€ \cdot 11\,\% \cdot \frac{5}{360} = 0{,}3\overline{6}\,€$
Zinsen für 450 € für 18 Tage: $450\,€ \cdot 11\,\% \cdot \frac{18}{360} = 2{,}475\,€$
Zinsen für 540 € für 3 Tage: $540\,€ \cdot 11\,\% \cdot \frac{3}{360} = 0{,}495\,€$
Zinsen insgesamt: $0{,}3\overline{6}\,€ + 2{,}475\,€ + 0{,}495\,€ \approx 3{,}34\,€$

Seite 60

13 a) Im Jahr 2013 lassen sich die Zinsen wie folgt berechnen:
$300\,€ \cdot 0{,}015 \cdot \frac{180}{360} + 200\,€ \cdot 0{,}015 \cdot \frac{45}{360}$
$+ 400\,€ \cdot 0{,}015 \cdot \frac{125}{360} + 150\,€ \cdot 0{,}015 \cdot \frac{10}{360} = 4{,}77\,€.$
Das Guthaben beträgt also zum Ende des Jahres
150 € + 4,77 € = 154,77 €.
b) Am Ende des Jahres 2014 hat Kathrin
154,77 € · 1,015 = 157,09 €.
c) Die Rechnung aus Teilaufgabe a) verändert sich wie folgt:
$300\,€ \cdot 0{,}015 \cdot \frac{180}{360} + 200\,€ \cdot 0{,}015 \cdot \frac{30}{360} + 200\,€ \cdot 0{,}02 \cdot \frac{15}{360}$
$+ 400\,€ \cdot 0{,}02 \cdot \frac{125}{360} + 150\,€ \cdot 0{,}02 \cdot \frac{10}{360} = 5{,}53\,€.$

14 Preis mit 2 % Nachlass: 1176 €
Kosten für Überziehungszinsen: 2,38 €
Es ist günstiger, den Barzahlungsrabatt zu nehmen und das Konto dafür zu überziehen.

15 Restsumme: 599 €
Zuschlag bei Ratenzahlung (1 % auf die Restsumme): 5,99 €
Bei der Berechnung der Zinsen beim Bankkredit muss man beachten, dass die einzelnen Monatsraten unterschiedlich lange verzinst werden. Es wird angenommen, dass die Monatsraten in etwa gleich hoch sind, also fünfmal 100 € und einmal 99 €. Nach einem Monat bezahlt

Frau Luschkowski 100 € zurück. Für diese 100 € müssen 30 Tage lang Zinsen bezahlt werden. Nach zwei Monaten werden weitere 100 € zurückgezahlt. Für diese 100 € mussten 60 Tage lang Zinsen bezahlt werden usw. Für die letzten 99 € mussten die gesamte Zeit, also 180 Tage, Zinsen bezahlt werden.

	Betrag (in €)	Zinssatz	zu verzinsende Tage	Zinsen (in €)
1. Rate	100	7,25 %	30	0,60
2. Rate	100	7,25 %	60	1,21
3. Rate	100	7,25 %	90	1,81
4. Rate	100	7,25 %	120	2,42
5. Rate	100	7,25 %	150	3,02
6. Rate	99	7,25 %	180	3,59
Summe	599			12,65

Zinsen bei Bankkredit: 12,65 €
Die Ratenzahlung beim Händler ist also günstiger.

16

Einzahlungszeitpunkt	Betrag (in €)	zu verzinsende Monate	Zinsen (in €)
Ende des Vorjahres	1000	12	20,00
1. Januar	24	12	0,48
1. Februar	24	11	0,44
1. März	24	10	0,40
1. April	24	9	0,36
1. Mai	24	8	0,32
1. Juni	24	7	0,28
1. Juli	24	6	0,24
1. August	24	5	0,20
1. September	24	4	0,16
1. Oktober	24	3	0,12
1. November	24	2	0,08
1. Dezember	24	1	0,04
Summe	1288		23,12

Simon erhält am Ende des Jahres 23,12 € Zinsen.

17 a)

Einzahlungszeitpunkt	Betrag (in €)	zu verzinsende Monate	Zinsen (in €)
1. Januar	250	12	6,25
1. Februar	250	11	5,73
1. März	250	10	5,21
1. April	250	9	4,69
1. Mai	250	8	4,17
1. Juni	250	7	3,65
1. Juli	250	6	3,13
1. August	250	5	2,60
1. September	250	4	2,08
1. Oktober	250	3	1,56
1. November	250	2	1,04
1. Dezember	250	1	0,52
Summe	3000		40,63

Am Ende des Jahres erhält Herr Enderle 40,63 € Zinsen.
b) monatlich: ca. 0,14 €; jährlich: 1,70 €
c) Ja, da die Festgeldzinsen die Überziehungszinsen übersteigen.

*6 Zinseszinsen

Seite 61

Einstiegsaufgabe
Superzins: $1000\,€ \cdot 1{,}04^3 = 1124{,}86\,€$
Treuezins: $1000\,€ \cdot 1{,}03 \cdot 1{,}04 \cdot 1{,}05 = 1124{,}76\,€$
Bei beiden Angeboten fallen im ersten Jahr Zinsen an, die dann die nächsten beiden Jahre mitverzinst werden. Die Zinsen, die im zweiten Jahr anfallen, werden im dritten Jahr mitverzinst.
Die Zinsen, die man im ersten Jahr bekommt, fallen also am stärksten ins Gewicht. Dies erklärt, warum das Angebot „Superzins" etwas günstiger ist, obwohl die durchschnittlichen Zinssätze bei beiden Angeboten gleich sind.

Seite 62

1 a) bei 3 % Zinsen:

Jahr	Guthaben ohne Zinsen	Zinsen	Guthaben mit Zinsen
2015	1500,00 €	45,00 €	1545,00 €
2016	1545,00 €	46,35 €	1591,35 €
2017	1591,35 €	47,74 €	1639,09 €
2018	1639,09 €	49,17 €	1688,26 €
2019	1688,26 €	50,65 €	1738,91 €

b) bei 6 % Zinsen:

Jahr	Guthaben ohne Zinsen	Zinsen	Guthaben mit Zinsen
2015	1500,00 €	90,00 €	1590,00 €
2016	1590,00 €	95,40 €	1685,40 €
2017	1685,40 €	101,12 €	1786,52 €
2018	1786,52 €	107,19 €	1893,71 €
2019	1893,71 €	113,62 €	2007,33 €

c) bei 1,5 % Zinsen:

Jahr	Guthaben ohne Zinsen	Zinsen	Guthaben mit Zinsen
2015	1500,00 €	22,50 €	1522,50 €
2016	1522,50 €	22,84 €	1545,34 €
2017	1545,34 €	23,18 €	1568,52 €
2018	1568,52 €	23,53 €	1592,05 €
2019	1592,05 €	23,88 €	1615,93 €

d) bei 4,5 % Zinsen:

Jahr	Guthaben ohne Zinsen	Zinsen	Guthaben mit Zinsen
2015	1500,00 €	67,50 €	1567,50 €
2016	1567,50 €	70,54 €	1638,04 €
2017	1638,04 €	73,71 €	1711,75 €
2018	1711,75 €	77,03 €	1788,78 €
2019	1788,78 €	80,50 €	1869,28 €

2

	a)	b)	c)	d)	e)
Kapital (in €)	300	1000	5000	1200	3000
Zinssatz	3,5 %	1,5 %	4,12 %	2,8 %	4 %
Jahre	2	3	4	6	4,5
Endkapital (in €)	321,37	1045,68	5876,34	1416,25	3579,77

3 Rechnung der Bank (auf Cent gerundete Werte) bei einem Kapital von 400 €:

	Guthaben ohne Zinsen (in €)	Jahreszinsen	Guthaben mit Zinsen (in €)
nach 1 Jahr	400,00	20,00	420,00
nach 2 Jahren	420,00	21,00	441,00
nach 3 Jahren	441,00	22,05	463,05
nach 4 Jahren	463,05	23,15	486,20

Rechnung der Bank (auf Cent gerundete Werte) bei einem Kapital von 2000 €:

	Guthaben ohne Zinsen (in €)	Jahreszinsen	Guthaben mit Zinsen (in €)
nach 1 Jahr	2000,00	100,00	2100,00
nach 2 Jahren	2100,00	105,00	2205,00
nach 3 Jahren	2205,00	110,25	2315,25
nach 4 Jahren	2315,25	115,76	2431,01

Rechnung der Bank (auf Cent gerundete Werte) bei einem Kapital von 10 000 €:

	Guthaben ohne Zinsen (in €)	Jahreszinsen	Guthaben mit Zinsen (in €)
nach 1 Jahr	10 000,00	500,00	10 500,00
nach 2 Jahren	10 500,00	525,00	11 025,00
nach 3 Jahren	11 025,00	551,25	11 576,25
nach 4 Jahren	11 576,25	578,81	12 155,06

vereinfachte Rechnung:
$400\,€ \cdot 1{,}05^4 = 486{,}2025\,€ \approx 486{,}20\,€$
$2000\,€ \cdot 1{,}05^4 = 2431{,}0125\,€ \approx 2431{,}01\,€$
$10\,000\,€ \cdot 1{,}05^4 = 12\,155{,}0625\,€ \approx 12\,155{,}06\,€$
Die Abweichung ist hier so gering, dass sie erst nach der zweiten Kommastelle bemerkbar ist. Es ergibt sich hier kein Unterschied, wenn man das Endergebnis der vereinfachten Rechnung auch auf Cent rundet.
In beiden Fällen vergrößert sich das Kapital jeweils um ca. 21,55 %.

4 Spartakus-Bank: $2000\,€ \cdot 1{,}03^2 = 2121{,}80\,€$
Rhodos-Bank:

Jahr	Quartal	Anfangskapital (in €)	Zinsen (in €)	Endkapital (in €)
1	1	2000,00	13,75	2013,75
	2	2013,75	13,84	2027,59
	3	2027,59	13,94	2041,53
	4	2041,53	14,04	2055,57
2	1	2055,57	14,13	2069,70
	2	2069,70	14,23	2083,93
	3	2083,93	14,33	2098,26
	4	2098,26	14,43	2112,69

Das Angebot der Spartakus-Bank ist besser.

7 a) $500\,€ \cdot 1{,}01 \cdot 1{,}02 \cdot 1{,}04 = 535{,}70\,€$
Hannah kann nach dem 3. Jahr 535,70 € abheben.
b) Das Sparguthaben ist um etwa 7,14 % angewachsen.

Seite 63

8 a) Der Kaufpreis abzüglich Skonto beträgt 4850 €, die Überziehungszinsen für 4850 € betragen für 60 Tage 97 €. Wenn Frau Blume Skonto bezieht, zahlt sie insgesamt 4947 € und spart 53 € gegenüber dem regulären Kaufpreis.
b) Man kann die Aufgabe näherungsweise mit einer Tabellenkalkulation lösen. Dort berechnet man für verschiedene Skontosätze, wie viel Frau Blume insgesamt bezahlen muss. Man sucht den Skontosatz, für den Frau Blume 5000 € zahlen muss.

	A	B	C	D
1	Rechnungsbetrag:		5.000,00 €	
2	Zinssatz für Überziehungskredit:		12,00%	
3				
4	Skonto	Rechnungsbetrag bei sofortiger Bezahlung	Zinsen für Überziehungskredit	Insgesamt zu zahlen
5	3,00%	4.850,00 €	97,00 €	4.947,00 €
6	2,90%	4.855,00 €	97,10 €	4.952,10 €
7	2,80%	4.860,00 €	97,20 €	4.957,20 €
8	2,70%	4.865,00 €	97,30 €	4.962,30 €
9	2,60%	4.870,00 €	97,40 €	4.967,40 €
10	2,50%	4.875,00 €	97,50 €	4.972,50 €
11	2,40%	4.880,00 €	97,60 €	4.977,60 €
12	2,30%	4.885,00 €	97,70 €	4.982,70 €
13	2,20%	4.890,00 €	97,80 €	4.987,80 €
14	2,10%	4.895,00 €	97,90 €	4.992,90 €
15	2,00%	4.900,00 €	98,00 €	4.998,00 €
16	1,90%	4.905,00 €	98,10 €	5.003,10 €
17	1,95%	4.902,50 €	98,05 €	5.000,55 €
18	1,96%	4.902,00 €	98,04 €	5.000,04 €
19	1,97%	4.901,50 €	98,03 €	4.999,53 €

Bei einem Skontosatz von ca. 1,96 % würde Frau Blume genauso viele Zinsen bezahlen (98,04 €), wie sie durch das Skonto sparen würde. Insgesamt käme sie dann auch auf einen Betrag von 5000 €.

9 Ohne zu rechnen kann man sagen, dass das Angebot mit Ratenzahlung günstiger ist. Insgesamt zahlt Herr Meier die gleiche Summe, jedoch bleiben Teilbeträge länger auf seinem Konto und werfen somit länger Zinsen ab.

10 a) Maren hat nicht recht. Bereits ohne Zinseszinsen würde sich das Kapital verdoppeln. Mit Zinseszinsen kommt man auf 259,37 €.
b) Nach einem Jahr erhält man $1{,}05 \cdot 1000$ €, nach zwei Jahren $1{,}05^2 \cdot 1000$ €, nach drei Jahren $1{,}05^3 \cdot 1000$ € usw. Durch Ausprobieren, zum Beispiel mit einer Tabellenkalkulation, findet man, dass sich bei einem Zinssatz von 5 % das Kapital nach 15 Jahren etwa verdoppelt hat: $1{,}05^{15} \cdot 1000$ € ≈ 2078,93 €.
Bei einem Zinssatz von 3 % verdoppelt sich das Kapital nach etwa 24 Jahren: $1{,}03^{24} \cdot 1000$ € ≈ 2032,79 €.

	A	B	C	D	E
1	Kapital:	1.000,00 €		Kapital:	1.000,00 €
2	Zinssatz:	5,00%		Zinssatz:	3,00%
3					
4	Anlagezeitraum (in Jahren)	Kapital		Anlagezeitraum (in Jahren)	Kapital
5	1	1.050,00 €		1	1.030,00 €
6	2	1.102,50 €		2	1.060,90 €
7	3	1.157,63 €		4	1.125,51 €
8	4	1.215,51 €		6	1.194,05 €
9	5	1.276,28 €		8	1.266,77 €
10	6	1.340,10 €		10	1.343,92 €
11	7	1.407,10 €		12	1.425,76 €
12	8	1.477,46 €		14	1.512,59 €
13	9	1.551,33 €		16	1.604,71 €
14	10	1.628,89 €		18	1.702,43 €
15	11	1.710,34 €		20	1.806,11 €
16	12	1.795,86 €		22	1.916,10 €
17	13	1.885,65 €		24	2.032,79 €
18	14	1.979,93 €			
19	15	2.078,93 €			

c) Durch Ausprobieren, zum Beispiel mit einer Tabellenkalkulation, findet man, dass der Prozentsatz etwa 14,9 % betragen muss, denn $1{,}149^5 \cdot 1000$ € ≈ 2002,63 €.

	A	B
1	Kapital:	1.000,00 €
2	Anlagezeitraum (in Jahren)	5
3		
4	Zinssatz	Kapital nach 5 Jahren
5	1,00%	1.051,01 €
6	2,00%	1.104,08 €
7	3,00%	1.159,27 €
8	4,00%	1.216,65 €
9	5,00%	1.276,28 €
10	6,00%	1.338,23 €
11	7,00%	1.402,55 €
12	8,00%	1.469,33 €
13	9,00%	1.538,62 €
14	10,00%	1.610,51 €
15	11,00%	1.685,06 €
16	12,00%	1.762,34 €
17	13,00%	1.842,44 €
18	14,00%	1.925,41 €
19	15,00%	2.011,36 €
20	14,70%	1.985,26 €
21	14,80%	1.993,93 €
22	14,90%	2.002,63 €

11 Im Verlauf der fünften Generation würde das Guthaben auf mehr als eine Million Euro anwachsen.

12 Nach 21 Jahren hat sich das Kapital (mehr als) verdoppelt, unabhängig von der Höhe des Anfangskapitals. Begründung: $1{,}035^{20} = 1{,}99$; $1{,}035^{21} = 2{,}06$. Für jedes Anfangskapital K_0 gilt, dass es innerhalb von 21 Jahren auf $K_0 \cdot 1{,}035^{21} = K_0 \cdot 2{,}06$ anwächst und sich somit (mehr als) verdoppelt.

13 a)

	A	B	C	D	E	F	G	H	I
1			Zinseszinseffekt				Jährliche Auszahlung der Zinsen		
2	Zinssatz	Jahr	Guthaben am Jahresanfang	Zinsen	Zinsen insgesamt		Guthaben am Jahresanfang	Zinsen	Zinsen insgesamt
3	3,50%	0	1.000,00 €	35,00 €	35,00 €		1.000,00 €	35,00 €	35,00 €
4		1	1.035,00 €	36,23 €	71,23 €		1.000,00 €	35,00 €	70,00 €
5		2	1.071,23 €	37,49 €	108,72 €		1.000,00 €	35,00 €	105,00 €
6		3	1.108,72 €	38,81 €	147,52 €		1.000,00 €	35,00 €	140,00 €
7		4	1.147,52 €	40,16 €	187,69 €		1.000,00 €	35,00 €	175,00 €
8		5	1.187,69 €	41,57 €	229,26 €		1.000,00 €	35,00 €	210,00 €
9		6	1.229,26 €	43,02 €	272,28 €		1.000,00 €	35,00 €	245,00 €
10		7	1.272,28 €	44,53 €	316,81 €		1.000,00 €	35,00 €	280,00 €
11		8	1.316,81 €	46,09 €	362,90 €		1.000,00 €	35,00 €	315,00 €
12		9	1.362,90 €	47,70 €	410,60 €		1.000,00 €	35,00 €	350,00 €
13		10	1.410,60 €	49,37 €	459,97 €		1.000,00 €	35,00 €	385,00 €
14		11	1.459,97 €	51,10 €	511,07 €		1.000,00 €	35,00 €	420,00 €
15		12	1.511,07 €	52,89 €	563,96 €		1.000,00 €	35,00 €	455,00 €
16		13	1.563,96 €	54,74 €	618,69 €		1.000,00 €	35,00 €	490,00 €
17		14	1.618,69 €	56,65 €	675,35 €		1.000,00 €	35,00 €	525,00 €
18		15	1.675,35 €	58,64 €	733,99 €		1.000,00 €	35,00 €	560,00 €
19		16	1.733,99 €	60,69 €	794,68 €		1.000,00 €	35,00 €	595,00 €
20		17	1.794,68 €	62,81 €	857,49 €		1.000,00 €	35,00 €	630,00 €
21		18	1.857,49 €	65,01 €	922,50 €		1.000,00 €	35,00 €	665,00 €
22		19	1.922,50 €	67,29 €	989,79 €		1.000,00 €	35,00 €	700,00 €
23		20	1.989,79 €				1.000,00 €		

Der Zinseszinseffekt macht in diesem Zeitraum 989,79 € − 700 € = 289,79 € aus.
b) individuelle Lösung, zum Beispiel:

	A	B	C	D	E	F	G	H	I
1			Zinseszinseffekt				Jährliche Auszahlung der Zinsen		
2	Zinssatz	Jahr	Guthaben am Jahresanfang	Zinsen	Zinsen insgesamt		Guthaben am Jahresanfang	Zinsen	Zinsen insgesamt
3	2,25%	0	1.000,00 €	22,50 €	22,50 €		1.000,00 €	22,50 €	22,50 €
4		1	1.022,50 €	23,01 €	45,51 €		1.000,00 €	22,50 €	45,00 €
5		2	1.045,51 €	23,52 €	69,03 €		1.000,00 €	22,50 €	67,50 €
6		3	1.069,03 €	24,05 €	93,08 €		1.000,00 €	22,50 €	90,00 €
7		4	1.093,08 €	24,59 €	117,68 €		1.000,00 €	22,50 €	112,50 €
8		5	1.117,68 €	25,15 €	142,83 €		1.000,00 €	22,50 €	135,00 €
9		6	1.142,83 €	25,71 €	168,54 €		1.000,00 €	22,50 €	157,50 €
10		7	1.168,54 €	26,29 €	194,83 €		1.000,00 €	22,50 €	180,00 €
11		8	1.194,83 €	26,88 €	221,71 €		1.000,00 €	22,50 €	202,50 €
12		9	1.221,71 €	27,49 €	249,20 €		1.000,00 €	22,50 €	225,00 €
13		10	1.249,20 €	28,11 €	277,31 €		1.000,00 €	22,50 €	247,50 €
14		11	1.277,31 €	28,74 €	306,05 €		1.000,00 €	22,50 €	270,00 €
15		12	1.306,05 €	29,39 €	335,44 €		1.000,00 €	22,50 €	292,50 €
16		13	1.335,44 €	30,05 €	365,48 €		1.000,00 €	22,50 €	315,00 €
17		14	1.365,48 €	30,72 €	396,21 €		1.000,00 €	22,50 €	337,50 €
18		15	1.396,21 €	31,41 €	427,62 €		1.000,00 €	22,50 €	360,00 €
19		16	1.427,62 €	32,12 €	459,74 €		1.000,00 €	22,50 €	382,50 €
20		17	1.459,74 €	32,84 €	492,59 €		1.000,00 €	22,50 €	405,00 €
21		18	1.492,59 €	33,58 €	526,17 €		1.000,00 €	22,50 €	427,50 €
22		19	1.526,17 €	34,34 €	560,51 €		1.000,00 €	22,50 €	450,00 €
23		20	1.560,51 €				1.000,00 €		

Der Zinseszinseffekt macht in diesem Zeitraum 560,51 € − 450 € = 110,51 € aus.

	A	B	C	D	E	F	G	H	I
1			Zinseszinseffekt				Jährliche Auszahlung der Zinsen		
2	Zinssatz	Jahr	Guthaben am Jahresanfang	Zinsen	Zinsen insgesamt		Guthaben am Jahresanfang	Zinsen	Zinsen insgesamt
3	6,70%	0	1.000,00 €	67,00 €	67,00 €		1.000,00 €	67,00 €	67,00 €
4		1	1.067,00 €	71,49 €	138,49 €		1.000,00 €	67,00 €	134,00 €
5		2	1.138,49 €	76,28 €	214,77 €		1.000,00 €	67,00 €	201,00 €
6		3	1.214,77 €	81,39 €	296,16 €		1.000,00 €	67,00 €	268,00 €
7		4	1.296,16 €	86,84 €	383,00 €		1.000,00 €	67,00 €	335,00 €
8		5	1.383,00 €	92,66 €	475,66 €		1.000,00 €	67,00 €	402,00 €
9		6	1.475,66 €	98,87 €	574,53 €		1.000,00 €	67,00 €	469,00 €
10		7	1.574,53 €	105,49 €	680,02 €		1.000,00 €	67,00 €	536,00 €
11		8	1.680,02 €	112,56 €	792,59 €		1.000,00 €	67,00 €	603,00 €
12		9	1.792,59 €	120,10 €	912,69 €		1.000,00 €	67,00 €	670,00 €
13		10	1.912,69 €	128,15 €	1.040,84 €		1.000,00 €	67,00 €	737,00 €
14		11	2.040,84 €	136,74 €	1.177,57 €		1.000,00 €	67,00 €	804,00 €
15		12	2.177,57 €	145,90 €	1.323,47 €		1.000,00 €	67,00 €	871,00 €
16		13	2.323,47 €	155,67 €	1.479,14 €		1.000,00 €	67,00 €	938,00 €
17		14	2.479,14 €	166,10 €	1.645,25 €		1.000,00 €	67,00 €	1.005,00 €
18		15	2.645,25 €	177,23 €	1.822,48 €		1.000,00 €	67,00 €	1.072,00 €
19		16	2.822,48 €	189,11 €	2.011,59 €		1.000,00 €	67,00 €	1.139,00 €
20		17	3.011,59 €	201,78 €	2.213,36 €		1.000,00 €	67,00 €	1.206,00 €
21		18	3.213,36 €	215,30 €	2.428,66 €		1.000,00 €	67,00 €	1.273,00 €
22		19	3.428,66 €	229,72 €	2.658,38 €		1.000,00 €	67,00 €	1.340,00 €
23		20	3.658,38 €				1.000,00 €		

Der Zinseszinseffekt macht in diesem Zeitraum 2658,38 € – 1340 € = 1318,38 € aus.
Der Zinseszinseffekt ist umso stärker, je höher der Zinssatz ist.

Vertiefen und Vernetzen

Seite 64

1 a) individuelle Lösung, zum Beispiel kann man ein Kreisdiagramm verwenden:

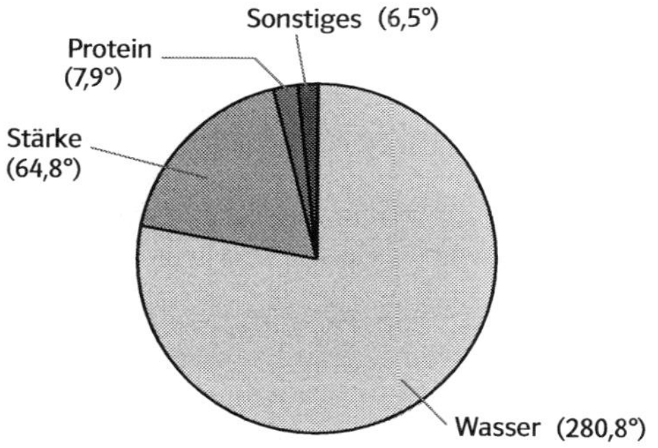

b) In 2,5 kg Kartoffeln befinden sich 1,95 kg Wasser, 450 g Stärke und 55 g Protein.
c) Etwa 1,282 kg Kartoffeln enthalten 1 Liter Wasser.

2 a) Etwa 40,2 Millionen Einwohner in Deutschland sind männlich (Quelle: Statistisches Bundesamt, Daten von 2012). Es leiden dann etwa 2,8 Millionen männliche Bundesbürger an Dichromasie.
b) Um zu schätzen, wie viele Schülerinnen und Schüler die Schule hat, geht man davon aus, dass an der Schule der Anteil derjenigen, die an Dichromasie leiden, ungefähr der gleiche ist wie in der gesamten Bevölkerung.
Für die Schätzung der Anzahl männlicher Schüler gehen wir also davon aus, dass 7% der Jungen an Dichromasie leiden. Der Prozentwert beträgt 35, der Prozentsatz 7%, gesucht ist der Grundwert (Anzahl der männlichen Schüler).
Grundwert: 35 : 0,07 = 500
(Die Schule hat ungefähr 500 männliche Schüler.)
Für die Schätzung der Anzahl der Schülerinnen geht man davon aus, dass 1% der Mädchen an Dichromasie leiden. Der Prozentwert beträgt 6, der Prozentsatz 1%, gesucht ist der Grundwert (Anzahl der Schülerinnen).
Grundwert: 6 : 0,01 = 600
(Die Schule hat ungefähr 600 Schülerinnen.)
Die Schule hat folglich etwa 1100 Schülerinnen und Schüler. Die Schätzung ist jedoch sehr ungenau, da die Anteile der Schülerinnen und Schüler der Schule, die an Dichromasie leiden, von denen in der Gesamtbevölkerung abweichen können.

3 Werte vor dem Umbau: Umfang: 40 m; Flächeninhalt: 96 m²; Volumen: 624 m³; nach dem Umbau: Umfang: 49 m; Flächeninhalt: 117,5 m²; Volumen: 699,25 m³
a) 22,5% b) etwa 22,4% c) etwa 12,1%

4 a) 6,89 € b) 54 €
c) Der Rucksack von Jana war etwa 11,7% billiger.
Der Rucksack von Jan war etwa 13,3% teurer.

5 Wochenpost 1995: Das Wort „sogar" deutet auf mehr hin, aber $\frac{1}{3} > \frac{1}{4}$!
Süddeutsche Zeitung, zitiert nach „Der Spiegel", Nr. 49/1995: $\frac{1}{10} < \frac{1}{5}$, also wäre die Zahl der zu schnellen Fahrer gestiegen. Offenbar wird $\frac{1}{10}$ mit 10% und $\frac{1}{5}$ mit 5% identifiziert.
Badische Neueste Nachrichten 1987: Die Summe dieser Prozentzahlen müsste 100% ergeben.
Vermutlich ist gemeint: 69% der männlichen Abiturienten haben die Absicht zu studieren, aber nur 52,4% der Abiturientinnen.
Leipziger Volkszeitung 1995: Gemeint ist wohl, dass der Zustand eines 70-Jährigen der eines 10 Jahre jüngeren war.

Seite 65

6 a) 0,25% von 35% von 510 Mio. km² = 0,25% von 178,5 Mio. km² ≈ 0,45 Mio. km²
b) 38,75%
c) etwa 258%
d) (35% von 510 Mio. km²) · 4,282 km ≈ 764 Mio. km³
e) Die Fläche Deutschlands beträgt ca. 357000 km².
764 Mio. km³ : 357000 km² ≈ 2140 km
Der See wäre etwa 2140 km (!) tief.
Zum Vergleich: Der Baikalsee, der tiefste See der Erde, ist 1642 m tief, der Bodensee, der tiefste See Deutschlands, ist 254 m tief.

7 a) und b) Wenn Familie Schmidt das Auto sofort bezahlen möchte, sollte sie das Angebot von Autohaus Meier annehmen. Dort spart sie 2000 €, dies entspricht einer Ersparnis von ca. 15,39%.
Wenn Familie Schmidt das Auto finanzieren möchte, ist das Angebot von Auto Kayser günstiger. Dort kostet das Auto abzgl. Rabatt zzgl. Zinsen und Zinseszinsen 12 925,94 €. Bei Autohaus Meier ergibt die Summe der Ratenzahlung 12 960 €.
c) 100% des Versicherungsbeitrags entsprechen ca. 514,29 €.

d) Die 10% Preisverfall beziehen sich jedes Jahr auf den aktuellen Restwert. Also hat man nach n Jahren den Restwert $K \cdot 0{,}9^n$, wobei K den Kaufpreis bezeichnet. Gesucht ist die Anzahl der Jahre n, für die gilt, dass $0{,}9^n \leq 0{,}5$. Diese Bedingung ist durch $n = 7$ erfüllt ($0{,}9^6 = 0{,}53$; $0{,}9^7 = 0{,}48$).
Unabhängig von der Höhe des Kaufpreises beträgt der Restwert des Autos also gemäß der Faustregel nach 7 Jahren weniger als die Hälfte das ursprünglichen Kaufpreises.
e) individuelle Lösung

Exkursion: Von großen und kleinen Tieren

Seite 66

1 a) ca. 17,65%
b) Gesucht wird ein Tier das ca. 53 cm groß ist, wie zum Beispiel ein Hund.

2 Elefant: ca. 78%; Strauß: ca. 92%; Krokodil: ca. 57%

3 180 cm

4 a) Es sind etwa 45 000 Arten von Wirbeltieren bekannt.
b) 20 700 Fischarten, 5400 Säugetierarten, 8550 Vogelarten, 7200 Kriechtierarten und 3150 Lurcharten.

Seite 67

5 56% der Säugetierarten sind Nagetierarten und 14% der Säugetierarten sind Fledertierarten.

6 Von den Wald bewohnenden Säugetieren leben 25% auf Bäumen, 67% am Boden und 8% unterirdisch.
Von den Steppen bewohnenden Säugetieren leben 0% auf Bäumen, 51% am Boden und 49% unterirdisch.
Von den Wüsten bewohnenden Säugetieren leben 0% auf Bäumen, 28% am Boden und 72% unterirdisch.

7 a) 7 °C
b) Die Anzahl der Herzschläge geht um etwa 99%, die Anzahl der Atemzüge um 95% zurück.

8

Tier	Geburtsgewicht bezogen auf das Gewicht der Mutter
Elefant	4%
Känguru	≈ 0,003%
Fledermaus	20%
Seehund	10%
Mensch	≈ 5,7%

Die Zwergfledermaus bringt im Vergleich zum Gewicht der Mutter die schwersten Kinder zur Welt.
Ein Zwergfledermausbaby muss um 400% seines Geburtsgewichts zunehmen, um das Gewicht der Mutter zu erreichen.

III Dreiecksgeometrie

Lösungshinweise zu den Erkundungen

Seite 72

Ein ganz besonderer Kreis

Vorüberlegungen

Dreiecke, bei denen (mindestens) zwei Seiten gleich lang sind, nennt man gleichschenklige Dreiecke. Für sie gilt der Basiswinkelsatz. Die zwei gleich langen Seiten (Schenkel) schließen jeweils mit der dritten Seite (Basis) einen Basiswinkel ein. Der Basiswinkelsatz besagt nun, dass diese Basiswinkel stets gleich groß sind.

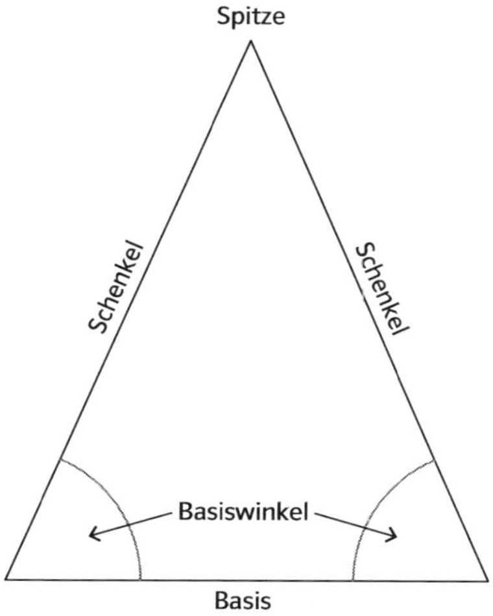

Begründung für den Basiswinkelsatz:
Die Mittelsenkrechte der Basis ist eine Symmetrieachse des Dreiecks (dies lässt sich mithilfe der Kongruenzsätze aus Lerneinheit 5 beweisen). Spiegelt man das Dreieck an ihr, werden die Basiswinkel aufeinander abgebildet. Also sind sie gleich groß.

Forschen an Beispielen

- Die Seitenlängen $\overline{M_{\overline{AB}}A}$, $\overline{M_{\overline{AB}}C}$ und $\overline{M_{\overline{AB}}B}$ sind jeweils gleich lang. Damit lässt sich jedes Dreieck ABC in zwei gleichschenklige Dreiecke $AM_{\overline{AB}}C$ und $M_{\overline{AB}}BC$ zerlegen.

  Demnach sind die Winkel α und γ_1 sowie die Winkel β und γ_2 stets gleich groß.

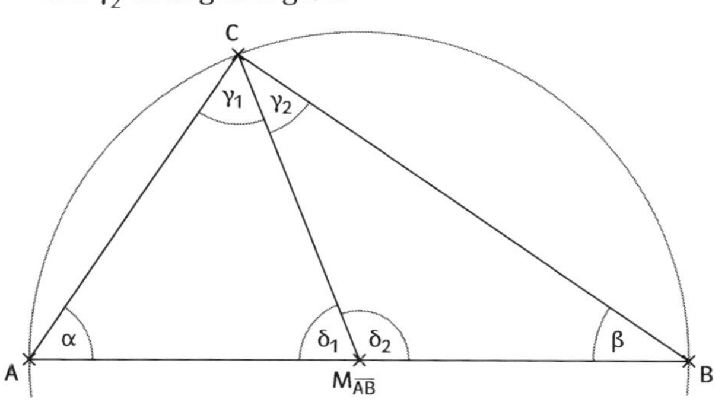

- Gruppe 1 (gegeben $\delta_2 = 50°$):
  Es gilt $\delta_2 + \beta + \gamma_2 = 180°$ (Winkelsumme im Dreieck).
  Mit $\beta = \gamma_2$ gilt also:
  $50° + 2\beta = 180° \quad | -50°$
  $\Leftrightarrow \quad 2\beta = 130° \quad | :2$
  $\Leftrightarrow \quad \beta = 65°.$
  Außerdem gilt $\delta_1 = 180° - \delta_2 = 180° - 50° = 130°$ (Nebenwinkel) und $\alpha + \delta_1 + \gamma_1 = 180°$ (Winkelsumme im Dreieck).
  Mit $\alpha = \gamma_1$ gilt also:
  $130° + 2\alpha = 180° \quad | -130°$
  $\Leftrightarrow \quad 2\alpha = 50° \quad | :2$
  $\Leftrightarrow \quad \alpha = 25°.$
  Ergebnis: $\alpha = \gamma_1 = 25°$; $\beta = \gamma_2 = 65°$; $\delta_1 = 130°$
  Mit ähnlichen Überlegungen und Begründungen können auch bei den anderen Gruppen alle Winkel bestimmt werden.
  Gruppe 2 (gegeben: $\alpha = 70°$):
  Ergebnis: $\gamma_1 = 70°$, $\delta_1 = 40°$, $\delta_2 = 140°$, $\beta = \gamma_2 = 20°$
  Gruppe 3 (gegeben: $\beta = 40°$):
  Ergebnis: $\gamma_2 = 40°$, $\delta_2 = 100°$, $\delta_1 = 80°$, $\alpha = \gamma_1 = 50°$
  Gruppe 4 (gegeben $\gamma_2 = 72°$):
  Ergebnis: $\beta = 72°$, $\delta_2 = 36°$, $\delta_1 = 144°$, $\alpha = \gamma_1 = 18°$
  Gruppe 5 (gegeben: $\gamma_1 = 54°$):
  Ergebnis: $\alpha = 54°$, $\delta_1 = 72°$, $\delta_2 = 108°$, $\beta = \gamma_2 = 36°$
  Gruppe 6 (gegeben: $\delta_1 = 82°$):
  Ergebnis: $\alpha = \gamma_1 = 49°$, $\delta_2 = 98°$, $\beta = \gamma_2 = 41°$

Beispiele vergleichen und Gemeinsamkeiten untersuchen

- individuelle Lösung
- Der Winkel γ ist in jedem der sechs Dreiecke 90° groß.
- Für alle Werte $0° < \alpha < 90°$ ist γ 90° groß.
  Es fällt auf, dass jedes Dreieck, dessen Eckpunkt C auf dem sogenannten Thaleskreis über $\overline{AB}$ (also dem Kreis, der den Mittelpunkt $M_{\overline{AB}}$ und den Radius $\overline{M_{\overline{AB}}A}$ hat) liegt, rechtwinklig bei C ist (vgl. Lerneinheit 4).

Zum Weiterdenken

Es gilt $\alpha + \delta_1 + \gamma_1 = 180°$ und $\beta + \delta_2 + \gamma_2 = 180°$ (Winkelsumme im Dreieck).
Daher gilt
$\alpha + \delta_1 + \gamma_1 + \beta + \delta_2 + \gamma_2 = 360°$, also
$\underbrace{\alpha + \gamma_1}_{2\gamma_1} + \underbrace{\beta + \gamma_2}_{2\gamma_2} + \underbrace{\delta_1 + \delta_2}_{180°} = 360°.$

Also gilt $\quad 2\gamma_1 + 2\gamma_2 + 180° = 360° \quad | -180°$
$\Leftrightarrow \quad 2\gamma_1 + 2\gamma_2 = 180° \quad | :2$
$\Leftrightarrow \quad \gamma_1 + \gamma_2 = 90°.$

Seite 73

Dreiecke sortieren

Peter:
… denn diese Dreiecke stimmen jeweils in allen drei Winkelgrößen und Seitenlängen überein.
Weitere Dreieckspaare, für die dies zutrifft, sind:
- (5) und (10)
- (3) und (6)
- (15) und (19)
- (8) und (16)

- (1) und (4)
- (9) und (11)

Luise:
... weil diese alle stumpfwinklig sind.
Weitere mögliche Einteilungen wären:
- rechtwinklig: (1), (4), (5), (10), (15) und (19)
- spitzwinklig: (3), (6), (8), (9), (11), (16), (17) und (18)
- gleichseitig: (3), (6) und (17)
- gleichschenklig, aber nicht gleichseitig: (1), (4), (5), (8), (9), (10), (11), (16) und (18)

Sina:
... weil (2), (7), (12), und (20) in allen drei Winkelgrößen übereinstimmen, auch wenn die Seitenlängen verschieden sind.
Weitere Dreiecksgruppen, für die dies zutrifft:
- (1), (4), (5), und (10)
- (3), (6), und (17)
- (8) und (16)
- (9), (11) und (18)
- (13) und (14)
- (15) und (19)

1 Geometrische Grundkonstruktionen

Seite 74

Einstiegsaufgabe
individuelle Lösung, zum Beispiel:
Zum Zeichnen von Kreisen kann die Schnur verwendet werden: Ein Ende wird am Mittelpunkt des Kreises fixiert und mit dem anderen Ende läuft man einen Kreis ab, wobei das Seil unter ständiger Spannung steht.
Zum Zeichnen von Linien und Verbinden von Punkten mithilfe der Kreide kann man das Brett verwenden.
Für eine Windrose wie auf dem Foto im Schülerbuch werden noch weitere geometrische Grundkonstruktionen benötigt, die man mit nur einem Zirkel (Schnur), einem Lineal (Brett) und einem Stift (Kreide) ausführen kann, zum Beispiel die Konstruktion einer Mittelsenkrechten zu einer Strecke $\overline{AB}$ oder die Konstruktion der Winkelhalbierenden zu einem Winkel α (siehe Schülerbuchseiten 74 und 75).

Seite 76

1 a) Man konstruiert die Mittelsenkrechte der 11,7 cm langen Strecke $\overline{AB}$. Ihr Schnittpunkt M mit der Strecke teilt diese in zwei gleich lange Teilstrecken $\overline{AM}$ und $\overline{MB}$.
b) Die 17 cm lange Strecke $\overline{AB}$ wird zunächst mithilfe der Mittelsenkrechten in zwei gleich lange Teilstrecken $\overline{AM}$ und $\overline{MB}$ geteilt. Dann konstruiert man für die Teilstrecken $\overline{AM}$ und $\overline{MB}$ nochmals die zugehörigen Mittelsenkrechten. Ihre Schnittpunkte mit der Strecke $\overline{AB}$ teilen zusammen mit M die Strecke $\overline{AB}$ in vier gleich lange Teilstrecken.

2 a) Man wählt zunächst zwei Punkte A und B auf der Geraden g. Dann zeichnet man die Mittelsenkrechte zu $\overline{AB}$ mithilfe zweier Kreise. Um den Schnittpunkt M der Mittelsenkrechten mit der Geraden g zeichnet man einen Kreis mit Radius 2 cm. Seine Schnittpunkte P und Q mit der Mittelsenkrechten haben zu g den Abstand 2 cm. Nun kann man wie in der Konstruktionsbeschreibung auf Schülerbuchseite 46 je eine Parallele zu g durch P und Q ziehen.

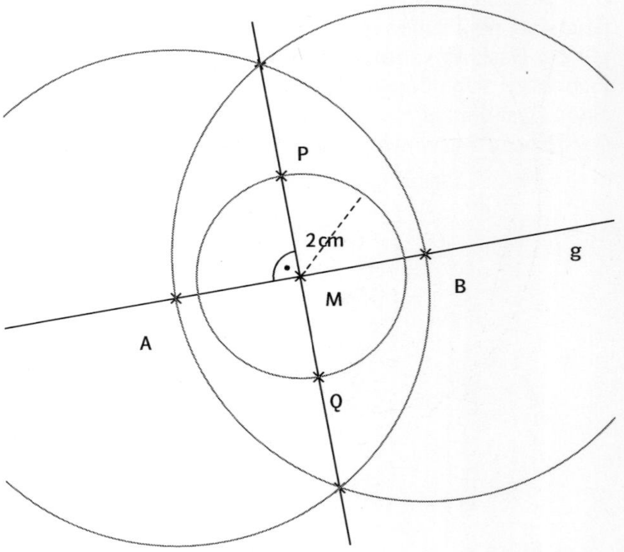

b) Man zeichnet zwei Kreise mit Radius r = 6 cm um die Punkte A und B. Ihre Schnittpunkte M_1 und M_2 sind dann jeweils genau 6 cm von A und B entfernt. Deshalb liegen die Punkte A und B auf den Kreisen um M_1 und M_2 mit dem gleichen Radius 6 cm.

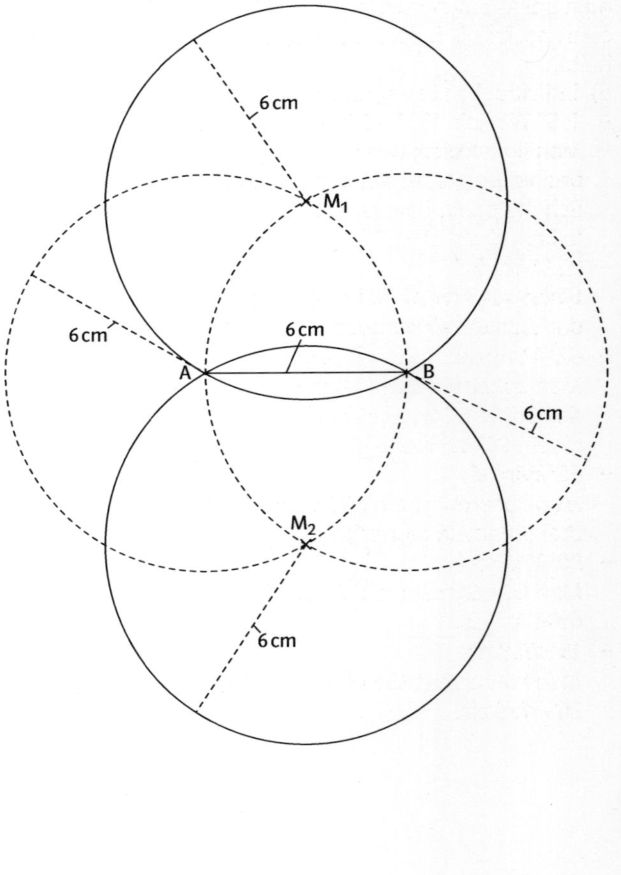

3 a) Man zeichnet einen Kreis um den Scheitel S des 57°-Winkels, der die Schenkel in den Punkten A und B schneidet. Zeichnet man um B einen Kreis mit dem Radius $\overline{BA}$, so schneidet dieser Kreis den ersten Kreis noch in C. Weil die Punkte A und C nun Symmetriepartner zur Geraden durch S und B sind, sind die Winkel ∢ ASB und ∢ BSC gleich groß. Deshalb gilt ∢ ASC = 114°.

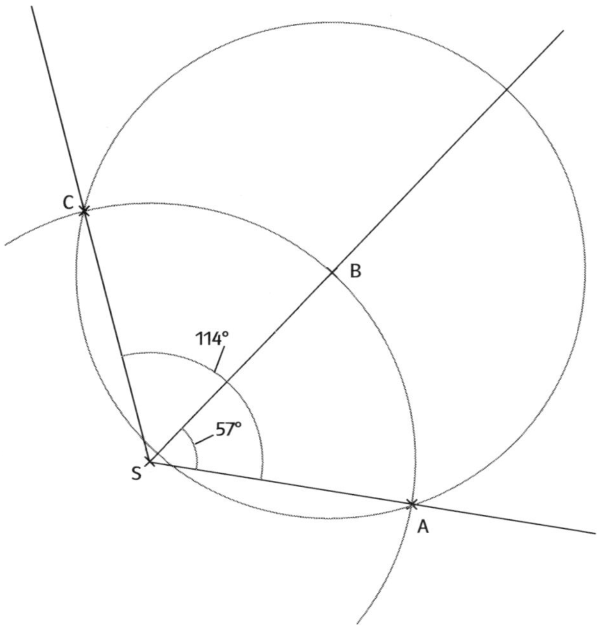

b) Man halbiert den 110°-Winkel und erhält zwei Winkel von je 55°. Einer dieser Winkel wird wiederum halbiert.
c) ohne Zeichnung
Man zeichnet z.B. eine Strecke $\overline{AB}$ und dazu die Mittelsenkrechte mit zugehörigem Schnittpunkt M. Damit hat man bei M einen rechten Winkel konstruiert. Dieser wird dann nochmals halbiert, um einen Winkel von 45° zu erhalten.
d) individuelle Lösung: zum Beispiel:
- 135°-Winkel: 135° = 90° + 45°
  Man konstruiert wie in Teilaufgabe c) einen 45°-Winkel und verlängert einen der beiden Schenkel über den Scheitelpunkt hinaus. Der Nebenwinkel zum 45°-Winkel hat dann eine Größe von 135°.
- 22,5°-Winkel:
  Einen solchen Winkel erhält man durch Konstruktion der Winkelhalbierenden eines 45°-Winkels.
- 67,5°-Winkel:
  Man konstruiert wie oben geschildert einen Winkel der Größe 22,5°. Der Winkel, der den 22,5°-Winkel zu einem 90°-Winkel ergänzt, ist 67,5° groß.
- 60°-Winkel
  Man konstruiert ein gleichseitiges Dreieck. Jeder der drei Innenwinkel ist 60° groß.
- 30°-Winkel
  Man konstruiert die Winkelhalbierende eines 60°-Winkels.
- 15°-Winkel:
  Man konstruiert die Winkelhalbierende eines 30°-Winkels.
- 120°-Winkel:
  Aus einem Winkel der Größe 60° kann man wie in Teilaufgabe a) geschildert einen 120°-Winkel konstruieren.

Aus den obigen Beispielen wird klar, dass auf Basis des 90°- bzw. 60°-Winkels noch viele weitere Winkelgrößen konstruiert werden können.

4 Elementare Lösungsvorschläge
(Je nach Programm und bereitgestellter Makros sind unterschiedliche Konstruktionen möglich.)
a) Konstruktionsbeschreibung:
1. Zeichne eine Strecke $\overline{AB}$. (Zum Umbenennen von Punkten stellen viele Programme eine Möglichkeit zur Verfügung, die man etwa durch einen Rechtsklick auf die Punkte auswählen kann.)
2. Zeichne um A und B jeweils einen Kreis mit dem gleichen Radius so, dass sich die Kreise in zwei Punkten C und D schneiden.
3. Zeichne die Gerade m = CD.

Die Gerade m ist die Mittelsenkrechte der Strecke $\overline{AB}$.
b) Konstruktionsbeschreibung:
1. Zeichne eine Halbgerade g = $\overrightarrow{AB}$ mit Endpunkt A.
2. Trage im Punkt A an g den Winkel α = 37° an.
3. Zeichne um A einen Kreis, der die Schenkel des Winkels in den Punkten B und C schneidet.
4. Konstruiere entsprechend Teilaufgabe a) die Mittelsenkrechte $m_{\overline{BC}}$ der Strecke $\overline{BC}$.

Die Gerade $m_{\overline{BC}}$ ist die Winkelhalbierende des Winkels α.
c) Konstruktionsbeschreibung:
Teil 1: Parallele Geraden g und h im Abstand 3 cm
1. Zeichne zwei Punkte A und B und eine Gerade g = AB.
2. Zeichne um A und B je einen Kreis mit Radius 3 cm. Beschrifte die Schnittpunkte der Kreise mit g mit S_1, S_2 bzw. S_3, S_4.
3. Konstruiere die Mittelsenkrechten m_1 und m_2 der Strecken $\overline{S_1S_2}$ und $\overline{S_3S_4}$.
   Beschrifte die oberen Schnittpunkte der Mittelsenkrechten mit den Kreisen mit C und D.

Die Gerade h = CD ist parallel zu g und hat von g den Abstand 3 cm.
Teil 2: Mittelparallele zu g und h
Konstruiere die Mittelsenkrechte $m_{\overline{AC}}$ der Strecke $\overline{AC}$ entsprechend Teilaufgabe a).
Die Gerade $m_{\overline{AC}}$ ist die gesuchte Mittelparallele zu g und h.

5 Zum Dreieck ABC konstruiert man die Mittelsenkrechten der drei Seiten und erhält die Mittelpunkte der Seiten. Dann verbindet man jeden Eckpunkt des Dreiecks mit dem Mittelpunkt der gegenüberliegenden Seite. Winkelmessungen ergeben, dass diese Strecken keine Winkelhalbierenden sind.
(Fehler im 1. Druck der 1. Auflage des Schülerbuches: Der Punkt A sollte nicht im negativen Bereich liegen. Neue Punkte: A(0|0), B(6|2), C(6|6). Die Konstruktion bleibt gleich.)

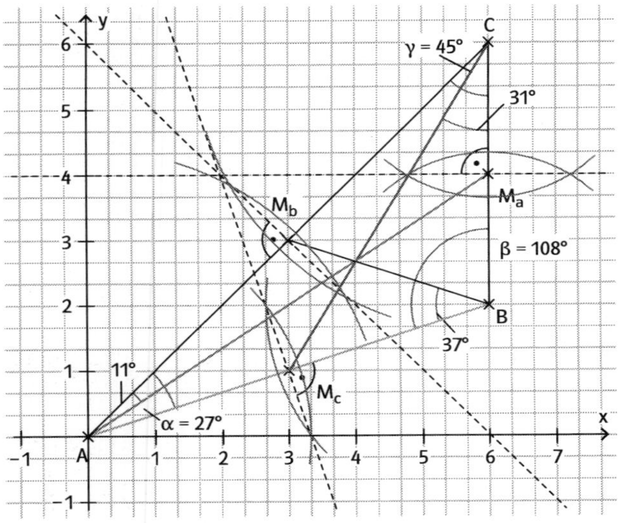

Seite 77

6

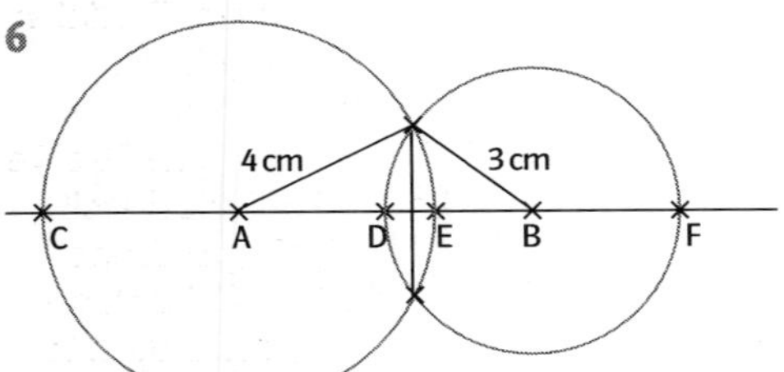

a) Die Schnittpunkte der beiden Kreise haben von A den Abstand 4 cm und von B den Abstand 3 cm.

b) Die beiden Schnittpunkte haben etwa den Abstand 3,6 cm (Messwert).

c) Mit der Beschriftung in der Zeichnung gilt:
$\overline{CD} = 7\,cm$; $\overline{CE} = 8\,cm$; $\overline{CF} = 13\,cm$; $\overline{DE} = 1\,cm$; $\overline{DF} = 6\,cm$; $\overline{EF} = 5\,cm$.

d) Der größte Abstand zweier Punkte auf den Kreisen ergibt sich für C und F mit 13 cm.

7 (Fehler im 1. Druck der 1. Auflage: Es soll keine negativen Punkte geben. Neue Punkte: A(1|0), B(7|3), C(6|5), D(0|6).)

a)

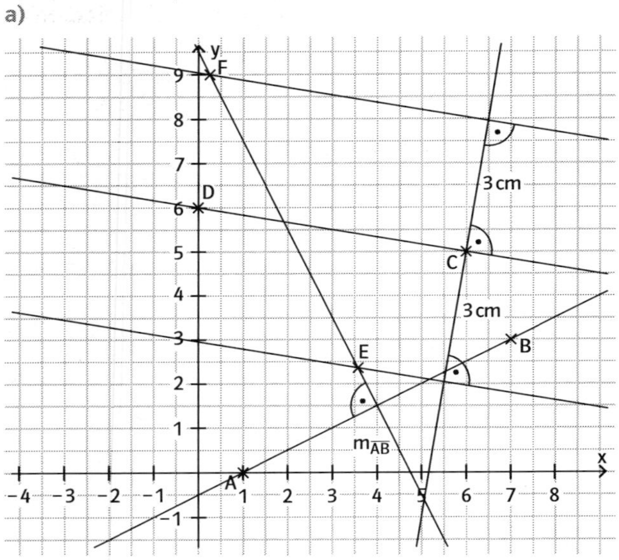

Die gesuchten Punkte E und F ergeben sich aus den Schnittpunkten der Mittelsenkrechten $m_{\overline{AB}}$ der Strecke $\overline{AB}$ mit den beiden Parallelen zur Geraden durch C und D im Abstand 3 cm.

b)

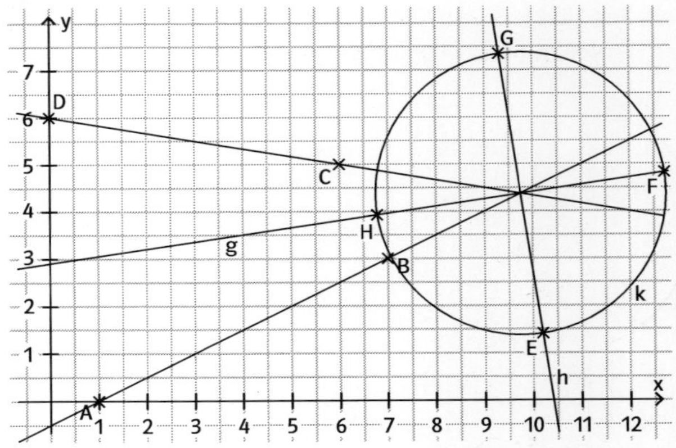

Die Punkte E, F, G und H ergeben sich als Schnittpunkte der Winkelhalbierenden g und h im Schnittpunkt S der Geraden AB und CD mit dem Kreis um S mit Radius 3 cm.

8 a) Wenn man das Blatt mit der Strecke $\overline{AB}$ so faltet, dass der Punkt A mit dem Punkt B zusammenfällt, dann ist die Faltlinie die Mittelsenkrechte der Strecke $\overline{AB}$, weil A und B dann punktsymmetrisch zu ihr sind.

b) Um eine Parallele zu einer Geraden g zu falten, faltet man zunächst wie in a) beschrieben eine Senkrechte h zu g (dazu kann man auf g zwei beliebige Punkte verwenden). Faltet man nun zu h wieder eine beliebige Senkrechte i, so ist diese parallel zu g, da g und i jeweils senkrecht zu h sind.

Die Mittelparallele zu zwei zueinander parallelen Geraden erhält man, indem man so faltet, dass die beiden Geraden aufeinanderliegen.

Man erhält die Winkelhalbierende eines Winkels, indem man so faltet, dass die beiden Schenkel aufeinanderliegen.

11

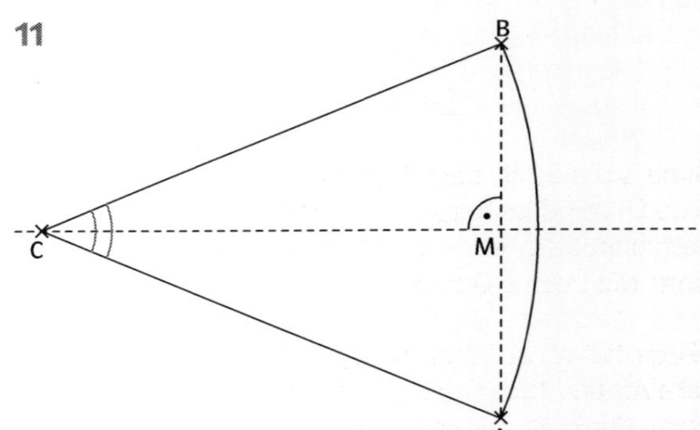

Beide Ideen lösen das Problem.

In der obigen Skizze ist die Winkelhalbierende an der Spitze des Pizzastücks auch die Mittelsenkrechte der Strecke $\overline{AB}$, da das Dreieck ABC gleichschenklig ist.

Seite 78

12 a)

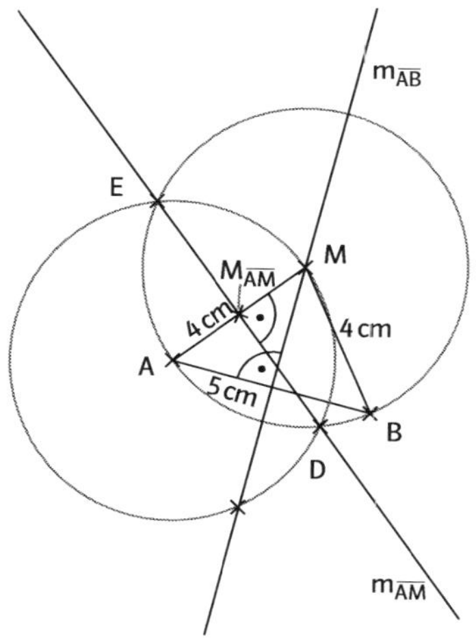

Zur Strecke $\overline{AB}$ = 5 cm zeichnet man zunächst die Mittelsenkrechte. Dann zeichnet man um A (oder B) einen Kreis mit Radius 4 cm. Ein Schnittpunkt mit der Mittelsenkrechten wird mit M beschriftet. Der Kreis um M mit Radius 4 cm verläuft nun durch A und B.
Die beiden Schnittpunkte D und E der Kreise haben den gleichen Abstand von M und A. (Man kann E und D auch als Schnittpunkt der Mittelsenkrechten der Strecke $\overline{AM}$ und des Kreises um M oder A erhalten.)

b)

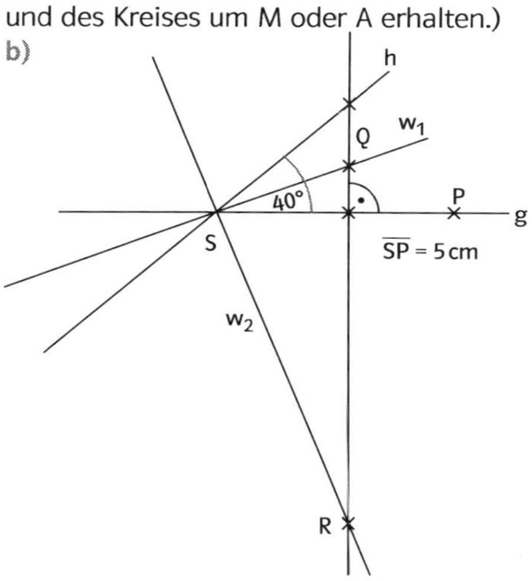

Man muss die Schnittpunkte der Mittelsenkrechten der Strecke $\overline{SP}$ mit den Winkelhalbierenden der Winkel im Schnittpunkt S der beiden Geraden bestimmen.
Lösung: Die Punkte Q und R.

13 Peter hat recht. Wenn er die Mittelsenkrechten der Strecke $\overline{AB}$ und $\overline{BC}$ zeichnet, dann schneiden sich diese in einem Punkt M, der den gleichen Abstand zu A, B und C hat. Es gibt also einen Kreis mit Mittelpunkt M, der durch A, B und C geht. Dieser Kreis geht auch durch D, da D ja auf dem Kreis lag, der durch A, B und C ging.
Irma hat auch recht, denn Peter benötigt zum Finden des Mittelpunktes ja nur die Punkte A, B und C.

14 Maßstab 1:10 000 (verkleinert dargestellt)

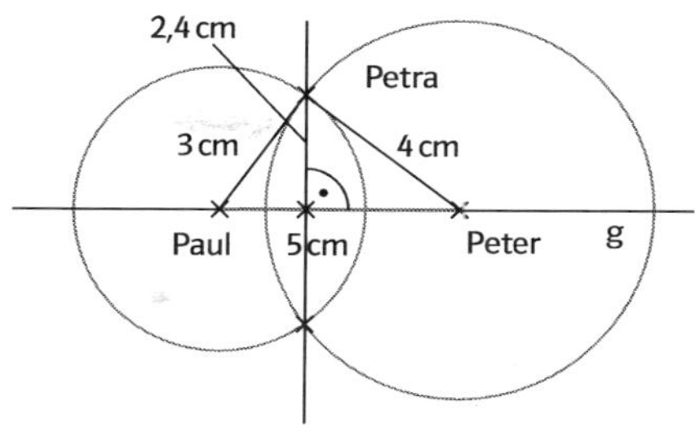

Aus den Angaben ergibt sich die obige Zeichnung.
Das Lot von „Petra" auf die „Hauptstraße" g misst 2,4 cm.
Somit wohnt Petra 240 m von der Hauptstraße entfernt.

15 a) Mit einem festen Seil und einem Zollstock kann man Strecken mit einer gewünschten Länge spannen und Kreise zeichnen. Nach dem Entwurf in der Figur im Schülerbuch wird zuerst ein rechtwinkliges Dreieck mit den Seiten 8 m und 6 m gezeichnet (um einen rechten Winkel zu erhalten, kann man beispielsweise eine beliebige Strecke mit ihrer Mittelsenkrechten als Hilfslinien konstruieren). Dann wird die Winkelhalbierende des rechten Winkels in der Schulhofecke konstruiert.
Danach wird die Mittelsenkrechte der 8 m langen Strecke konstruiert. In ihrem Schnittpunkt mit der Dreiecksseite, die quer im Hof verläuft, wird ein Halbkreis gezeichnet, dessen Radius halb so groß ist wie die Länge der Querstrecke. Es wird die Parallele zur längsten Dreiecksseite durch den Mittelpunkt der 8 m langen Seite gezeichnet.
Alle Strecken werden dann so hervorgehoben, dass die gewünschte Figur entsteht. Dann können die Flächen farbig gestaltet werden.
b) individuelle Lösung

16 Zeichnung zu a) bis c): In A ist eine Winkelhalbierende konstruiert. Von B ist das Lot $\overline{BL}$ auf die Diagonale konstruiert.
a) Es genügt, eine Winkelhalbierende zu zeichnen, da das Rechteck punktsymmetrisch ist. Die Aussage ist falsch: Die Winkelhalbierende liegt nicht auf der Diagonalen.
b) Die Aussage ist falsch. Das Lot von B auf die Diagonale hat den Lotfußpunkt L. Dieser stimmt nicht mit dem Schnittpunkt M der Diagonalen überein.
c) Die Aussage ist wahr. Man misst $\overline{BL} \approx$ 5,1 cm.
$\overline{BL}$ ist etwa halb so groß wie die Rechteckseite a.
(Dies gilt nicht für alle Rechtecke.)

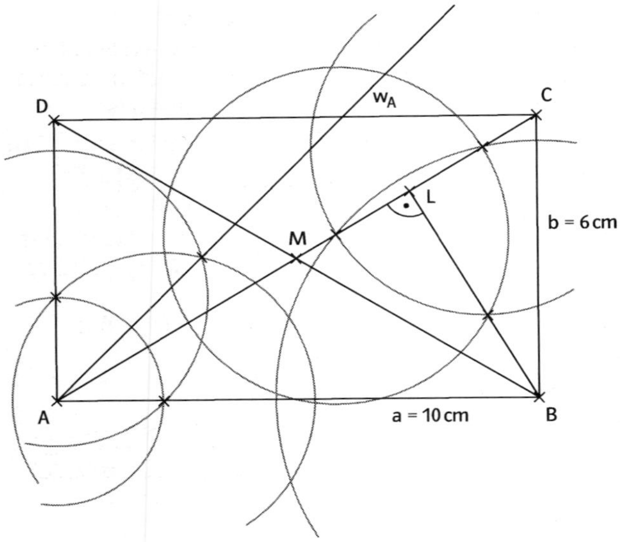

Zusatzfrage auf der Marginalie: Wenn das Rechteck ein Quadrat ist, ist aus Symmetriegründen eine Diagonale gleichzeitig auch eine Winkelhalbierende. Deshalb sind die Aussagen aus a) und b) richtig. Die Aussage aus c) ist falsch. Insbesondere ist L = M. Das Lot von einem Eckpunkt auf eine Diagonale ist deshalb bei Quadraten halb so groß wie eine Diagonale.

17 a) Alle Punkte des Quadrats, die vom Diagonalenschnittpunkt den Abstand 6 cm haben, liegen auf dem Kreis um den Schnittpunkt der Diagonalen mit dem Radius 6 cm. Es gibt insgesamt acht Punkte E_1 bis E_8 mit dieser Eigenschaft. Wegen der Symmetrie des Quadrats hat jeder Punkt der Lösung von den Diagonalen den Abstand 1,2 cm bzw. 5,9 cm.

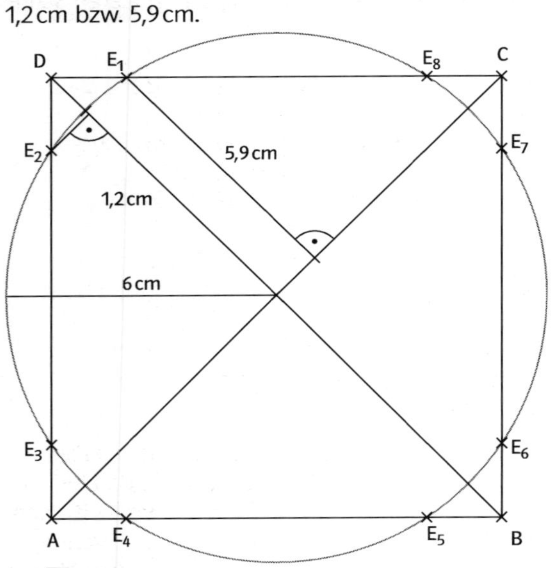

$\overline{AB}$ = 10 cm

b) Die gesuchten Punkte liegen sowohl auf einem Kreis um den Schnittpunkt der Diagonalen mit Radius 4 cm als auch auf den Parallelen zu den Seiten des Quadrats im Abstand 4 cm. Dabei gibt es acht Schnittpunkte E_1 bis E_8.

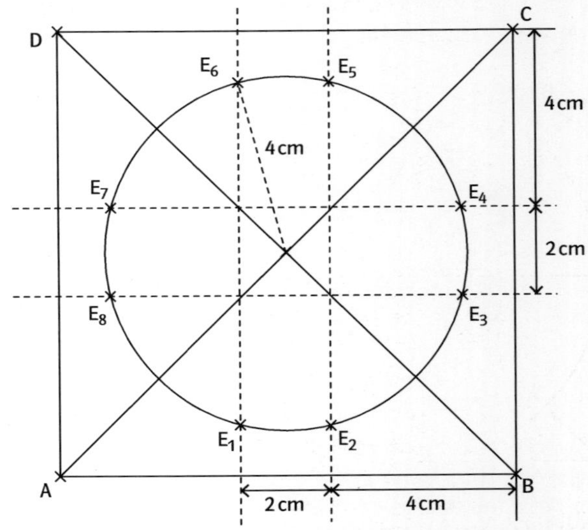

c) Es gibt viele Möglichkeiten, diese Aufgabe zu lösen, zum Beispiel:
1. Möglichkeit:
Der Radius wird als ein Drittel von 5 cm gewählt, also $r = 1,\overline{6}$ cm. Die Punkte E_1 bis E_4 ergeben sich als Schnittpunkte des Kreises mit den Mittelsenkrechten der Seiten. Dann ist beispielsweise der Abstand von E_3 zur Seite $\overline{AD}$ doppelt so groß wie der Radius. Um die Strecke $\overline{MF}$ zu dritteln, muss man nicht unbedingt messen. Man kann eine Strecke auch nur mit Zirkel und Lineal dritteln. Dazu zeichnet man eine Hilfsgerade g durch F, an der man von F aus drei gleich lange Abschnitte mit dem Zirkel abträgt (man erhält die Punkte G, G' und G''). Nun verbindet man M und G'' und konstruiert die Parallelen zu $\overline{MG''}$ durch G' und G. Der Schnittpunkt der Parallelen durch G' mit $\overline{FM}$ ist E_3. Er teilt die Strecke $\overline{FM}$ im Verhältnis 2 : 1.

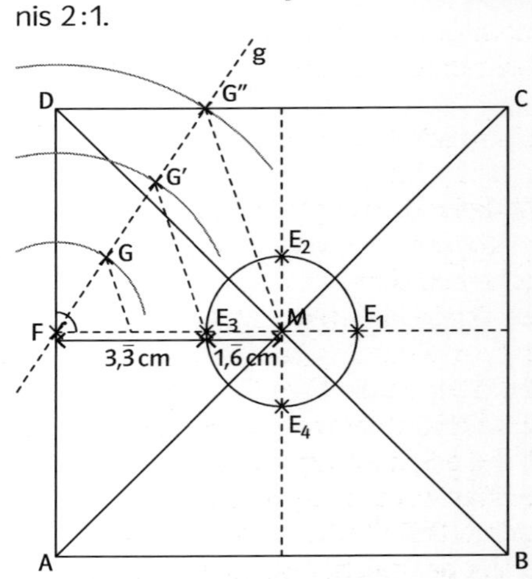

2. Möglichkeit:
Der Radius des Kreises beträgt 5 cm. Die Schnittpunkte des Kreises mit den Mittelsenkrechten der Seiten sind die Punkte E_1' bis E_4'. Der Punkt E_2' hat beispielsweise von $\overline{AB}$ den Abstand 10 cm, was dem doppelten Radius entspricht.

3. Möglichkeit:
Der Radius des Kreises beträgt 2,5 cm. Die Punkte E_1'' bis E_4'' ergeben sich aus den Schnittpunkten des Kreises mit den Mittelsenkrechten der Seiten. Der Punkt E_3'' hat beispielsweise von $\overline{CD}$ den Abstand 5 cm, was dem doppelten Radius entspricht.

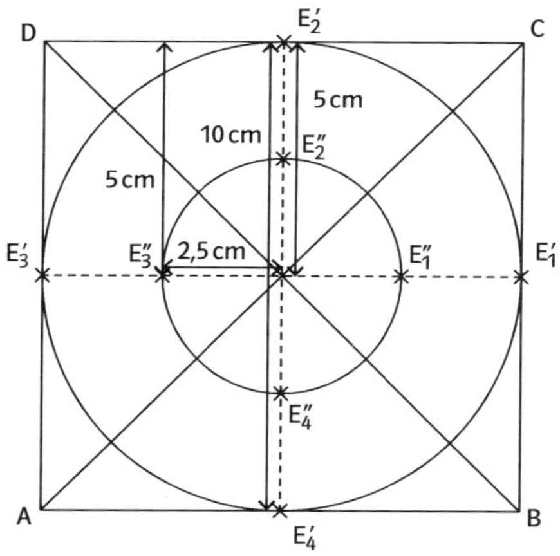

Es gibt noch viele weitere Möglichkeiten, die allerdings schwieriger zu konstruieren sind.

Seite 79

18 a) Die Vermutung von Alex ist falsch. Man muss dazu nur ein Dreieck so zeichnen, dass der Sachverhalt klar zu sehen ist. Dies ist z. B. im folgenden Dreieck der Fall.

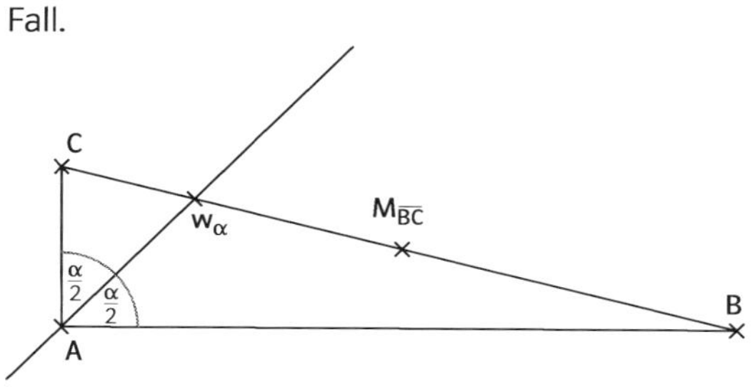

b) Beispiel: „In einem Quadrat geht die Winkelhalbierende in einem Eckpunkt durch den gegenüberliegenden Eckpunkt."
Begründung: Da ein Quadrat symmetrisch zur Diagonalen ist, ist eine Diagonale im Quadrat auch die Winkelhalbierende für die Winkel in den zugehörigen Eckpunkten.

19 Lösungsidee (ohne Zeichnung):
a) Konstruiere die Mittelsenkrechten der Dreiecksseiten. Ihre Schnittpunkte mit den jeweiligen Seiten des Dreiecks ABC sind die Seitenmitten D, E und F.
Die Dreiecke DEF und ABC stimmen in allen drei Winkeln überein. Zudem sind die Seitenlängen des Dreiecks DEF halb so lang wie die entsprechenden des Dreiecks ABC. Man nennt das Dreieck DEF das Mittendreieck von ABC. Es fällt auf, dass man das Dreieck ABC so in vier Teile zerlegen kann, dass viermal das Dreieck DEF entsteht.
b) Konstruiere mithilfe der Mittelsenkrechten den Mittelpunkt M der Strecke $\overline{AB}$. Konstruiere dann mithilfe der Mittelsenkrechten der Strecken $\overline{AM}$ und $\overline{MB}$ den Mittelpunkt P von $\overline{AM}$ und den Mittelpunkt Q von $\overline{MB}$. Die Teilstrecken $\overline{AP}$, $\overline{PM}$, $\overline{MQ}$ und $\overline{QB}$ sind gleich lang.

20 a) und b) Tabelle: individuelle Lösung
Zwei Kreise haben genau einen gemeinsamen Schnittpunkt, wenn entweder die Summe ihrer Radien genauso groß ist wie der Abstand ihrer Mittelpunkte (also $\overline{AP} + \overline{BQ} = \overline{AB}$) oder die Differenz ihrer Radien so groß ist wie der Abstand ihrer Mittelpunkte $\left(|\overline{AP} - \overline{BQ}| = \overline{AB}\right)$.
Zwei Kreise haben zwei Schnittpunkte, wenn sowohl die Summe ihrer Radien größer ist als der Abstand ihrer Mittelpunkte als auch die Differenz ihrer Radien kleiner ist als der Abstand ihrer Mittelpunkte.
In allen anderen Fällen gibt es keine Schnittpunkte.

21 Lösungsidee (ohne Zeichnung):
Zeichne im Kreis zwei Sehnen $\overline{AB}$ und $\overline{BC}$.
Konstruiere die Mittelsenkrechten $m_{\overline{AB}}$ zu $\overline{AB}$ und $m_{\overline{BC}}$ zu $\overline{BC}$. Der Schnittpunkt M von $m_{\overline{AB}}$ und $m_{\overline{BC}}$ ist der Mittelpunkt des Kreises.

22 a)

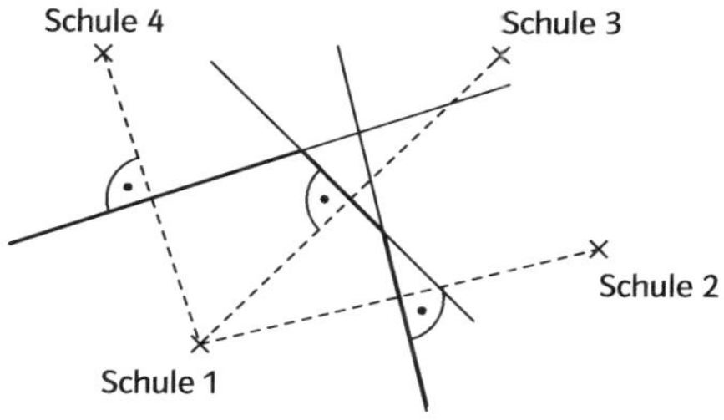

Für die Grenzen der Schuleinzugsgebiete wurden die „Mittelsenkrechten" der Verbindungsstrecken der Schulorte verwendet. Das Schuleinzugsgebiet innerhalb der roten Grenze besteht aus allen Orten, die den kürzesten Weg zu Schule 1 haben. Alle Schulwege zu anderen Schulen sind länger.
b)

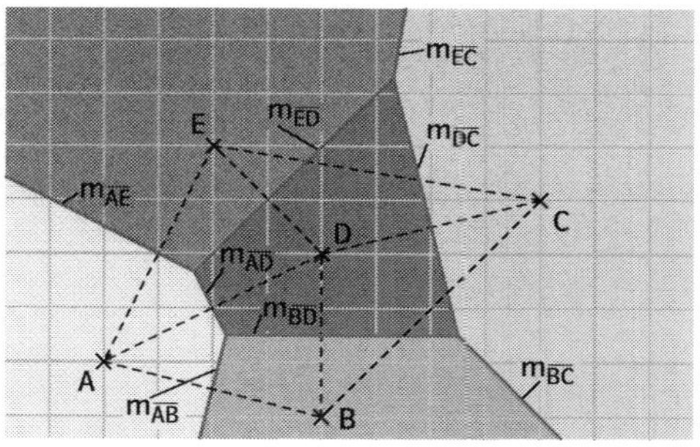

c) individuelle Lösung

23 a) Es gibt einen solchen Kreis: Man konstruiert den Schnittpunkt M der Mittelsenkrechten der Strecke $\overline{PQ}$ mit der Geraden g. Der Kreis um M durch P verläuft dann auch durch Q, weil M auf der Mittelsenkrechten von $\overline{PQ}$ liegt. Die Punkte P und Q sind also gleich weit von M entfernt.
Ausnahme: Wenn $\overline{PQ}$ senkrecht zu g verläuft, dann ist $m_{\overline{PQ}}$ parallel zu g und hat mit g keinen Schnittpunkt. In diesem Fall gibt es auch keinen Kreis mit der gewünschten Eigenschaft.

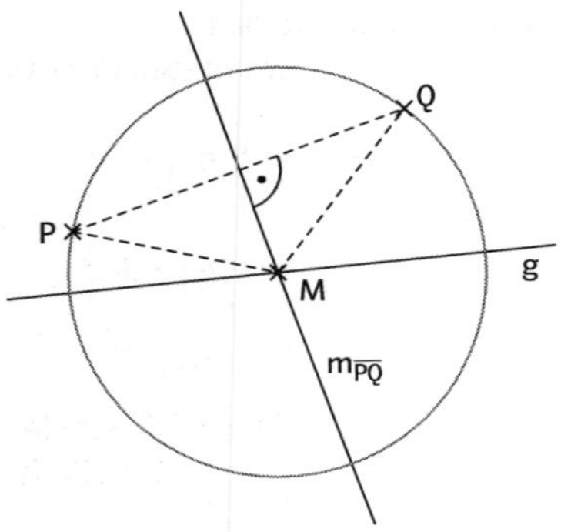

b) Die beiden folgenden Abbildungen zeigen, dass die Konstruktion aus a) auch dann funktioniert, wenn P auf g liegt oder P und Q auf g liegen (mit der gleichen Ausnahme wie bei a)).

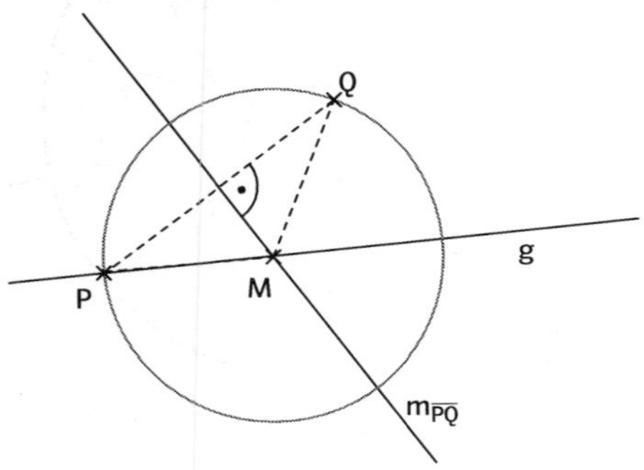

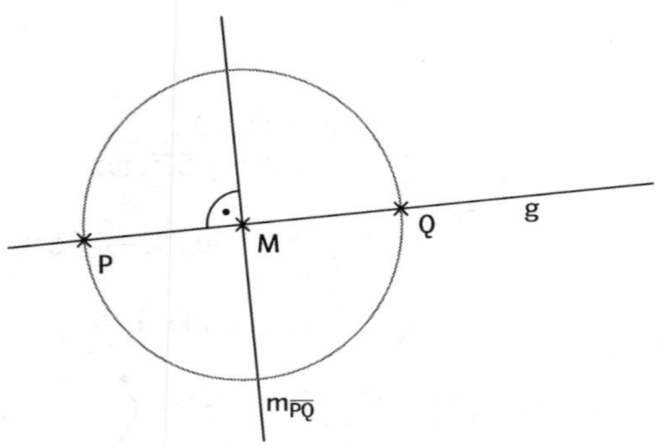

2 Mittelsenkrechte, Winkel- und Seitenhalbierende im Dreieck

Seite 80

Einstiegsaufgabe

Wenn Hans zwei Bälle wirft, dann hat der von Ulla geworfene Ball den gleichen Abstand von Hans Bällen, wenn der Mittelpunkt von Ullas Ball auf der Mittelsenkrechten der Strecke liegt, die die Mittelpunkte von Hans' Bällen verbindet.
Wirft Hans allerdings drei Bälle, so gibt es drei Strecken, die je zwei Ballmittelpunkte miteinander verbinden. Ulla müsste also den Schnittpunkt der drei zugehörigen Mittelsenkrechten bestimmen. (Dafür reicht es allerdings, den Schnittpunkt von zwei zu bestimmen.) Dieser hätte den gleichen Abstand von allen drei Bällen von Hans. Will Hans also gewinnen, so sollte er drei Bälle werfen, denn dadurch wird die Aufgabe für Ulla viel schwieriger.

Seite 81

1 a) und b)

(1) Der Umkreismittelpunkt ist der Mittelpunkt der Strecke $\overline{AC}$.

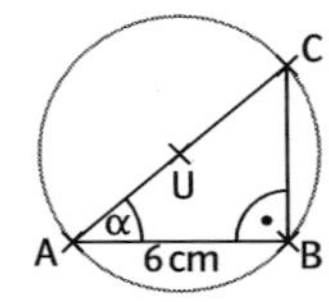

(2) Der Umkreismittelpunkt liegt auf der Winkelhalbierenden des Winkels γ und ist außerhalb des Dreiecks.

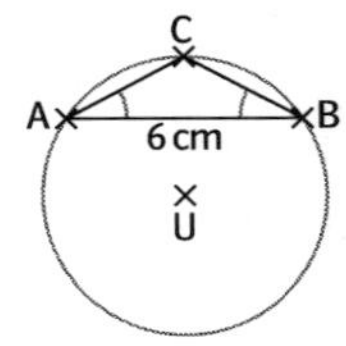

(3) Der Umkreismittelpunkt ist der Mittelpunkt der Seite $\overline{AC}$.

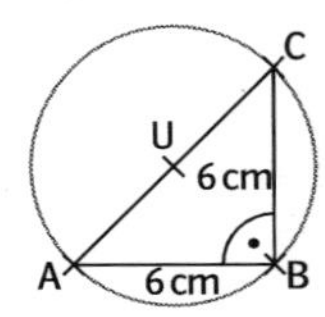

(4) Der Umkreismittelpunkt liegt auf dem Schnittpunkt der Winkelhalbierenden, der in einem gleichseitigen Dreieck dem Schnittpunkt der Mittelsenkrechten und dem Schnittpunkt der Seitenhalbierenden entspricht.

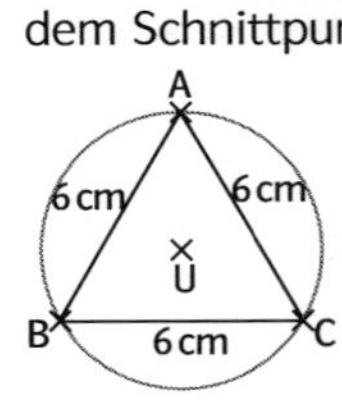

2 a) Konstruktionsbeschreibung:

1. Zeichne den Kreis k mit Mittelpunkt U und Radius R = 4 cm.
2. Wähle auf k einen Punkt A.
3. Zeichne um A einen Kreis mit dem Radius b = 3 cm. Bezeichne einen der Schnittpunkte dieses Kreises mit k mit C.
4. Zeichne um C einen Kreis mit dem Radius a = 5 cm. Bezeichne die Schnittpunkt dieses Kreises mit k mit B_1 und B_2.

Es gibt zwei Lösungsdreiecke AB_1C und AB_2C.

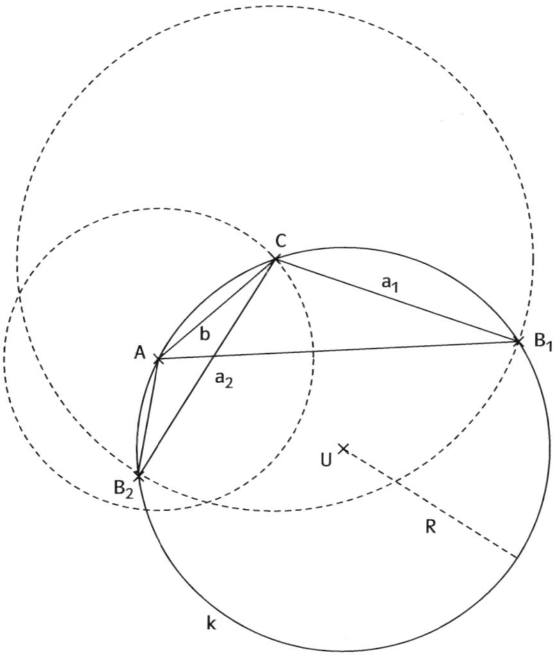

b) Konstruktionsbeschreibung:
1. Zeichne den Kreis k mit Mittelpunkt U und Radius R = 6 cm.
2. Wähle auf k einen Punkt A.
3. Zeichne um A einen Kreis mit dem Radius c = 8 cm. Bezeichne einen der Schnittpunkte dieses Kreises mit k mit B.
4. Trage in A an c den Winkel $\alpha = 50°$ an.
5. Der Schnittpunkt des freien Schenkels von α mit k ist der Punkt C.

Es gibt nur ein Lösungsdreieck ABC.

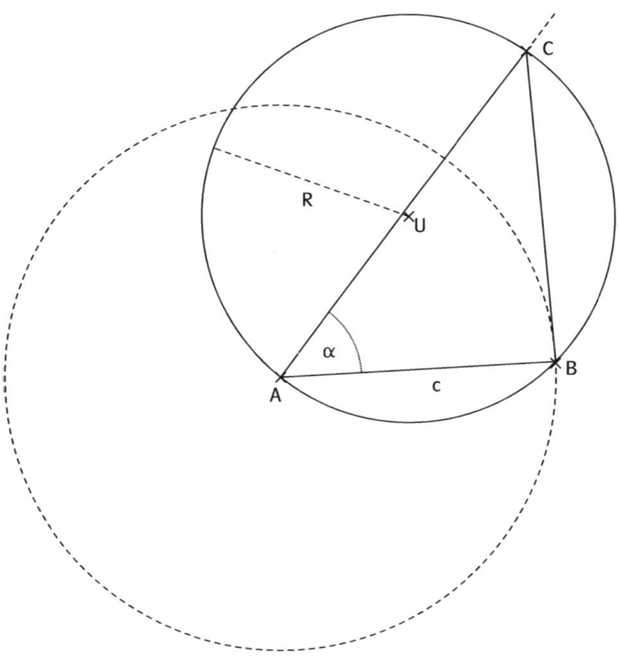

c) Konstruktionsbeschreibung:
1. Zeichne den Kreis k mit Mittelpunkt U und Radius R = 5 cm.
2. Wähle auf k einen Punkt A.
3. Zeichne um A einen Kreis mit dem Radius $\overline{AB} = 5$ cm. Bezeichne die Schnittpunkte dieses Kreises mit k mit B_1 und B_2.
4. Zeichne die Mittelsenkrechten $m_{\overline{AB_1}}$ und $m_{\overline{AB_2}}$ der Strecken $\overline{AB_1}$ und $\overline{AB_2}$.
5. Einer der Schnittpunkte von $m_{\overline{AB_1}}$ mit k wird mit C_1 bezeichnet, einer der Schnittpunkte von $m_{\overline{AB_2}}$ mit k mit C_2.
   Achte darauf, dass der Umlauf von A, B_1 und C_1 sowie A, B_2 und C_2 jeweils gegen den Uhrzeigersinn verläuft.

Es gibt zwei Lösungsdreiecke AB_1C_1 und AB_2C_2.

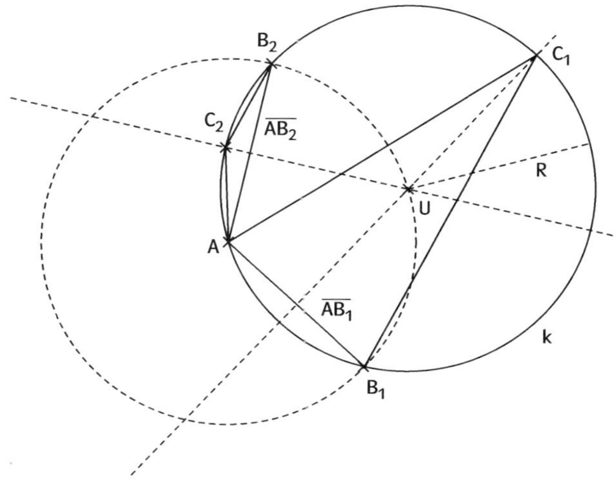

d) Konstruktionsbeschreibung:
1. Zeichne einen Strahl mit Anfangspunkt A.
2. Trage in A an den Strahl den Winkel $\alpha = 50°$ an.
3. Zeichne die Winkelhalbierende w_α.
4. Zeichne um A einen Kreis mit dem Radius R = 4,5 cm.
5. Dieser Kreis schneidet w_α im Punkt U.
6. Zeichne um U den Kreis k durch A, also mit dem Radius R = 4,5 cm.
7. k schneidet die Schenkel von α in B und C.

Es gibt nur ein Lösungsdreieck ABC.

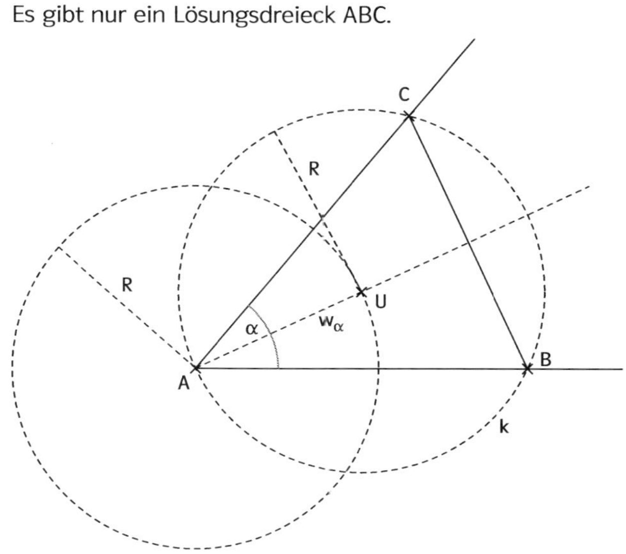

Seite 82

3 a) (ohne Zeichnungen)
Zeichne zuerst das Dreieck aus den gegebenen Größen. Bestimme dann den Inkreismittelpunkt I als Schnittpunkt zweier Winkelhalbierender. Der Radius des Inkreises wird durch das Lot von I auf eine Dreiecksseite bestimmt.
b) Besonderheiten: In (2) und (3) liegt der Inkreismittelpunkt auf einer Mittelsenkrechten, weil gleichschenklige Dreiecke vorliegen. In (4) ist das Dreieck gleichseitig. Der Inkreismittelpunkt fällt mit dem Umkreismittelpunkt und dem Schwerpunkt zusammen.

4 a)

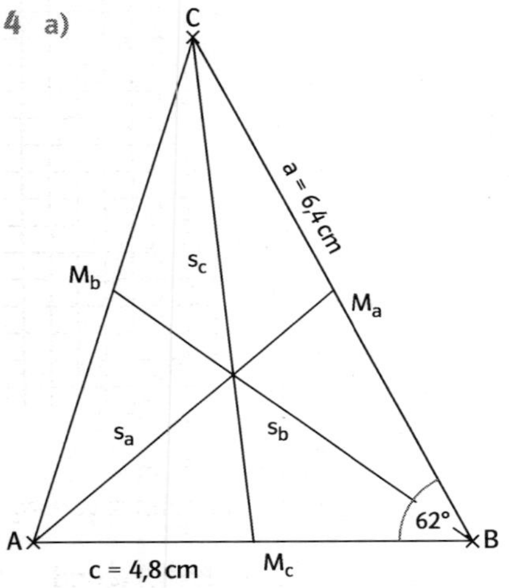

b)

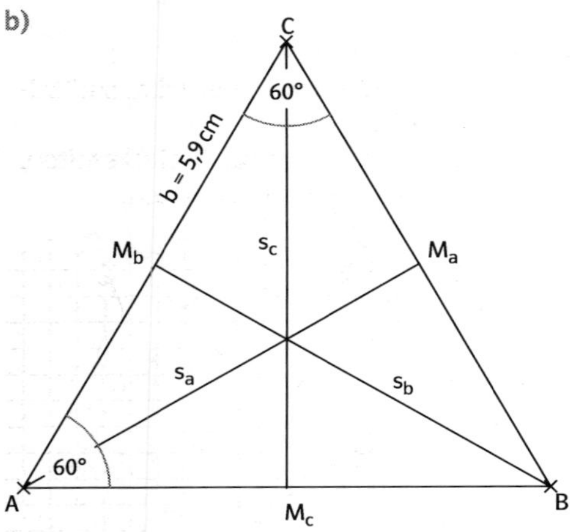

c)

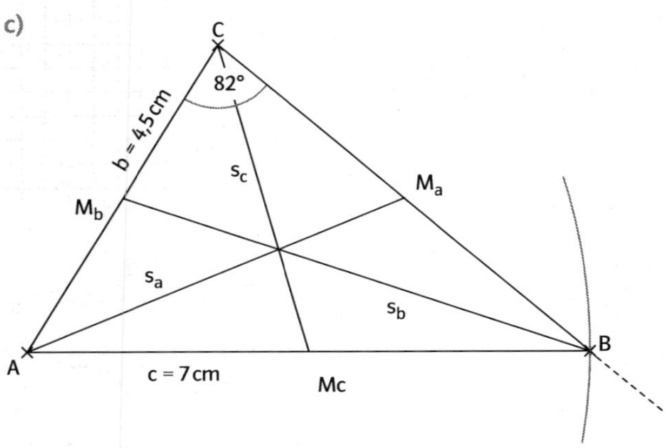

d)

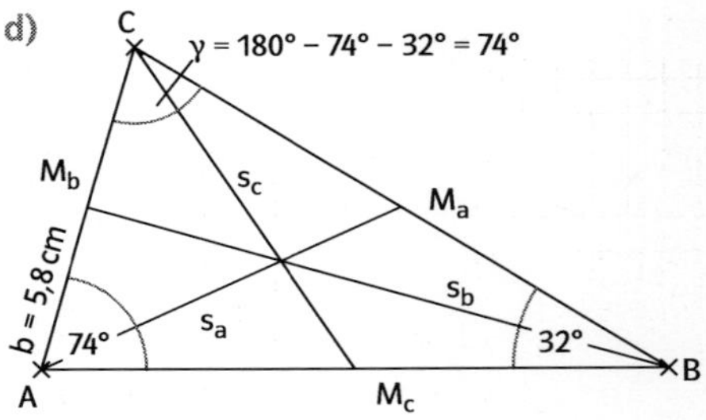

5 a)

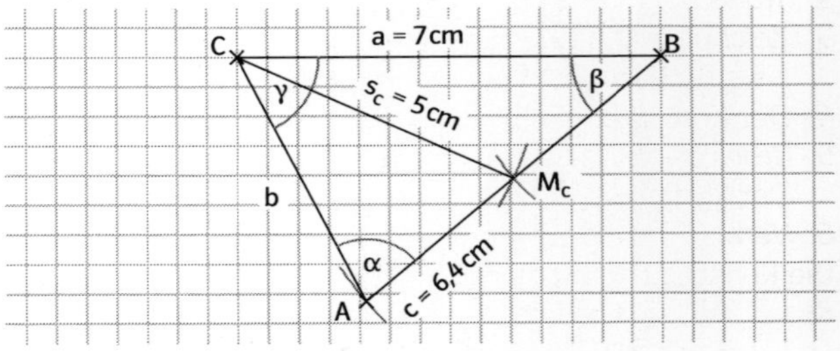

1. Zeichne die Seite a mit $a = 7\,cm$.
2. Zeichne einen Kreis um B mit dem Radius $r_1 = \frac{c}{2} = 3{,}2\,cm$.
3. Zeichne einen Kreis um C mit dem Radius $r_2 = s_c = 5\,cm$.
4. Diese beiden Kreise schneiden sich in M_c.
5. Verlängere die Strecke $\overline{BM_c}$ über M_c hinaus um $\frac{c}{2} = 3{,}2\,cm$. Der Endpunkt ist A.
6. Verbinde A mit C.
Die zwei Kreise haben noch einen zweiten Schnittpunkt M_c'. Daraus ergibt sich das deckungsgleiche Dreieck CBA' (Buchstaben in „falscher" Reihenfolge), was eine Spiegelung von ABC an $\overline{CB} = a$ darstellt.

b)

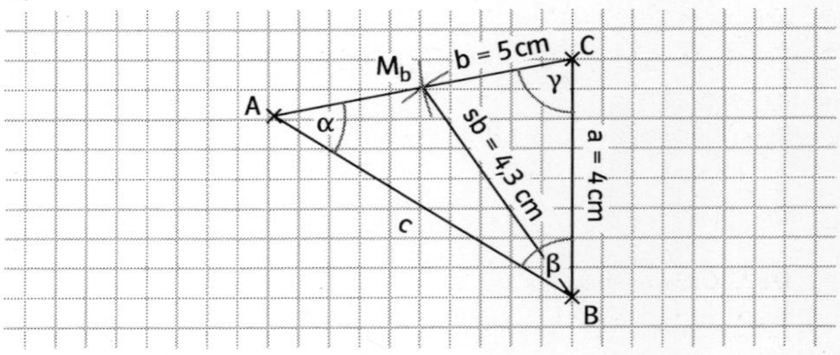

1. Zeichne die Seite a mit $a = 4\,cm$.
2. Zeichne einen Kreis um C mit dem Radius $r_1 = \frac{b}{2} = 2{,}5\,cm$.
3. Zeichne einen Kreis um B mit dem Radius $r_2 = s_b = 4{,}3\,cm$.
4. Diese beiden Kreise schneiden sich in M_b.
5. Verlängere die Strecke $\overline{CM_b}$ über M_b hinaus um $\frac{b}{2} = 2{,}5\,cm$. Der Endpunkt ist A.
6. Verbinde A mit B.

Ein zweiter Schnittpunkt der Kreise ist M_b' rechts von $\overline{BC}$. Es entsteht ein deckungsgleiches Dreieck BA'C, was eine Spiegelung des Dreiecks ABC an $\overline{BC} = a$ darstellt.

c)

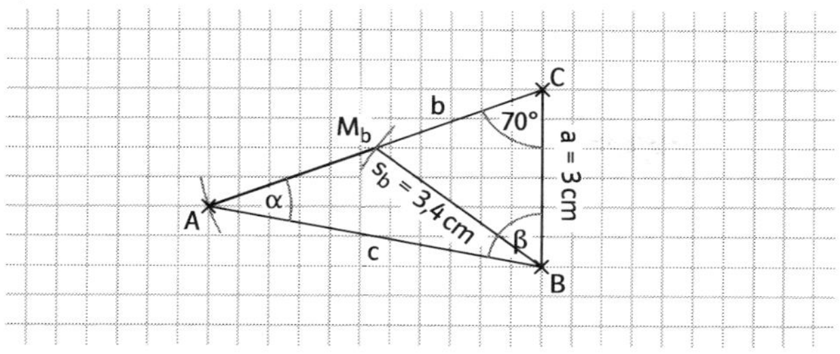

1. Zeichne die Seite a mit $a = 3\,\text{cm}$.
2. Trage bei C an a den Winkel γ mit $\gamma = 70°$ an.
3. Zeichne einen Kreis um B mit dem Radius $r = s_b = 3{,}4\,\text{cm}$.
4. Der Kreis schneidet den freien Schenkel von γ in M_b.
5. Verlängere die Strecke $\overline{CM_b}$ über M_b hinaus um $\overline{CM_b}$. Der Endpunkt ist A.
6. Verbinde A mit B.

Die Konstruktion ist eindeutig.

d)

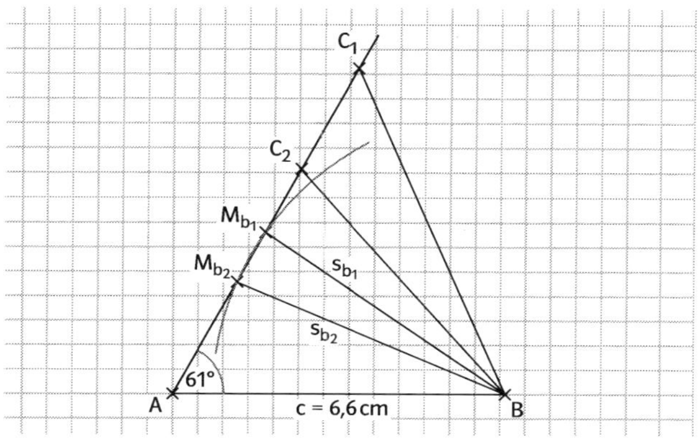

1. Zeichne die Seite c mit $c = 6{,}6\,\text{cm}$.
2. Trage in A an c den Winkel α mit $\alpha = 61°$ an.
3. Zeichne einen Kreis um B mit dem Radius $r = s_b = 5{,}8\,\text{cm}$.
4. Der Kreis schneidet den freien Schenkel von α in M_{b_1} und M_{b_2}.
5. Verlängere die Strecke $\overline{AM_{b_1}}$ über M_{b_1} hinaus um $\overline{AM_{b_1}}$ bzw. die Strecke $\overline{AM_{b_2}}$ über M_{b_2} hinaus um $\overline{AM_{b_2}}$. Der Endpunkt ist C_1 bzw. C_2.
6. Verbinde B mit C_1 bzw. C_2.

Die Konstruktion ist offenbar nicht eindeutig.

6 Für die Bearbeitung dieser Aufgabe mit einer DGS empfiehlt es sich, zunächst ein Dreieck ABC zu zeichnen und dann die besonderen Linien zu konstruieren. Färbt man sie unterschiedlich ein, kann man sie besser voneinander unterscheiden. Nun wählt man das Werkzeug zum Bewegen, klickt einen der Punkte A, B oder C an und bewegt diesen. Wenn die besonderen Linien richtig konstruiert wurden, bewegen sie sich nun mit. Man kann jetzt ausprobieren, unter welchen Bedingungen die Mittelsenkrechten, Winkelhalbierenden und Seitenhalbierenden übereinstimmen.

Man erhält folgendes Ergebnis:
Wenn für eine Seite zwei besondere Linien übereinstimmen (z.B. $w_\alpha = m_a$), stimmt die dritte besondere Linie automatisch auch mit ihnen überein (also z.B. $s_a = w_\alpha = m_a$). Ist dies der Fall, ist das Dreieck gleichschenklig (im Beispiel gilt $b = c$). Stimmen in einem Dreieck alle neun besonderen Linien überein, ist es gleichseitig. Es gibt kein Dreieck, in dem nur sechs besondere Linien übereinstimmen.

7 a)

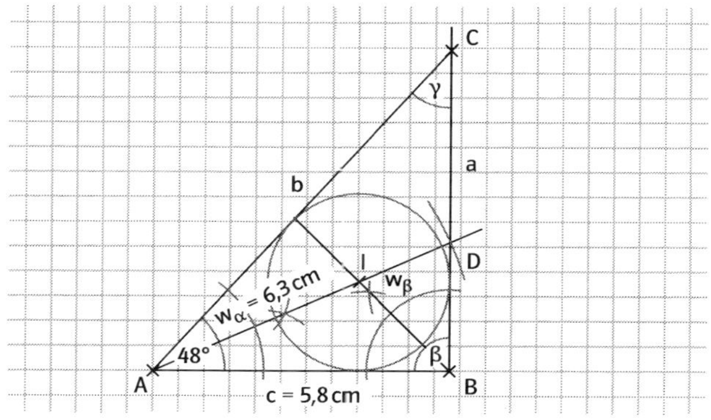

1. Zeichne die Seite c mit $c = 5{,}8\,\text{cm}$.
2. Trage in A an c den Winkel α mit $\alpha = 48°$ an.
3. Konstruiere w_α mit $w_\alpha = 6{,}3\,\text{cm}$. Der Endpunkt von w_α sei D.
4. Der Schnittpunkt des zweiten Schenkels von α und der Geraden BD ist C.
5. Konstruiere w_β.
6. Der Schnittpunkt von w_β und w_α ist der Inkreismittelpunkt I des Dreiecks ABC.
7. Konstruiere das Lot von I auf eine der Dreiecksseiten, um den Radius r des Inkreises zu bestimmen.

b)

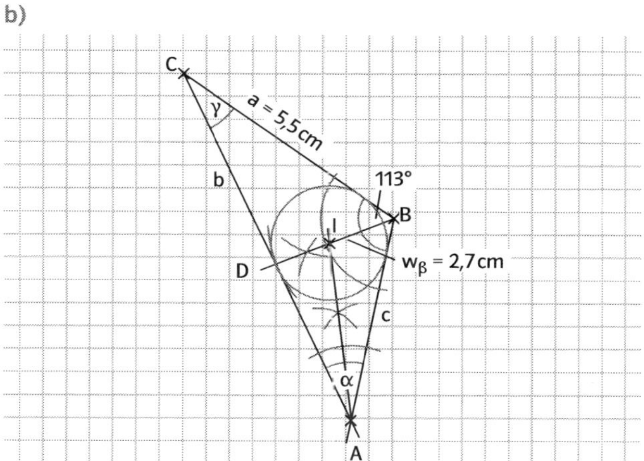

1. Zeichne die Seite a mit $a = 5{,}5\,\text{cm}$.
2. Trage in B an a den Winkel β mit $\beta = 113°$ an.
3. Konstruiere w_β mit $w_\beta = 2{,}7\,\text{cm}$. Der Endpunkt von w_β sei D.
4. Der Schnittpunkt des zweiten Schenkels von β und der Geraden CD ist A.
5. Konstruiere w_α.
6. Der Schnittpunkt von w_α und w_β ist der Inkreismittelpunkt I des Dreiecks ABC.
7. Konstruiere das Lot von I auf eine der Dreiecksseiten, um den Radius r des Inkreises zu bestimmen.

c)

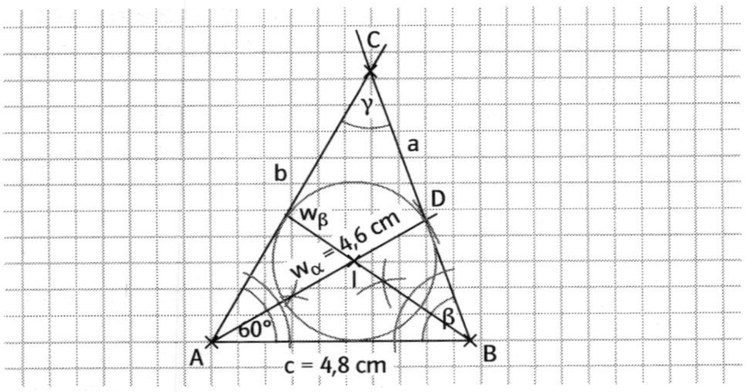

1. Zeichne die Seite c mit $c = 4{,}8\,cm$.
2. Trage in A an c den Winkel α mit $\alpha = 60°$ an.
3. Konstruiere w_α mit $w_\alpha = 4{,}6\,cm$. Der Endpunkt von w_α ist D.
4. Der Schnittpunkt des zweiten Schenkels von α und der Geraden BD ist C.
5. Konstruiere w_β.
6. Der Schnittpunkt von w_α und w_β ist der Inkreismittelpunkt I des Dreiecks ABC.
7. Konstruiere das Lot von I auf eine der Dreiecksseiten, um den Radius r des Inkreises zu bestimmen.

d)

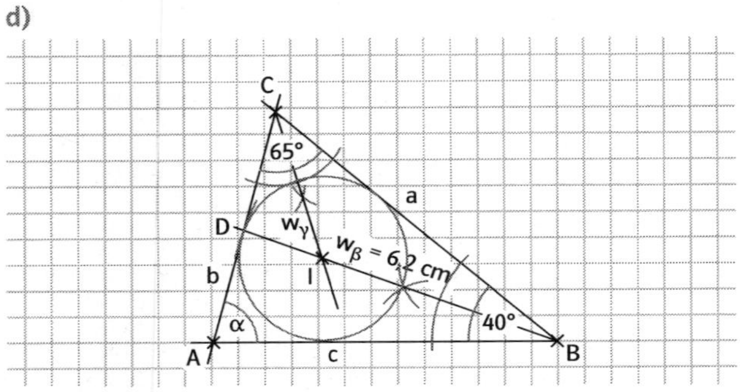

1. Zeichne w_β mit $w_\beta = 6{,}2\,cm$. Bezeichne die Endpunkte mit B und D.
2. Trage in B an w_β beidseitig den Winkel $\frac{\beta}{2} = 20°$ an.
3. Trage an einem der beiden freien Schenkel den Winkel γ mit $\gamma = 65°$ durch D an.
4. Der Schnittpunkt der beiden Schenkel ist C.
5. Der Schnittpunkt des 2. Schenkels in B und der Geraden durch C und D ist A.
6. Konstruiere w_γ.
7. Der Schnittpunkt von w_β und w_γ ist der Inkreismittelpunkt I des Dreiecks ABC.
8. Konstruiere das Lot von I auf eine der Dreiecksseiten, um den Radius r des Inkreises zu bestimmen.

11 Es wird das Dreieck DEF und sein Umkreis (mit Mittelpunkt U) konstruiert.
Mithilfe der Radien $\overline{UD}$, $\overline{UE}$ und $\overline{UF}$ werden die Tangenten senkrecht zu den Radien durch die Punkte D, E und F gezeichnet. Die Schnittpunkte der Tangenten ergeben das gesuchte Dreieck ABC.

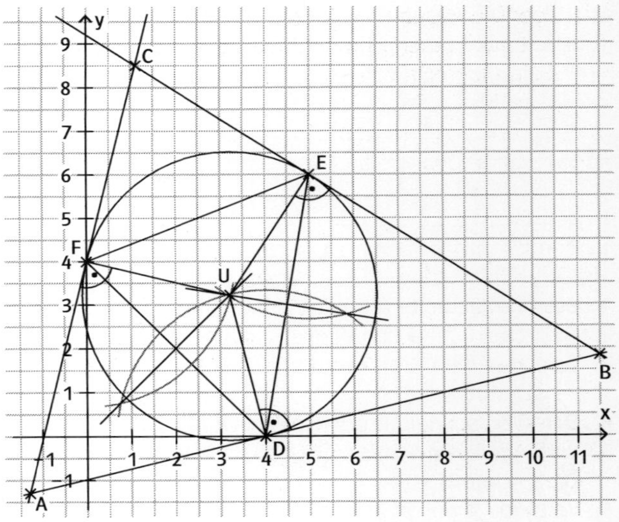

12 Wenn man die Figur aus Pappe ausschneidet, kann man die Figur an einer Ecke aufhängen. Ein Lot, das man ebenfalls an dieser Ecke anbringt, verläuft dann genau entlang einer Schwerelinie. Der Schnittpunkt zweier Schwerelinien ist auch hier der Schwerpunkt.

13 Das mittlere Dreieck bleibt stehen. Wenn der Fußpunkt des Lotes durch den Schwerpunkt auf der Standseite außerhalb des Dreiecks liegt, dann kippt es um.

Seite 83

14 Jonas hat recht. Beim gleichseitigen Dreieck stimmen die Winkel- und Seitenhalbierenden überein.

15 Es wird der Zusammenhang zwischen den Mittelsenkrechten und dem Umkreis eines Dreiecks erarbeitet (vgl. Schülerbuch S. 52).
a) Die Abstände von U zu jedem der beiden anderen Eckpunkte müssen genauso groß sein wie der Abstand von U zu A.
b) Auf der Mittelsenkrechten der Strecke $\overline{AB}$ liegen alle Punkte, die den gleichen Abstand zu A und B haben. Da U auch auf der Mittelsenkrechten der Strecke $\overline{BC}$ liegt, hat U zu C ebenfalls den gleichen Abstand wie zu A und B.
c) Die fehlende Mittelsenkrechte $m_{\overline{AC}}$ muss ebenfalls durch den Schnittpunkt U gehen.
d) Er geht durch alle drei Eckpunkte des Dreiecks ABC.
e) individuelle Lösung

16 a) individuelle Lösung
b) (1) Das Dreieck ist gleichschenklig.
(2) Das Dreieck ist gleichschenklig.
(3) Das Dreieck ist gleichseitig.
(4) Der Mittelpunkt des Umkreises liegt innerhalb des Dreiecks: spitzwinkliges Dreieck.
Der Mittelpunkt des Umkreises liegt auf einer Seite des Dreiecks: rechtwinkliges Dreieck.
Der Mittelpunkt des Umkreises liegt außerhalb des Dreiecks: stumpfwinkliges Dreieck.

17 Idee: Die Ausgangsfiguren sind Rechtecke und Dreiecke mit gegebenen Abmessungen. Alle vorkommenden Kreise sind Inkreise von Teildreiecken in der jeweiligen Ausgangsfigur.
In Fig. 4 und Fig. 5 sieht man nicht auf den ersten Blick, von welchen Teildreiecken die Inkreise konstruiert werden müssen.
Fig. 4: Die Inkreise der Teildreiecke ABC, BCD, CDA und BDA müssen konstruiert werden.
Fig. 5: Die Inkreise der Teildreiecke ABC, DEC und FGC müssen konstruiert werden.

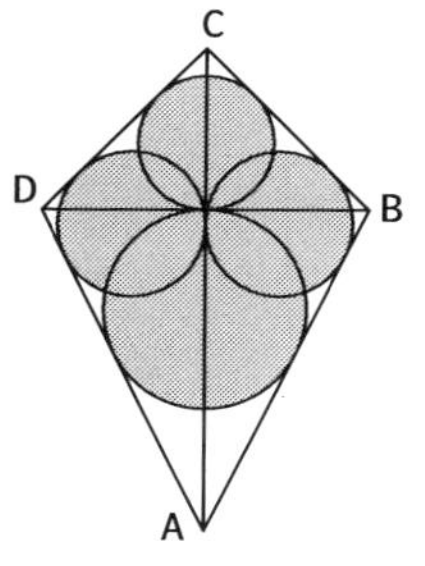

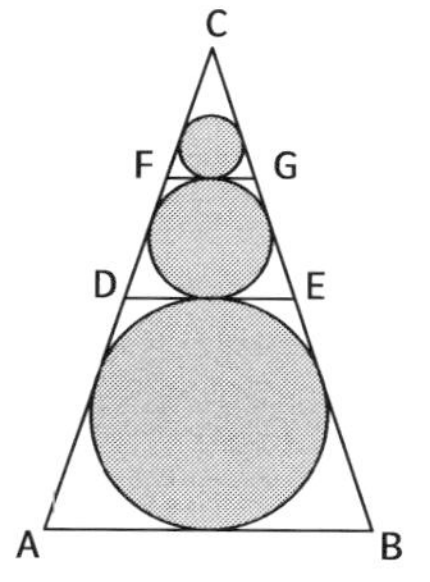

18
(1) Stimmt allgemein nicht, ist jedoch für gleichseitige Dreiecke richtig.
(2) Stimmt nicht.
(3) Stimmt nicht.
(4) Stimmt.
(5) Stimmt nicht. Man zeichne hierzu ein stumpfwinkliges Dreieck, dessen stumpfer Winkel fast 180° beträgt.

Seite 84

19 Peter konstruiert den Umkreis des Dreiecks ABC, verbindet die Eckpunkte A, B und C mit dem Umkreismittelpunkt U und kann dann mithilfe der zugehörigen Radien die Tangenten an den Kreis an den Punkten A, B und C zeichnen, indem die zu $\overline{UA}$, $\overline{UB}$ und $\overline{UC}$ senkrechten Geraden durch A, B und C gezeichnet werden. Die Schnittpunkte der Tangenten ergeben das Dreieck DEF. Peter muss aber darauf achten, dass die drei Punkte so verteilt sind, dass nicht alle Punkte auf dem Bogen eines Halbkreises liegen.
Paul kann drei Punkte des Inkreises durch Strecken verbinden. Paul hat es einfacher.

20 a) individuelle Lösung
Form und Größe des Dreiecks sind zunächst egal, da man die Eckpunkte später beliebig verschieben kann.
b) Es können beispielsweise folgende Beobachtungen gemacht werden:
- Der Umkreismittelpunkt U liegt genau dann außerhalb des Dreiecks, wenn das Dreieck einen stumpfen Winkel besitzt. Hat das Dreieck einen rechten Winkel, liegt der Umkreismittelpunkt U auf dem Mittelpunkt der gegenüberliegenden Dreiecksseite.
  Erklärung:
  Der Umkreismittelpunkt liegt innerhalb des Dreiecks ABC, wenn alle Winkel ε, δ und ϱ (vgl. Zeichnung) kleiner als 180° sind. Ist einer dieser Winkel genau 180° groß, liegt U auf einer der Dreiecksseiten, und zwar auf ihrem Mittelpunkt, da er zusätzlich auf jeder Mittelsenkrechten liegen muss. U liegt außerhalb des Dreiecks, wenn einer der Winkel ε, δ und ϱ größer als 180° ist.
  Im Folgenden wird gezeigt,
  • dass der Winkel δ genau dann kleiner als 180° ist, wenn der Winkel ∢ACB spitz (also kleiner als 90°) ist,
  • dass der Winkel δ genau dann 180° groß ist, wenn der Winkel ∢ACB ein rechter Winkel (also 90° groß) ist und
  • dass der Winkel δ genau dann größer als 180° ist, wenn der Winkel ∢ACB stumpf (also größer als 90°) ist.
  Da die Dreiecke ABU, BCU, und AUC jeweils gleichschenklig sind, haben sie auch gleich große Basiswinkel, die in der Zeichnung durch gleiche Bezeichnungen (α, β und γ) gekennzeichnet sind.
  Ist das Dreieck ABC spitzwinklig, gilt:
  $\delta = 360° - \underbrace{\varepsilon - \varrho = 360° - (180° - 2\beta)}_{\text{Winkelsumme im Dreieck BCU}} - \underbrace{(180° - 2\gamma)}_{\text{Winkelsumme im Dreieck AUC}}$
  $= 2\beta + 2\gamma = 2\sphericalangle ACB < 180°.$

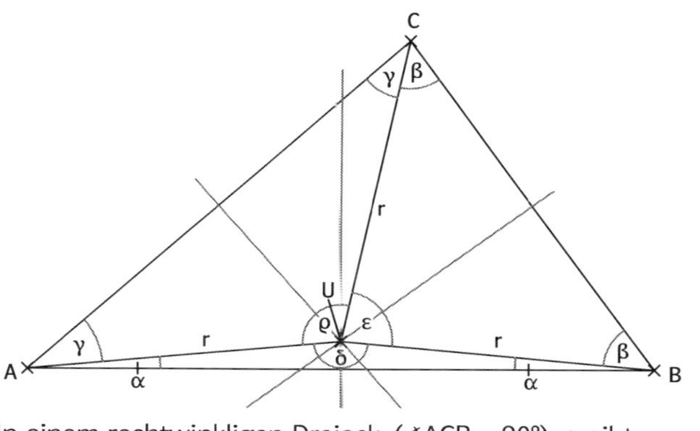

In einem rechtwinkligen Dreieck (∢ACB = 90°) ergibt sich mit den gleichen Bezeichnungen wie im stumpfwinkligen Dreieck: $\delta = 2 \cdot (\beta - \gamma) = 2 \cdot \sphericalangle ACB = 180°$.
In einem stumpfwinkligen Dreieck gilt:
$\delta = 360° - \varrho - \varepsilon = 360° - \underbrace{(180° - 2\gamma - \alpha)}_{\text{Winkelsumme im Dreieck AUC}} - \underbrace{(180° - 2\beta - \alpha)}_{\text{Winkelsumme im Dreieck BCU}}$
$= \underbrace{2(\beta + \gamma)}_{> 180°} + 2\alpha > 180°$

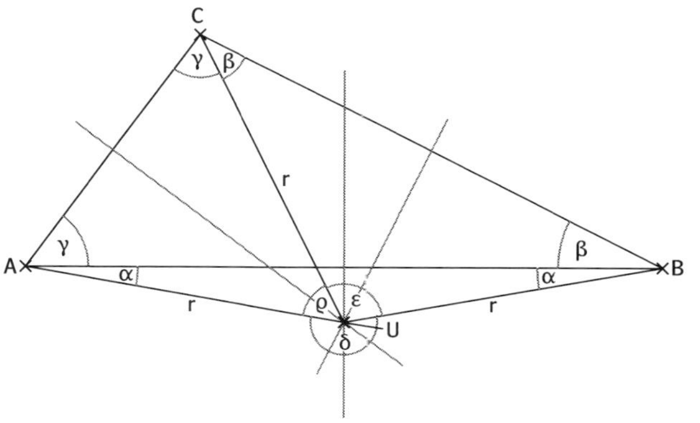

Für ϱ und ε verläuft die Begründung analog.
- Der Umkreismittelpunkt U stimmt bei einem gleichseitigen Dreieck mit dem Inkreismittelpunkt I und dem Schwerpunkt S überein. Erklärung: Im gleichseitigen Dreieck sind die Mittelsenkrechten gleichzeitig auch die Seiten- und Winkelhalbierenden.

21 a) Der Punkt M ist der Schnittpunkt der Mittelsenkrechten.
b) Um den Eckpunkt auf dem Kreis zu bewegen, stellen einige DGS Makros zur Verfügung, mit denen man Punkte an andere Objekte anhängen kann.
Mögliche Entdeckungen: Wenn das Dreieck einen stumpfen Winkel hat, dann liegt der Umkreismittelpunkt außerhalb des Dreiecks. Wenn das Dreieck einen rechten Winkel hat, dann ist der Umkreismittelpunkt der Mittelpunkt der Gegenseite. Wenn das Dreieck nur spitze Winkel hat, dann liegt der Umkreismittelpunkt innerhalb des Dreiecks. Bei gleichschenkligen Dreiecken liegt der Umkreismittelpunkt auf der Winkelhalbierenden des Winkels an der Spitze.

22
1. Man setzt voraus, dass S die Seitenhalbierende $\overline{CD}$ im Verhältnis 2:1 teilt, wobei $\overline{SC}$ doppelt so lang wie $\overline{SD}$ ist.
2. X ist der Mittelpunkt der Strecke $\overline{SC}$.
3. Die Strecken $\overline{CX}$, $\overline{XS}$ und $\overline{SD}$ sind gleich lang.
4. Y ist der Mittelpunkt der Strecke $\overline{AS}$.
5. Die Strecken $\overline{AY}$ und $\overline{YS}$ sind gleich lang.
6. $\overline{XE}$ ist die Mittelparallele im Dreieck SBC.
7. $\overline{YD}$ ist die Mittelparallele im Dreieck ABS.
8. $\overline{XE}$ und $\overline{YD}$ sind zueinander parallel.
9. $\overline{XY}$ ist die Mittelparallele im Dreieck ASC.
10. $\overline{DE}$ ist die Mittelparallele im Dreieck ABC.
11. $\overline{XY}$ und $\overline{DE}$ sind zueinander parallel.
12. XYDE ist ein Parallelogramm.
13. In jedem Parallelogramm halbieren sich die Diagonalen und sind gleich lang.
14. Die Strecken $\overline{YS}$ und $\overline{SE}$ sind gleich lang.
15. S teilt die Seitenhalbierende $\overline{AE}$ im Verhältnis 2:1.
16. Die Seitenhalbierenden $\overline{CD}$ und $\overline{AE}$ schneiden sich im Punkt S
17. Analoge Überlegungen zeigen, dass S dann auch die Seitenhalbierende $\overline{BF}$ im Verhältnis 2:1 teilt und damit $\overline{BF}$ auch durch den Punkt S verläuft.

3 Höhen im Dreieck und Flächeninhalt eines Dreiecks

Seite 85

Einstiegsaufgabe
Die Dreiecke ABC_1, ABC_2 und ABC_3 sehen zwar unterschiedlich aus, haben aber alle eine gemeinsame Seite $\overline{AB}$ und die gleiche Höhe $h_{\overline{AB}}$ zu dieser Seite. Man kann nachweisen, dass solche Dreiecke den gleichen Flächeninhalt haben.

Seite 87

1 a) $h_c = 4{,}2\,\text{cm}$

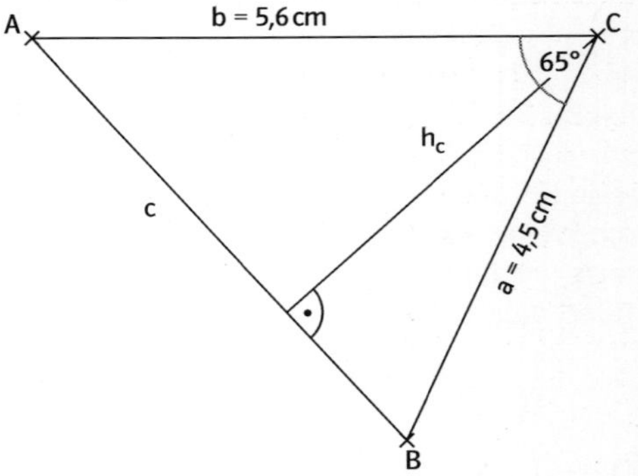

b) $h_b = 1{,}5\,\text{cm}$

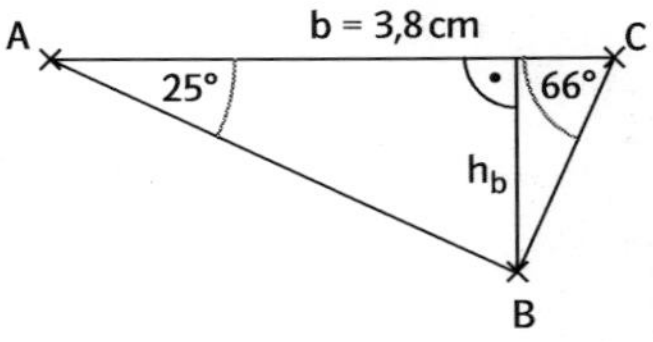

c) $h_b = 4{,}0\,\text{cm}$

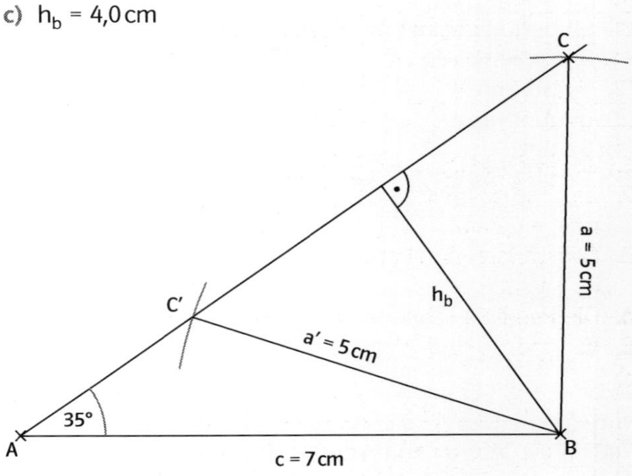

d) $h_a = c = 3\,\text{cm}$

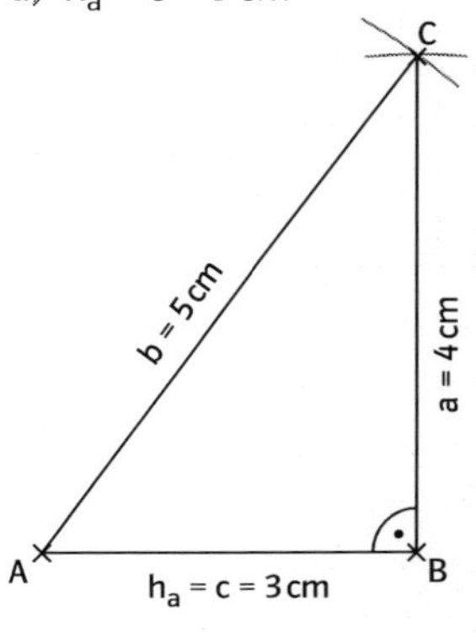

2 a)

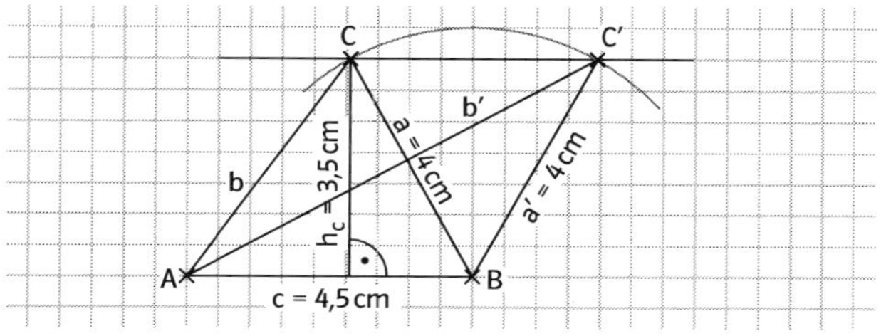

1. Zeichne die Seite c mit c = 4,5 cm.
2. Zeichne einen Kreis um B mit dem Radius r = a = 4 cm.
3. Konstruiere eine Parallele zu c im Abstand h_c = 3,5 cm.
4. Die Parallele schneidet den Kreis in C und C′.
5. Verbinde A und B mit C bzw. C′.

b)

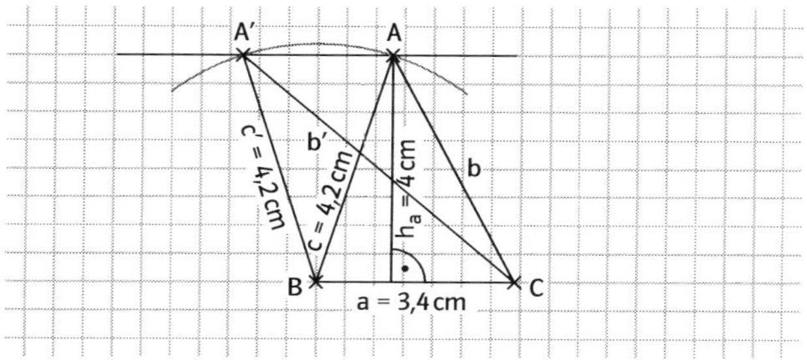

1. Zeichne die Seite a mit a = 3,4 cm.
2. Zeichne einen Kreis um B mit dem Radius r = c = 4,2 cm.
3. Konstruiere eine Parallele zu a im Abstand h_a = 4 cm.
4. Die Parallele schneidet den Kreis in A und A′.
5. Verbinde A bzw. A′ mit B und C.

c)

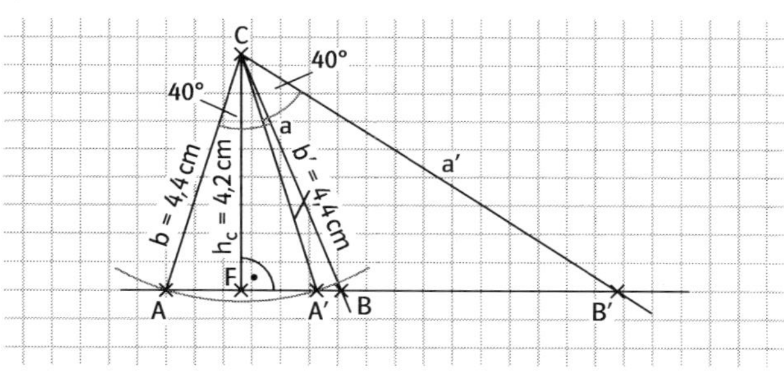

1. Zeichne die Höhe h_c mit h_c = 4,2 cm mit den Endpunkten F und C. Der Fußpunkt ist F.
2. Konstruiere in F eine Senkrechte zu h_c.
3. Zeichne einen Kreis um C mit dem Radius r = b = 4,4 cm.
4. Der Kreis schneidet die Senkrechte in A und A′.
5. Trage in C an b bzw. b′ den Winkel γ mit γ = 40° an.
6. Der zweite Schenkel von γ schneidet die Senkrechte in B bzw. B′.

d)

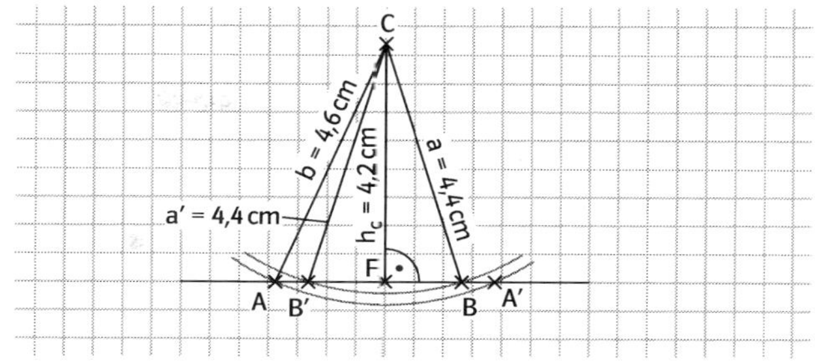

1. Zeichne die Höhe h_c mit h_c = 4,2 cm. Der Fußpunkt ist F.
2. Konstruiere in F eine Senkrechte zu h_c.
3. Zeichne einen Kreis um C mit dem Radius r_1 = a = 4,4 cm.
4. Der Kreis schneidet die Senkrechte in B und B′.
5. Zeichne um C einen weiteren Kreis mit dem Radius r_2 = b = 4,6 cm.
6. Der Kreis schneidet die Senkrechte in A und A′, wobei nur A mit B bzw. B′ und C im mathematisch positiven Umlaufsinn liegt.
7. Die Dreiecke ABC und AB′C sind jeweils Lösungsdreiecke.

e)

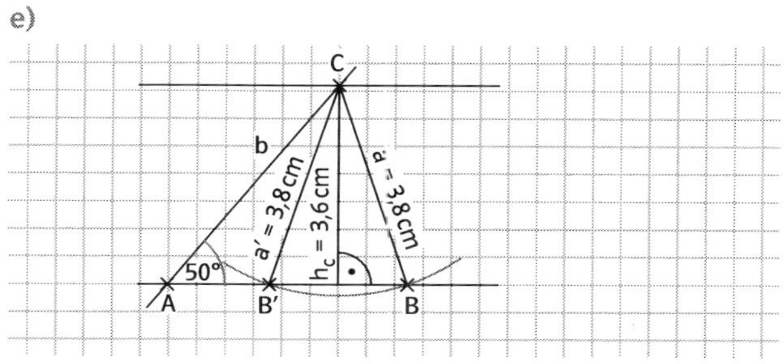

1. Konstruiere zwei Parallelen im Abstand h_c = 3,6 cm
2. Lege A auf einer der Parallelen fest und trage in A an die Parallele den Winkel α mit α = 50° an.
3. Der freie Schenkel von α schneidet die andere Parallele in C.
4. Zeichne einen Kreis um C mit dem Radius r = a = 3,8 cm.
5. Der Kreis schneidet die erste Parallele in B und B′.
6. Die Dreiecke ABC und AB′C sind jeweils Lösungsdreiecke.

f)

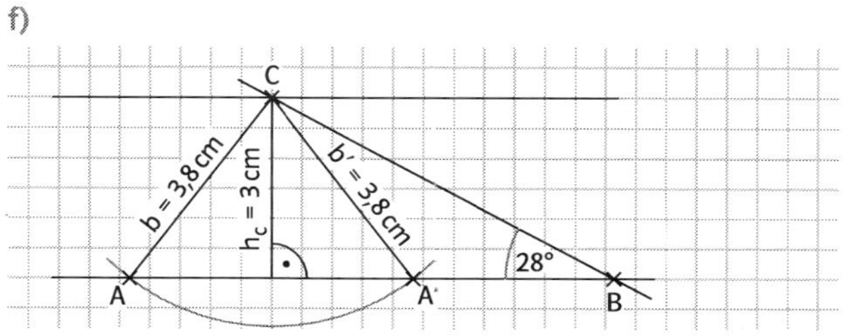

1. Konstruiere zwei Parallelen im Abstand h_c = 3 cm
2. Lege B auf einer der Parallelen fest und trage in B an die Parallele den Winkel β mit β = 28° an.
3. Der freie Schenkel von β schneidet die andere Parallele in C.
4. Zeichne einen Kreis um C mit dem Radius r = b = 3,8 cm.
5. Der Kreis schneidet die erste Parallele in A und A′.
6. Die Dreiecke ABC und A′BC sind jeweils Lösungsdreiecke.

3 a) 15,84 cm² b) 98,9 cm² c) 680 cm² d) 69,7 cm²

4

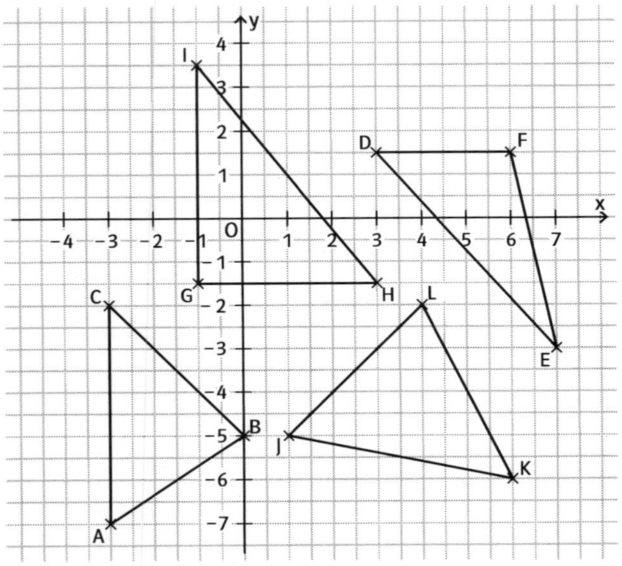

ΔABC:	$b = 5\,cm$	$h_b = 3\,cm$	$A = 7{,}5\,cm^2$
ΔDEF:	$e = 3\,cm$	$h_e = 4{,}5\,cm$	$A = 6{,}75\,cm^2$
ΔGHI:	$i = 4\,cm$	$h_i = 5\,cm$	$A = 10\,cm^2$
ΔJKL:	$l \approx 5{,}1\,cm$	$h_l \approx 3{,}5\,cm$	$A \approx 8{,}93\,cm^2$

5

	a	b	c	h_a
a)	3 cm	9 cm	**8 cm**	**7,8 cm**
b)	**12 dm**	15 dm	9 dm	9 dm
c)	12 m	20 m	30 m	**13,417 m**
d)	**8 dm**	4 dm	1 m	**3,8 dm**

	h_b	h_c	A	U
a)	2,6 cm	**2,925 cm**	**11,7 cm²**	20 cm
b)	**7,2 dm**	12 dm	**54 dm²**	**36 dm**
c)	**8,05 m**	**5,367 m**	80,5 m²	**62 m**
d)	**7,6 dm**	**3,04 dm**	0,152 m²	22 dm

6 a)

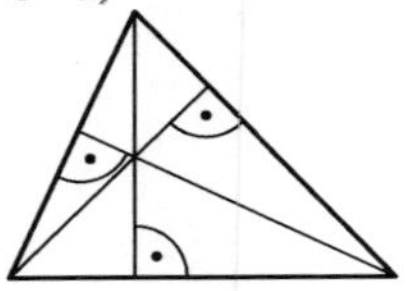

Spitzwinkliges Dreieck:
Der Schnittpunkt der Höhen liegt innerhalb des Dreiecks.

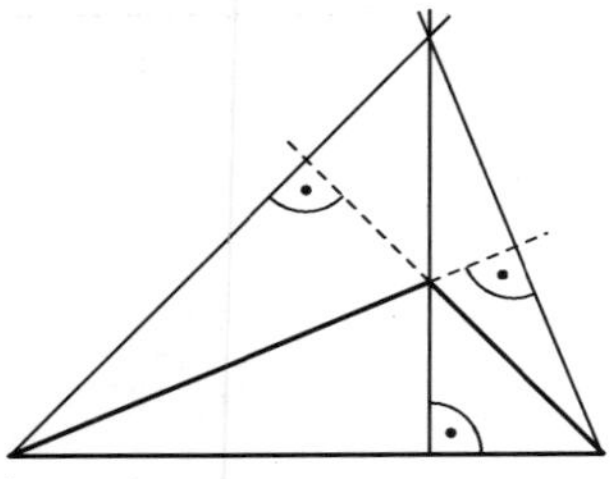

Stumpfwinkliges Dreieck:
Der Schnittpunkt der Höhen liegt außerhalb des Dreiecks.

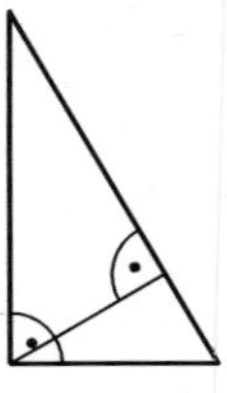

Rechtwinklinges Dreieck:
Der Schnittpunkt der Höhen liegt im Scheitelpunkt des rechten Winkels.

b) zwei Höhen des rechtwinkligen Dreiecks fallen mit den Schenkeln des rechten Winkels zusammen.

7 Bestimmung der Schnittpunktkoordinaten: individuelle Lösung
Gilt beispielsweise $h_c = s_c$, so ist h_c bzw. s_c eine Spiegelachse im Dreieck ABC. Folglich gilt dann $a = b$.
Es handelt sich also um ein gleichschenkliges Dreieck.

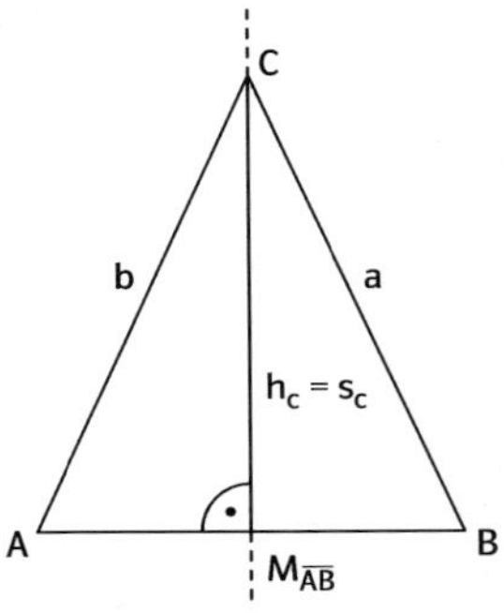

Seite 88

10 a) $A_{Dreieck} = 105\,cm^2$,
also Breite des Rechtecks: 0,75 cm
b) $A_{Dreieck} = 64{,}0625\,cm^2$,
also Seitenlänge des Quadrats: ca. 8 cm

11 Es gilt $h_a = h_b = h_c = 7{,}5\,cm$ und $\alpha = \beta = \gamma = 60°$.

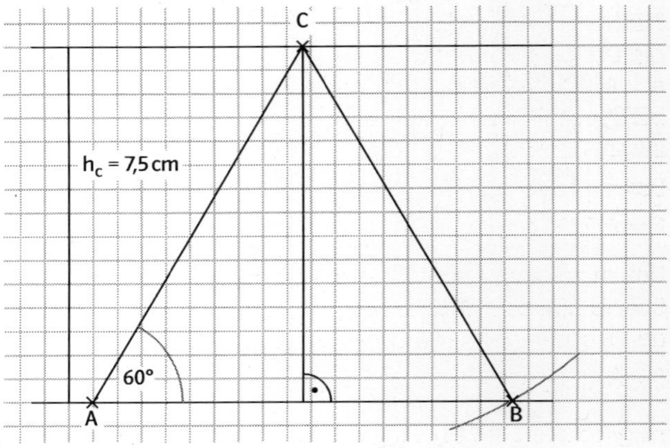

Konstruktionsbeschreibung:
1. Konstruiere zwei Parallelen im Abstand von $h_c = 7{,}5\,cm$.
2. Lege auf einer der Parallelen den Punkt A fest. Trage an dieser Parallelen den Winkel $\alpha = 60°$ in A an.
3. Der freie Schenkel von α schneidet die andere Parallele in C.
4. Der Kreis mit Mittelpunkt C und Radius $\overline{AC}$ schneidet die erste Parallele in B.
5. Verbinde A und B mit C.

12 Der Schwerpunkt kann nicht außerhalb des Dreiecks liegen, denn die Seitenhalbierenden sind die Verbindungsstrecken von Seitenmitten und Eckpunkten des Dreiecks und liegen somit alle innerhalb des Dreiecks. Gleiches gilt für ihren Schnittpunkt, den Schwerpunkt.

13 a) $A = 7{,}35\,cm^2$
b) $b = 5\,cm$; $U = 30\,cm$
c) $A = 3{,}8\,cm^2$; $h_c \approx 1{,}9\,cm$

14 Die beiden anderen Seiten sind 5 cm und 6 cm lang.

15 $A_{Hauswand} = 34{,}77\,m^2$
Es werden 5,795 l Farbe benötigt, man muss also 6 Eimer Farbe kaufen.

16 Verdoppeln der Seite $\overline{AB}$ über B hinaus (Dreieck AB'C):
h_c bleibt gleich, h_b verdoppelt sich, h_a verändert sich.
Da sich c verdoppelt hat, verdoppelt sich auch der Flächeninhalt.
Verdoppeln der Seite $\overline{BC}$ über C hinaus (Dreieck ABC'):
h_a bleibt gleich, h_c verdoppelt sich, h_b verändert sich.
Der Flächeninhalt verdoppelt sich.
Verdoppeln der Seite $\overline{AC}$ über A hinaus (Dreieck A'BC):
h_b bleibt gleich, h_a verdoppelt sich, h_c verändert sich.
Der Flächeninhalt verdoppelt sich.
Verdoppelt man alle drei Seiten und verbindet die neuen Eckpunkte zu einem großen Dreieck, so erhält man ein Dreieck, dass den 7-fachen Flächeninhalt des ursprünglichen Dreiecks hat.
Begründung:
Es wurde bereits gezeigt, dass die Dreiecke ABC, ACC', BB'C und AA'B jeweils den gleichen Flächeninhalt haben. Um zu zeigen, dass auch das Dreieck B'C'C den gleichen Flächeninhalt hat (und mit analoger Begründung auch die Dreiecke A'B'B und A'AC'), betrachtet man das Dreieck AB'C'. Zerlegt man dieses in die Teildreiecke ABC' und BB'C', erhält man zwei Dreiecke mit gleichem Flächeninhalt, denn $\overline{AB} = \overline{BB'}$ und $h_{\overline{AB}} = h_{\overline{BB'}}$.
Dann gilt $A_{\Delta B'C'C} = A_{\Delta BB'C'} - A_{\Delta BB'C} = A_{\Delta ABC'} - A_{\Delta ABC} = A_{\Delta ACC'}$.
Damit gilt $A_{\Delta A'B'C'} = 7 \cdot A_{\Delta ABC}$.
Um zu zeigen, dass sich beim Verdoppeln der Seite $\overline{AB}$ über B hinaus die Höhe h_b verdoppelt, betrachtet man den Flächeninhalt des Dreiecks AB'C:
(1) $A_{\Delta AB'C} = \frac{1}{2}\overline{AB'} \cdot h_c = \frac{1}{2} \cdot 2 \cdot \overline{AB} \cdot h_c = \overline{AB} \cdot h_c = 2A_{\Delta ABC}$.
Es gilt außerdem (2) $A_{\Delta ABC} = \frac{1}{2}\overline{AC} \cdot h_b$.
Zudem gilt (3) $A_{\Delta AB'C'} = \frac{1}{2}\overline{AC} \cdot h_{b'}$.
Setzt man (2) und (3) in (1) ein, erhält man
$\frac{1}{2}\overline{AC} \cdot h_{b'} = 2 \cdot \frac{1}{2} \cdot \overline{AC} \cdot h_b$, also $h_{b'} = 2h_b$.
Analog erhält man $h_{a'} = 2h_a$ und $h_{c'} = 2h_c$.

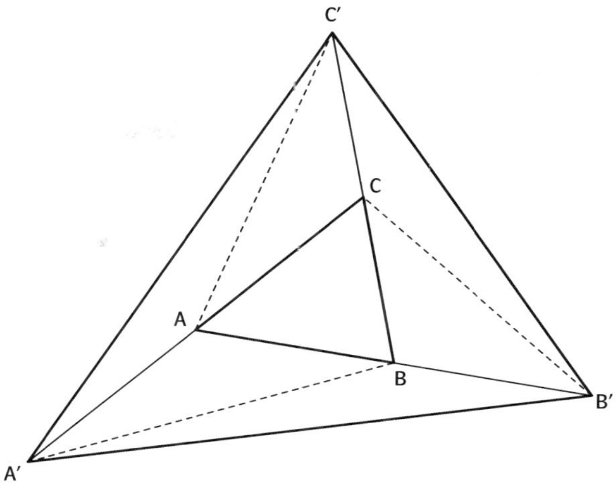

17 a) $A = 9\,cm^2$; $a_{neu} = 10\,cm$; $h_{a\,neu} = 1{,}8\,cm$
b) $h_{neu} = 1{,}5\,cm$; $A_{neu} = 18\,cm^2$; $a_{neu} = 24\,cm$

18 a) c muss halbiert werden.
b) h_a muss durch 6 dividiert werden.

Seite 89

19 a) Der symmetrische Drachen kann entweder in zwei gleich große Dreiecke (oben/unten) zerlegt werden oder in zwei ungleiche gleichschenklige (rechts/links). Zum Rechnen ist die erste Möglichkeit geschickter.
$A_{Drachen} = 2 \cdot \frac{1}{2} \cdot e \cdot \left(\frac{1}{2} \cdot f\right) = \frac{1}{2} \cdot e \cdot f$
b) $e = \frac{2 \cdot A}{f}$; $e = \frac{2 \cdot 10\,cm^2}{3\,cm} \approx 6{,}67\,cm$

20 Maßstab 1:2000 (1 cm ≙ 20 m)

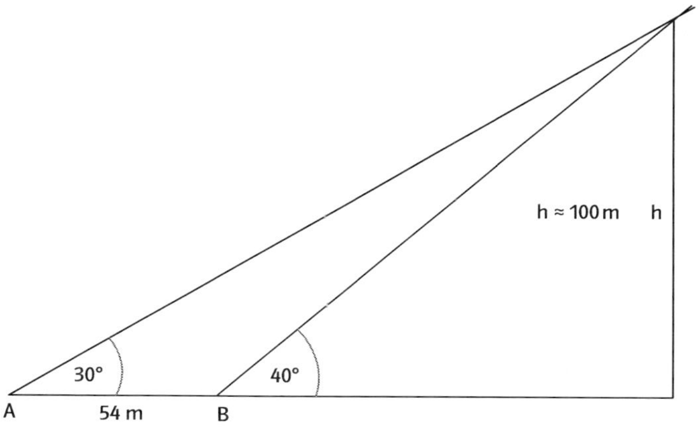

21 Maßstab: 1:600 (1cm ≙ 6m)

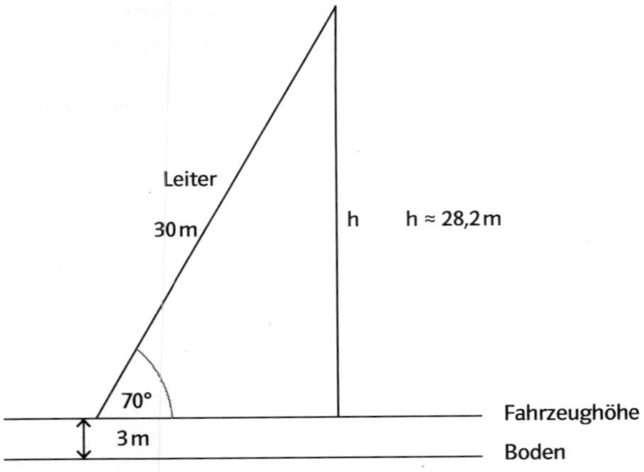

Die Leiter reicht etwa bis in eine Höhe von 31,2m.

22 a)

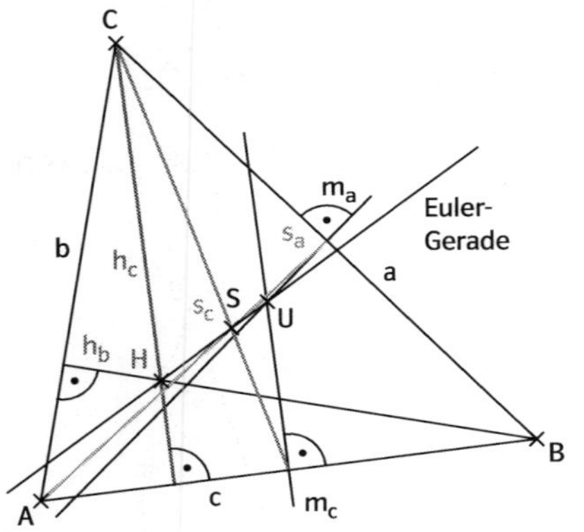

b) In einem gleichschenkligen Dreieck stimmt die Euler-Gerade mit der zur Basis gehörigen Mittelsenkrechten (bzw. Höhe, Winkelhalbierenden) überein.
Beim gleichseitigen Dreieck fallen alle Punkte U, H und S zu einem Punkt zusammen; so kann man nicht mehr von der Euler-Geraden sprechen.
In einem rechtwinkligen Dreieck geht die Euler-Gerade durch die Spitze des rechten Winkels, da diese der Höhenschnittpunkt H ist.

23 a) Die Seitenmitten D, E, F, die Fußpunkte G, J, K der Höhen und die drei Mittelpunkte L, N, P der Höhenabschnitte vom Höhenschnittpunkt H bis zu den drei Eckpunkten liegen auf dem Kreis mit Mittelpunkt M und Radius $\frac{R}{2}$, wobei R der Umkreisradius ist. Dieser Kreis heißt Feuerbach-Kreis oder Neun-Punkte-Kreis.
b) Der Mittelpunkt M des Feuerbach-Kreises liegt auf der Euler-Geraden.
c) Der Feuerbach-Kreis schließt den Inkreis ein und berührt ihn an einem Punkt (Feuerbach-Punkt).

Zeichnung zu a) und b):

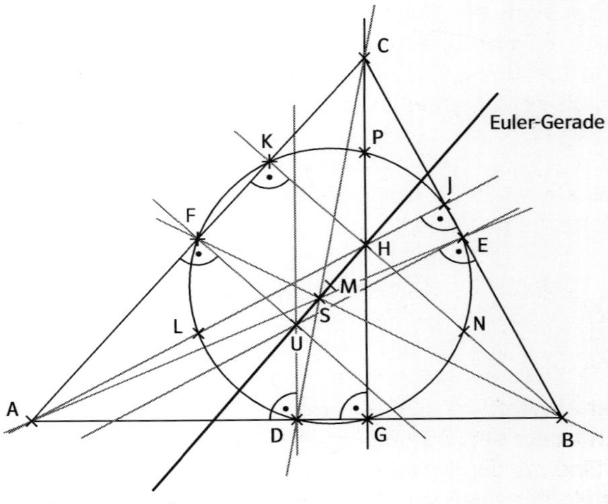

Zeichnung zu c):

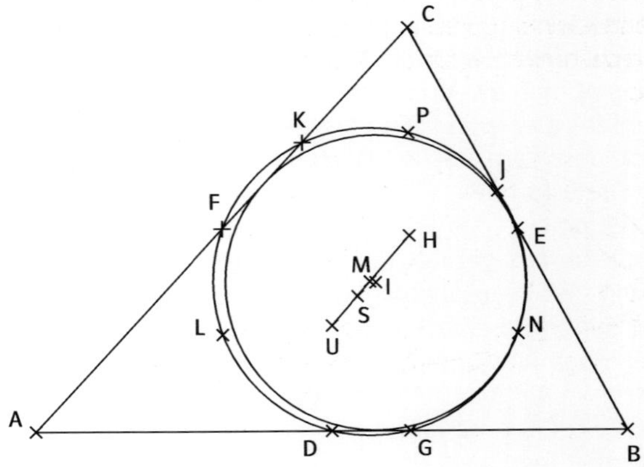

4 Der Satz des Thales

Seite 90

Einstiegsaufgabe
Der Eckpunkt des rechten Winkels liegt stets auf der Kreislinie; die zwei Nadeln bestimmen den Durchmesser des Kreises.
Durch die langsame Drehung der Postkarte zwischen den zwei Nadeln wird eine Kreislinie beschrieben.

Seite 91

1 a)

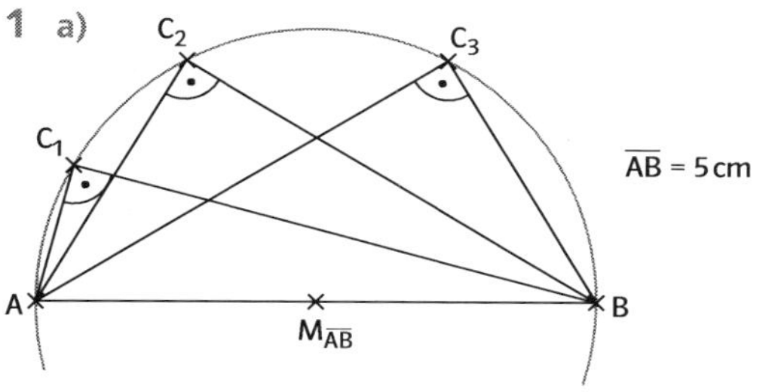

Vorgehen (in der Aufgabe nicht explizit gefragt): Man zeichnet die Strecke $\overline{AB} = 5\,cm$, konstruiert den Mittelpunkt $M_{\overline{AB}}$ dieser Strecke und zeichnet den Thaleskreis über $\overline{AB}$. Alle Dreiecke ABC, bei denen der Punkt C auf dem Thaleskreis liegt, haben bei C einen rechten Winkel.

b) Eine der drei Dreiecksseiten, z.B. $\overline{AB}$, muss durch den Mittelpunkt des Kreises gehen. Ihre Länge entspricht dann dem Durchmesser des Kreises. Nun kann man für C irgendeinen anderen Punkt auf dem Kreis wählen, weil der ursprüngliche Kreis der Thaleskreis über der Strecke $\overline{AB}$ ist.

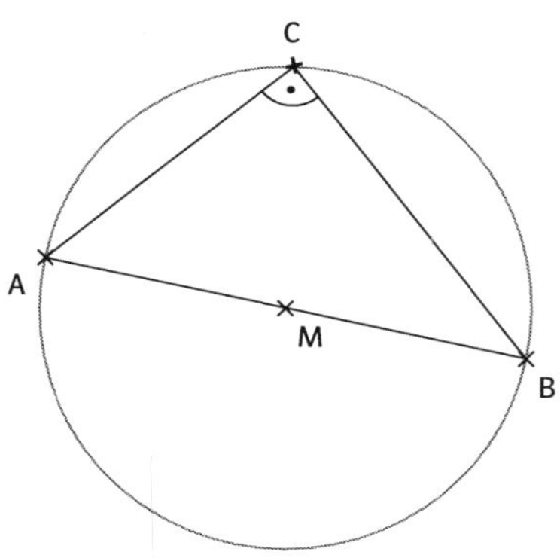

2 Alle Punkte mit der geforderten Eigenschaft liegen auf dem Thaleskreis über der Strecke $\overline{AB}$. Gitterpunkte auf dem Kreis sind A und B sowie P(1|4) und Q(1|−2). Nahe bei Gitterpunkten liegen z.B. die Punkte $P_1(2|3{,}8)$, $P_2(3{,}1|3{,}1)$, $P_3(3{,}8|2)$, $P_4(3{,}8|0)$, $P_5(3{,}1|-1{,}1)$, $P_6(0|-1{,}8)$, $P_7(-1{,}1|-1{,}1)$, $P_8(-1{,}1|3{,}1)$, $P_9(0|3{,}8)$.

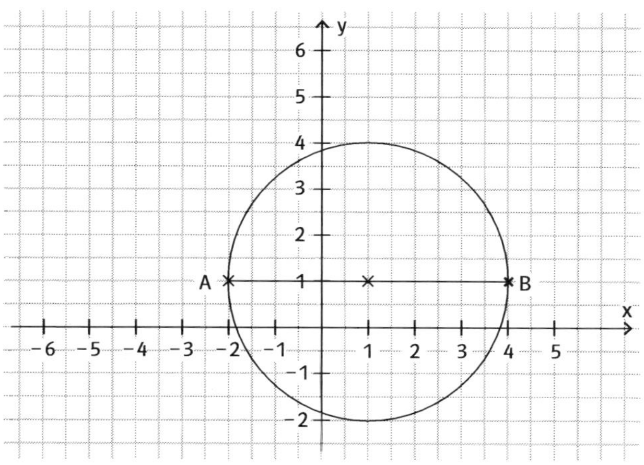

3 a) Konstruktionsbeschreibung mit Thaleskreis:
1. Zeichne die Strecke $c = \overline{AB}$ der Länge 6 cm.
2. Zeichne den Thaleskreis über der Strecke $\overline{AB}$.
3. Trage in A an c den Winkel $\alpha = 50°$ an.
4. Beschrifte den Schnittpunkt des freien Schenkels von α mit dem Thaleskreis mit C.

Lösung: Dreieck ABC

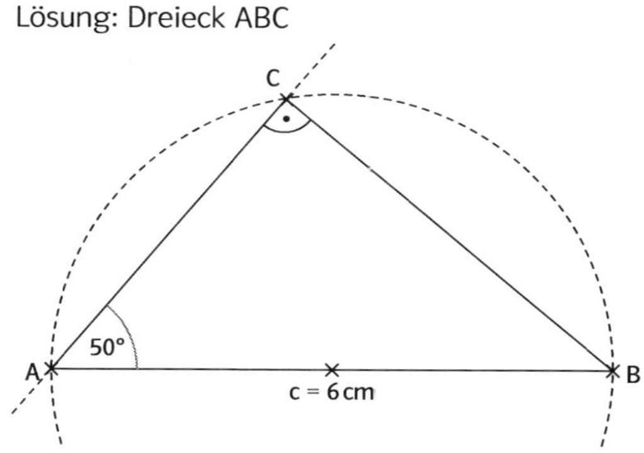

b) Konstruktionsbeschreibung mit Thaleskreis:
1. Zeichne die Strecke $b = \overline{AC}$ der Länge 7 cm.
2. Zeichne den Thaleskreis über der Strecke $\overline{AC}$.
3. Trage in A an b den Winkel $\alpha = 50°$ an.
4. Beschrifte den Schnittpunkt des freien Schenkels von α mit dem Thaleskreis mit B.

Lösung: Dreieck ABC

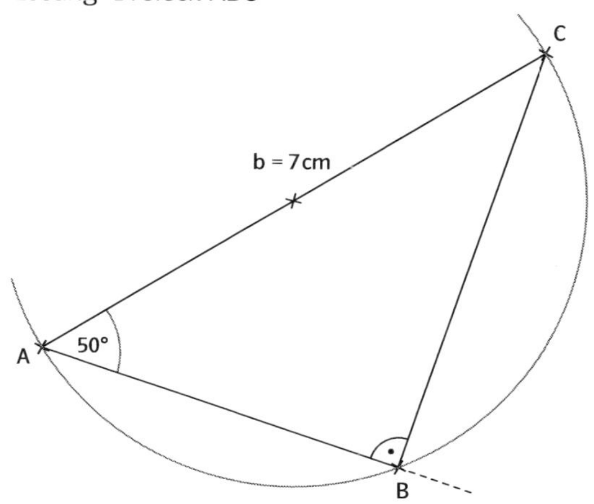

c) Konstruktionsbeschreibung mit Thaleskreis:
Wegen $\beta = 180° - (40° + 50°) = 90°$ kann der Satz des Thales angewandt werden.
1. Zeichne die Strecke $b = \overline{AC}$ der Länge 5 cm.
2. Trage in A an b den Winkel $\alpha = 40°$ an.
3. Zeichne den Thaleskreis über der Strecke $\overline{AC}$.
4. Beschrifte den Schnittpunkt des freien Schenkels von α mit dem Thaleskreis mit B.

Lösung: Dreieck ABC

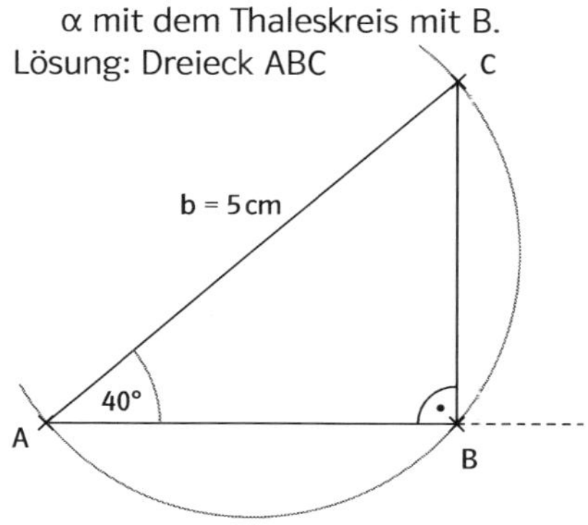

d) Da a und b gleich lang sind, muss c die dem rechten Winkel gegenüberliegende Seite und γ der rechte Winkel sein; α und β sind dann jeweils 45° groß.
Konstruktionsbeschreibung mit Thaleskreis:
1. Zeichne die Strecke $c = \overline{AB}$ der Länge 8 cm.
2. Zeichne den Thaleskreis über c.
2. Trage in A an c den Winkel $\alpha = 45°$ an.
4. Beschrifte den Schnittpunkt des freien Schenkels von α mit dem Thaleskreis mit C

Lösung: Dreieck ABC

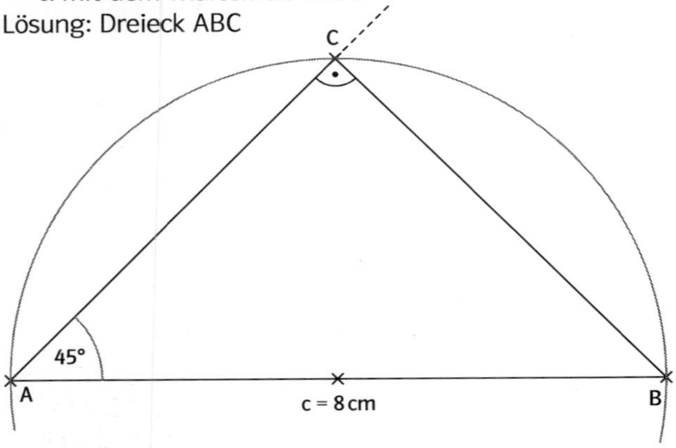

4 a) Konstruktionsbeschreibung:
1. Zeichne die Strecke $c = \overline{AB}$ der Länge 6 cm.
2. Zeichne den Thaleskreis über der Strecke $\overline{AB}$.
3. Konstruiere eine parallele Gerade g zu c im Abstand 2 cm.
4. Beschrifte die Schnittpunkte von g mit dem Thaleskreis mit C_1 und C_2.

Lösungen: Dreiecke ABC_1 und ABC_2

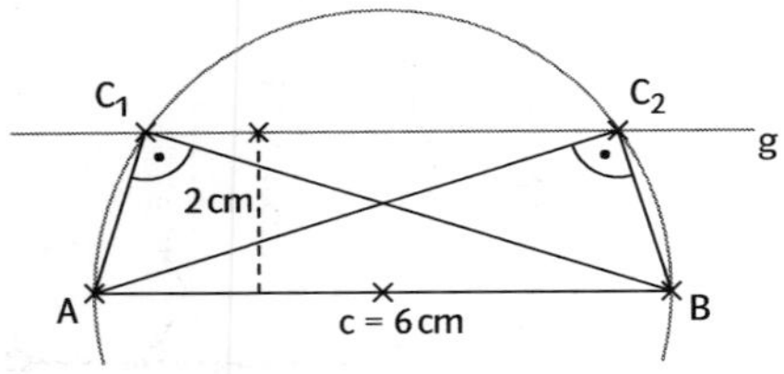

b) Da α ein rechter Winkel ist, gilt $h_c = b$.
Konstruktionsbeschreibung:
1. Zeichne die Strecke $a = \overline{BC}$ der Länge 5 cm.
2. Zeichne den Thaleskreis über der Strecke $\overline{BC}$.
3. Zeichne einen Kreis um C mit Radius 1,5 cm.
4. Beschrifte einen Schnittpunkt des Kreises mit dem Thaleskreis mit A.

Lösung: Dreieck ABC; der andere Schnittpunkt liefert ebenfalls ein Dreieck, bei dem der Umlaufsinn von A, B und C jedoch nicht gegen den Uhrzeigersinn verläuft.

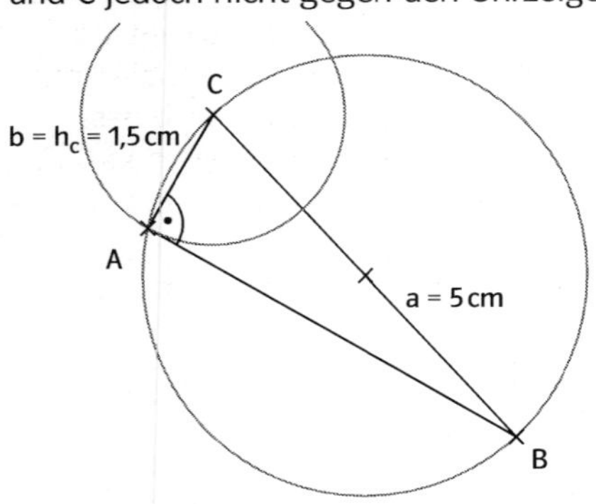

c) Konstruktionsbeschreibung:
1. Zeichne die Strecke $b = \overline{AC}$ der Länge 7,8 cm.
2. Zeichne den Thaleskreis über der Strecke $\overline{AC}$.
3. Konstruiere eine parallele Gerade g zu b im Abstand $h_b = 3{,}2$ cm.
4. Beschrifte die Schnittpunkte von g mit dem Thaleskreis mit B_1 und B_2.

Lösungen: Dreiecke AB_1C und AB_2C

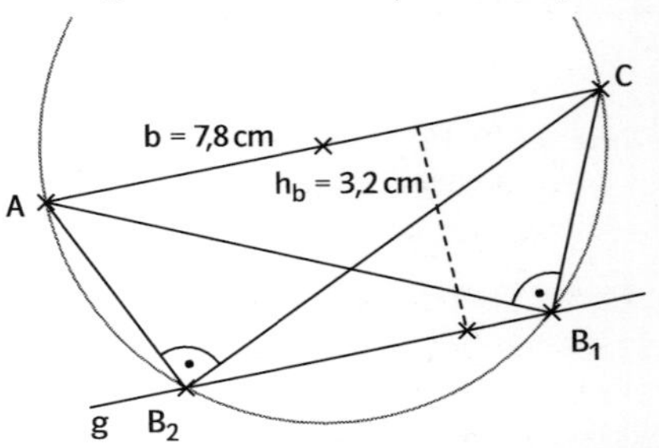

d) Der Punkt C liegt auf dem Thaleskreis über $\overline{AB}$, weil γ 90° groß ist.
Konstruktionsbeschreibung:
1. Zeichne die Strecke $c = \overline{AB}$ der Länge 5,4 cm.
2. Zeichne den Thaleskreis über der Strecke $\overline{AB}$.
3. Trage an c in B den Winkel $\beta = 35°$ an.
4. Beschrifte den Schnittpunkt des freien Schenkels von β mit dem Thaleskreis mit C.

Das Dreieck ABC löst die Aufgabe.

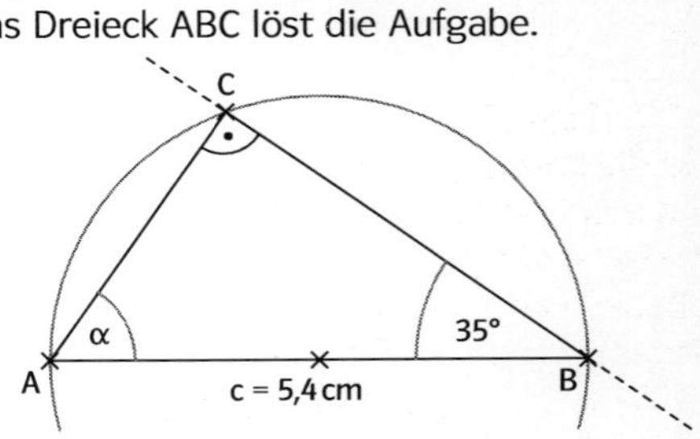

5 a) Die Höhe h_c zur Seite $\overline{AB} = 6$ cm muss 2 cm lang sein. Dann berechnet sich der Flächeninhalt zu
$\frac{1}{2} \cdot 6\,\text{cm} \cdot 2\,\text{cm} = 6\,\text{cm}^2$.

Konstruktionsbeschreibung (in der Aufgabe nicht gefordert):
1. Zeichne die Strecke $c = \overline{AB}$ der Länge 6 cm.
2. Zeichne den Thaleskreis über der Strecke $\overline{AB}$.
3. Zeichne eine parallele Gerade g zu c im Abstand $h_c = 2$ cm.
4. Beschrifte die Schnittpunkte von g mit dem Thaleskreis mit C_1 und C_2.

Die Dreiecke ABC_1 und ABC_2 sind Lösungen.

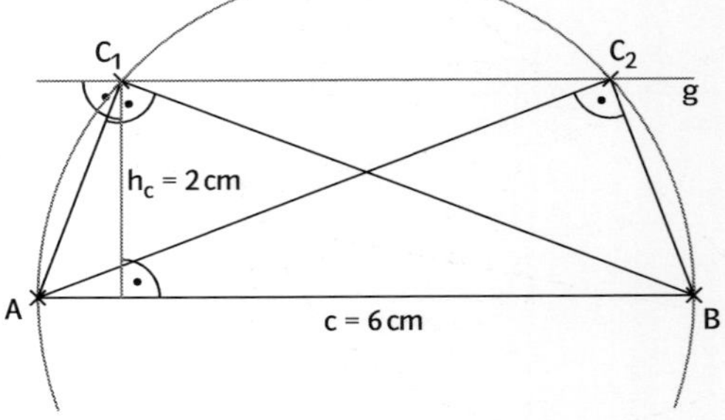

b) Bei dem gesuchten Dreieck muss der Punkt C auf dem Thaleskreis über der Strecke $\overline{AB}$ liegen. Aus der Zeichnung von a) erkennt man, dass ein solches Dreieck die größtmögliche Höhe h_c hat, wenn der Punkt C auf der Mittelsenkrechten der Strecke $\overline{AB}$ liegt.

größtmöglicher Flächeninhalt: $\frac{1}{2} \cdot 6\,\text{cm} \cdot 3\,\text{cm} = 9\,\text{cm}^2$

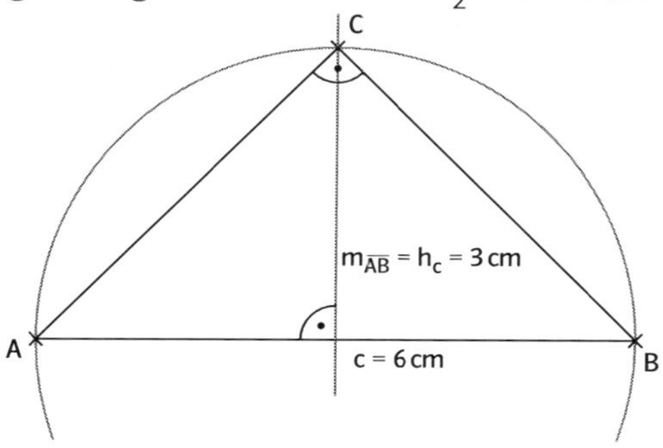

6

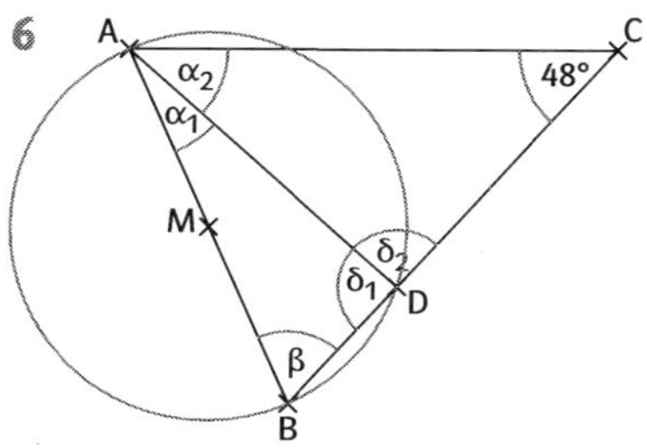

Weil der Punkt D auf dem Thaleskreis über $\overline{AB}$ liegt, gilt $\delta_1 = \delta_2 = 90°$. Da die Winkelsumme in jedem Dreieck 180° ergibt, kann man für das Dreieck ADC schließen: $\alpha_2 = 180° - 48° - 90° = 42°$. Da das Dreieck ABC gleichschenklig ist, gilt nach dem Basiswinkelsatz: $\alpha_1 + \alpha_2 = \beta$. Zudem gilt (wieder wegen der Winkelsumme im Dreieck): $(\alpha_1 + \alpha_2) + \beta + 48° = 180°$. Folglich gilt $\alpha_1 + \alpha_2 = \beta = 66°$. Zuletzt kann man α_1 berechnen:
$\alpha_1 = \beta - \alpha_2 = 66° - 42° = 24°$.

7 Vorschlag 1: Man zeichnet die Diagonale $\overline{AC}$ der Länge 6 cm mit dem zugehörigen Thaleskreis. Dann zeichnet man einen Kreis um A mit dem Radius 5 cm und erhält beim Schnittpunkt mit dem Thaleskreis die Ecke B des Rechtecks. Auf die gleiche Art kann man mit einem gleich großen Kreis um den Punkt C den noch fehlenden Eckpunkt D konstruieren.

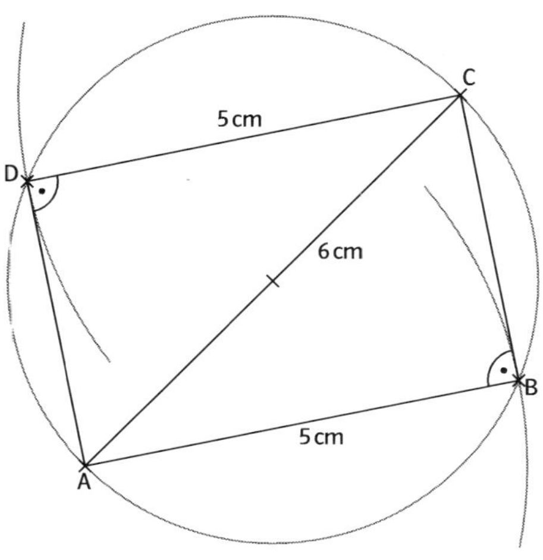

Vorschlag 2: Man beginnt wie bei Vorschlag 1 und erhält die Eckpunkte A, B und C. Dann spiegelt man den Punkt B am Mittelpunkt der Diagonalen $\overline{AC}$ und erhält den Eckpunkt D.

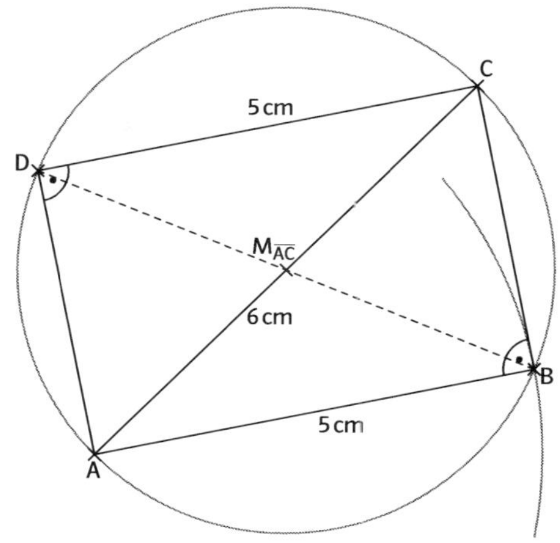

Vorschlag 3 (ohne Thaleskreis): Man zeichnet eine Strecke $\overline{AB}$ der Länge 5 cm und trägt an ihr bei B den Winkel $\beta = 90°$ an. Man zeichnet um A einen Kreis mit Radius 6 cm und benennt seinen Schnittpunkt mit dem freien Schenkel von β mit C. Die Spiegelung von B an $M_{\overline{AC}}$ ergibt den Punkt D.

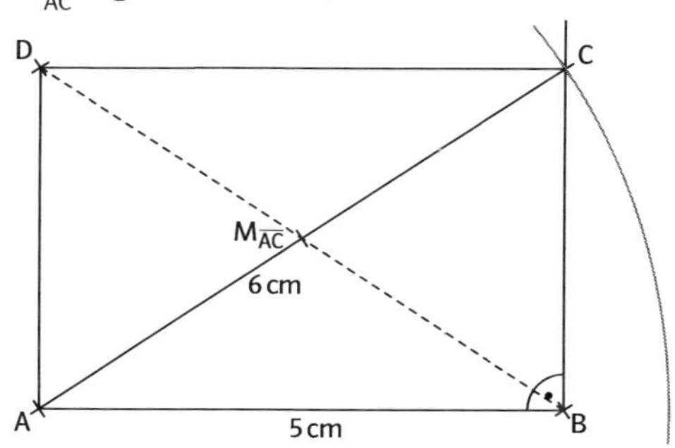

Seite 92

10 Die Strecke $\overline{AB}$ verläuft nicht durch den Mittelpunkt des Kreises. Damit ist der Kreis nicht der Thaleskreis über der Strecke $\overline{AB}$. Die von Uta gezeichneten Dreiecke sind also nicht rechtwinklig.

11 Die Zuschauer der ersten Reihe sehen die Durchmesser der kreisförmigen Bühne unter einem Blickwinkel von 90°.

12 a) Wenn C im Inneren des Thaleskreises liegt, ist der Winkel γ größer als 90°. Wenn C auf dem Thaleskreis liegt, ist γ ein rechter Winkel. Wenn C außerhalb des Thaleskreises liegt, dann ist der Winkel γ kleiner als 90°.

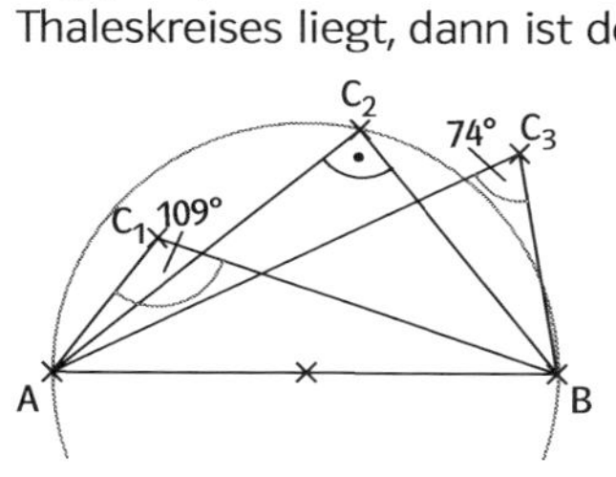

b) Das Dreieck ABC ist rechtwinklig. Wenn man die Lage der Halbgeraden variiert, indem man den Winkel α verändert (0° < α < 90°), bewegt sich der Punkt C auf dem Thaleskreis über der Strecke $\overline{AB}$.

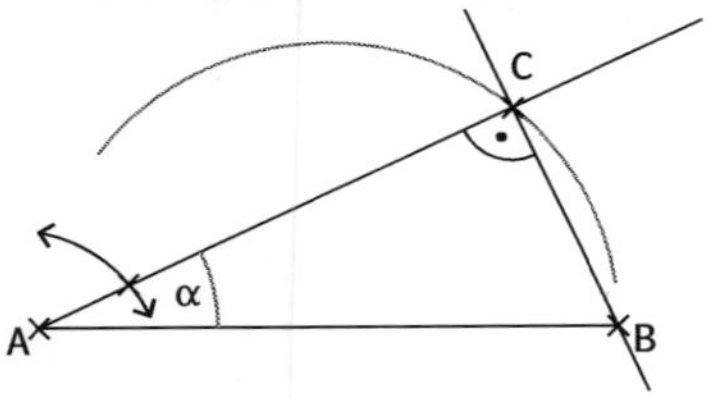

13 Wenn in einem rechtwinkligen Dreieck ein weiterer Winkel 45° misst, muss auch der dritte Winkel 45° messen (Winkelsumme). Das gesuchte Dreieck ist dann rechtwinklig und gleichschenklig. Konstruktion: Man beginnt mit einer Strecke $\overline{AB}$ und dem zugehörigen Thaleskreis. Dann konstruiert man die Mittelsenkrechte zur Strecke $\overline{AB}$. Ein Schnittpunkt C mit dem Thaleskreis ergibt das gesuche Dreieck ABC.

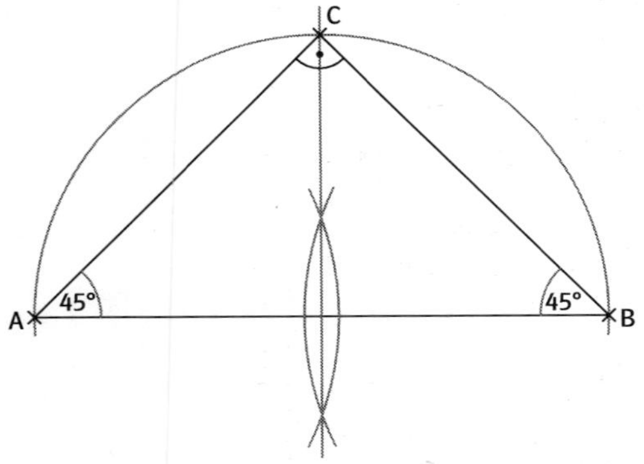

Wenn in einem rechtwinkligen Dreieck ein weiterer Winkel 30° groß ist, muss der dritte Winkel 60° groß sein (Winkelsumme). Das gesuchte Dreieck ist dann ein halbes gleichseitiges Dreieck.
Konstruktion: Man konstruiert ein gleichseitiges Dreieck ABC und die Mittelsenkrechte einer der Seiten. Dabei entstehen zwei Dreiecke mit der gesuchten Eigenschaft.

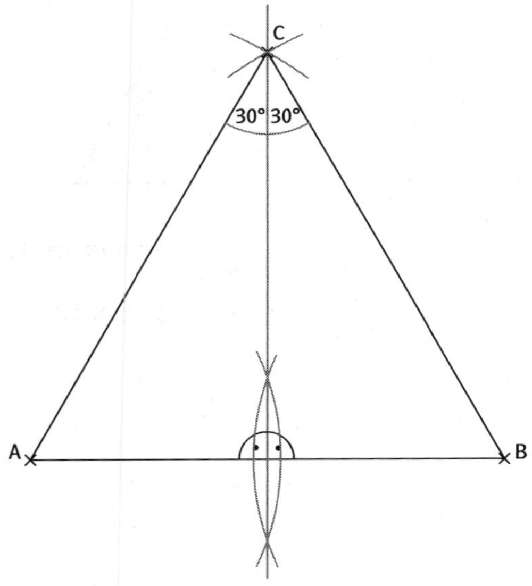

14 Maßstab 1:100 000 (1 cm ≙ 1 km)

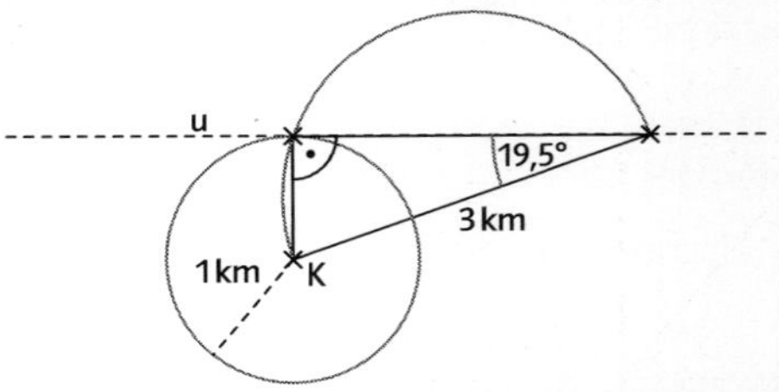

Die Straße schließt mit der Umgehungsstraße einen Winkel von ca. 19,5° ein.

15 Der Winkel oberhalb von δ ist so groß wie α, denn er ist ein Stufenwinkel zu α. Zusammen mit dem Winkel δ ergibt er einen rechten Winkel, weil der Scheitel von δ auf dem gezeichneten Thaleskreis liegt. Deshalb hat δ die Größe 60°, wenn a die Größe 30° hat. Allgemein: δ = 90° − α.

16 Man führt folgende Bezeichnung für die Geraden ein:
g_1: Gerade durch A_1 und A_2,
g_2: Gerade durch B_1 und B_2,
g_3: Gerade durch C_1 und C_2,
g_4: Gerade durch D_1 und D_2,
g_5: Gerade durch E_1 und E_2.
Alle fünf Geraden verlaufen entweder durch den Punkt A_1 oder C_2.
Zeichnet man den Thaleskreis über der Strecke $\overline{A_1C_2}$, so erkennt man, dass sich die Geraden g_1 und g_2 sowie g_4 und g_5 rechtwinklig schneiden, da ihre Schnittpunkte jeweils auf dem genannten Thaleskreis liegen. Die übrigen sieben der insgesamt zehn Schnittwinkel betragen nicht 90°.

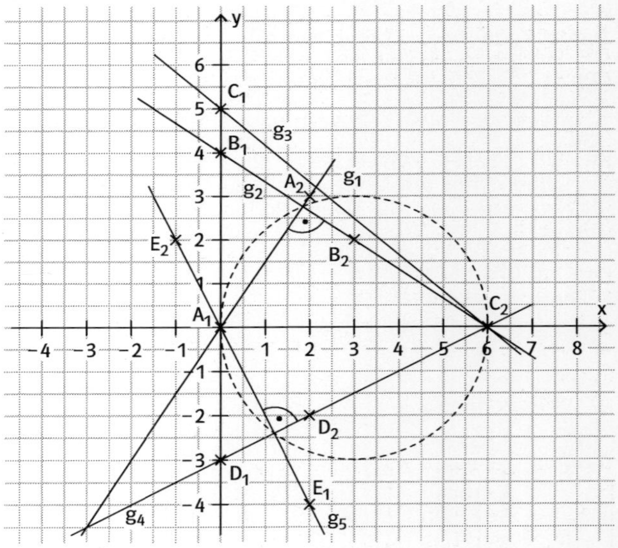

17

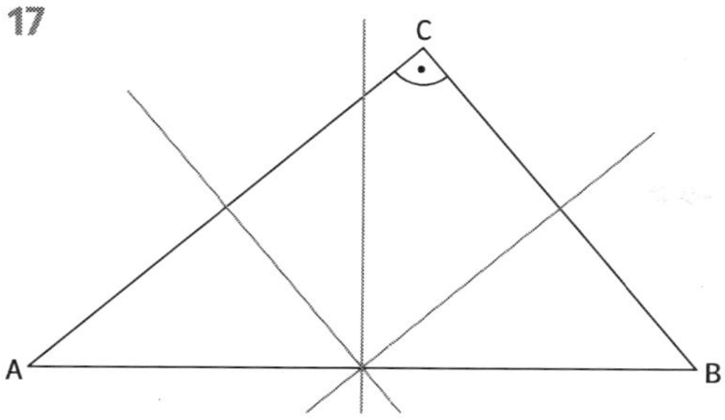

Die Mittelsenkrechte von $\overline{AB}$ steht senkrecht auf $\overline{AB}$, ebenso die anderen beiden Mittelsenkrechten auf ihrer jeweiligen Seite des Dreiecks. Da bei c ein rechter Winkel liegt, stehen auch die beiden Mittelsenkrechten von $\overline{BC}$ und $\overline{AC}$ senkrecht aufeinander. Sie alle treffen sich in einem Punkt auf $\overline{AB}$.

5 Kongruente Dreiecke

Seite 93

Einstiegsaufgabe
Eva muss Anton mindestens drei passende Größen des Dreiecks mitteilen. Dabei hat sie folgende Möglichkeiten:
- die Längen aller drei Seiten,
- die Längen zweier Seiten und die Größe des dazwischen eingeschlossenen Winkels,
- die Länge einer Seite und die Größe der zwei an der Seite anliegenden Winkel,
- die Längen zweier Seiten und die Größe des Winkels, der der längeren Seite gegenüber liegt.

Seite 95

1 a) (1) Im VW-Zeichen sind einander entsprechende Zwischenräume jeweils zueinander kongruent.
(2) Im Wappen von Bayern sind jeweils die zwei Löwen zueinander kongruent, die Zacken am oberen Rand des Schildes sowie alle Rauten im Inneren.
(3) Das Mitsubishi-Markenemblem besteht aus drei zueinander kongruenten Rauten.
(4) Im Yin- und Yang-Zeichen sind die schwarzen und die weißen Flächen jeweils zueinander kongruent.
b) und c) individuelle Lösung

2 a) Folgende Figuren sind zueinander kongruent:
A, C und D, E und G, F und J.
b) individuelle Lösung

3 a) Es gibt viele Möglichkeiten, z. B.:

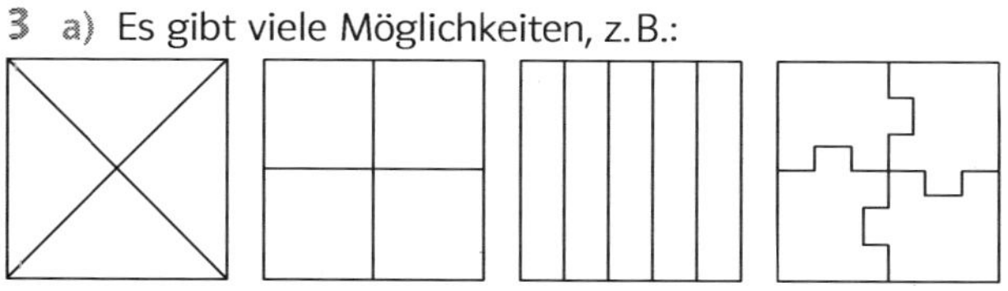

b) Idee: Das Rechteck wird zunächst in eine bestimmte Anzahl zueinander kongruenter Rechtecke zerlegt (z. B. durch wiederholtes Einzeichnen von Mittelsenkrechten). Wenn in diesen Rechtecken jeweils eine Diagonale eingezeichnet wird, entstehen zueinander kongruente Dreiecke.

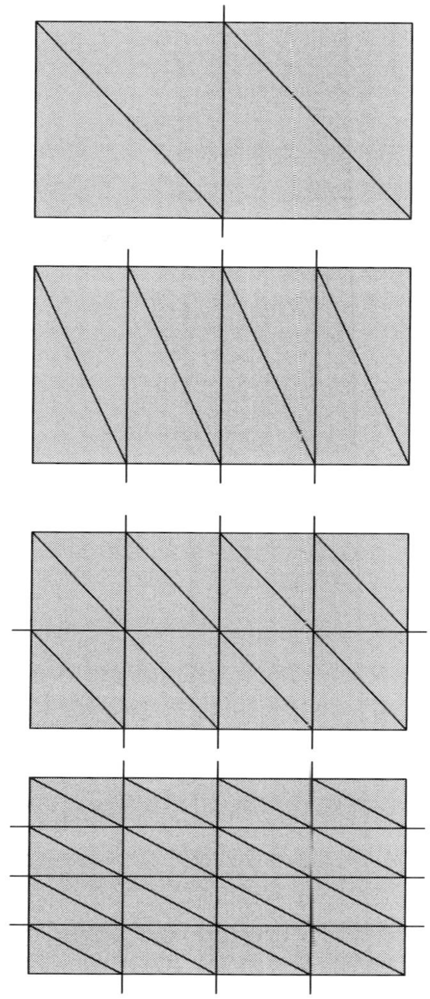

c) Idee: Man konstruiert ein gleichseitiges Dreieck und führt an zwei Seitenmitten eine Punktspiegelung am Seitenmittelpunkt durch.

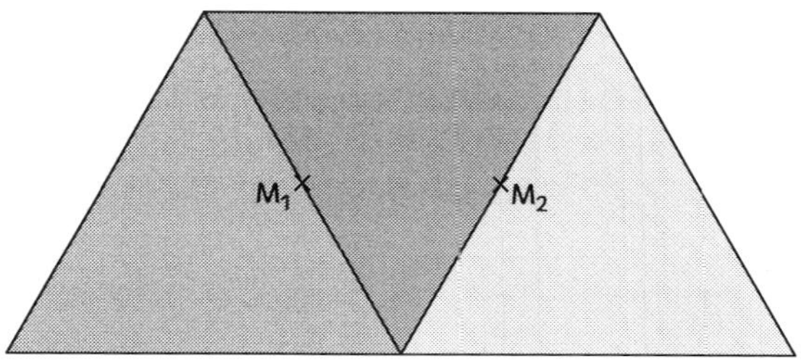

4 Die Dreiecke (1) und (5) sind nach dem Kongruenzsatz sws zueinander kongruent.
Die Dreiecke (3) und (4) sind nach dem Kongruenzsatz wsw zueinander kongruent.

Seite 96

5 a) (1) Die Dreiecke sind nach dem Kongruenzsatz sss zueinander kongruent. Planfigur:

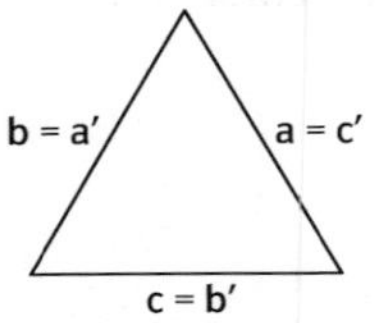

(2) Die Dreiecke sind nach dem Kongruenzsatz sws zueinander kongruent. Planfigur:

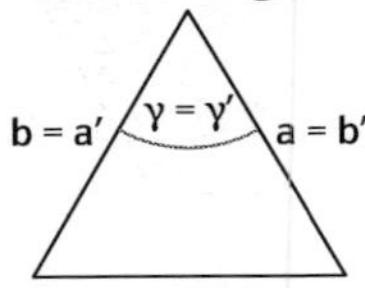

(3) Die Dreiecke sind nach dem Kongruenzsatz wsw zueinander kongruent. Planfigur:

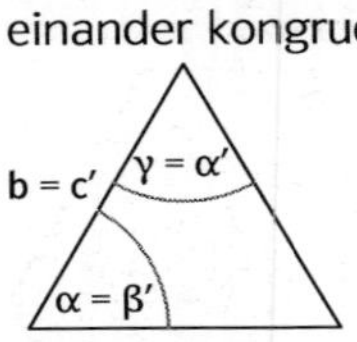

(4) Die Dreiecke sind nach dem Kongruenzsatz sws zueinander kongruent. Planfigur:

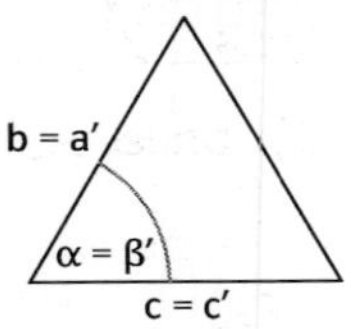

(5) Die Dreiecke sind nach dem Kongruenzsatz wsw zueinander kongruent. Planfigur:

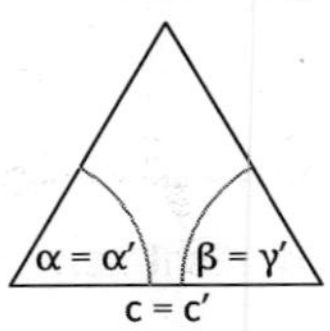

(6) Die Dreiecke sind nach dem Kongruenzsatz wsw zueinander kongruent. Planfigur:

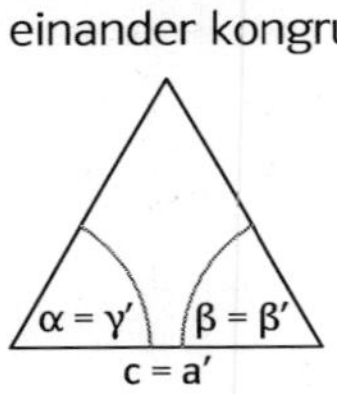

b) individuelle Lösung

6 a) – d)

Kongruenzsatz sss (z.B. $a = 4\,cm$, $b = 5\,cm$, $c = 7\,cm$):
Konstruktionsbeschreibung:
1. Zeichne die Strecke $c = \overline{AB}$ der Länge 7 cm.
2. Zeichne den Kreis mit Mittelpunkt A und Radius $r_1 = b = 5\,cm$ und den Kreis mit Mittelpunkt B und Radius $r_2 = a = 4\,cm$.
3. Beschrifte den Schnittpunkt der Kreise, der mit A und B gegen den Uhrzeigersinn verläuft, mit C und verbinde ihn mit A und B.

Schritt 1:

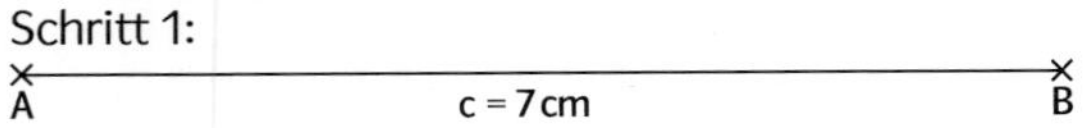

Schritt 2:

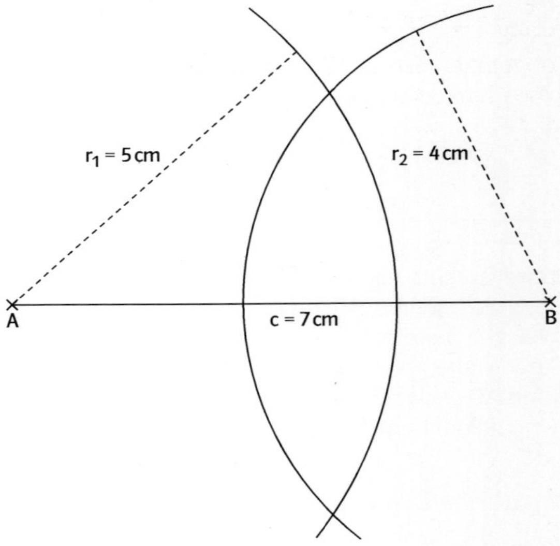

Schritt 3:

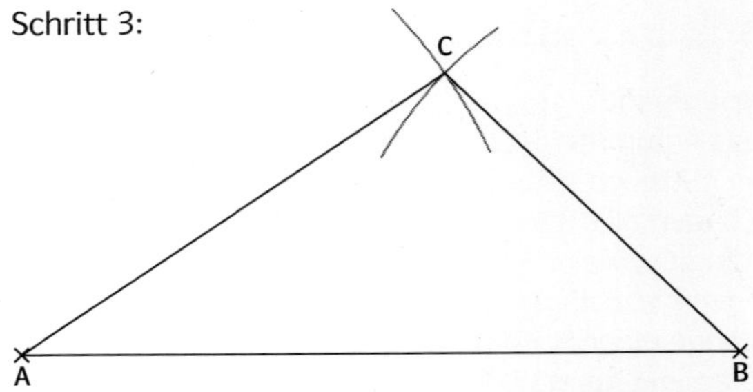

Kongruenzsatz wsw (z.B. $\alpha = 30°$, $c = 38\,mm$, $\beta = 87°$):
Konstruktionsbeschreibung:
1. Zeichne die Strecke $c = \overline{AB}$ der Länge 3,8 cm.
2. Trage an c in A den Winkel $\alpha = 30°$ und an B den Winkel $\beta = 87°$ an.
3. Beschrifte den Schnittpunkt der freien Schenkel von α und β mit C und verbinde ihn mit A und B.

Schritt 1:

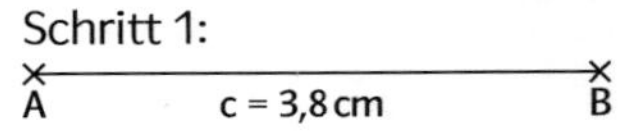

Schritt 2:

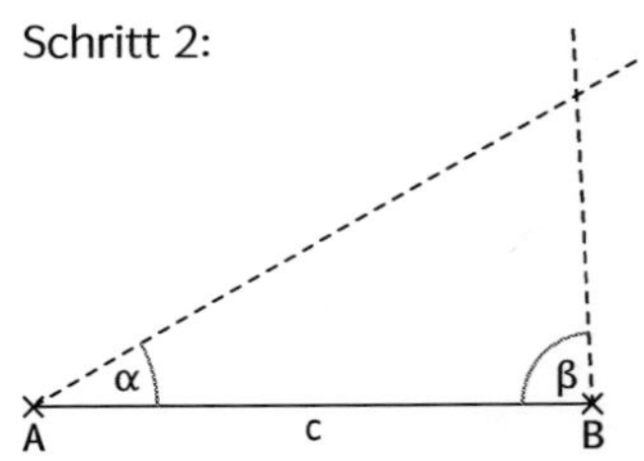

Schritt 3:

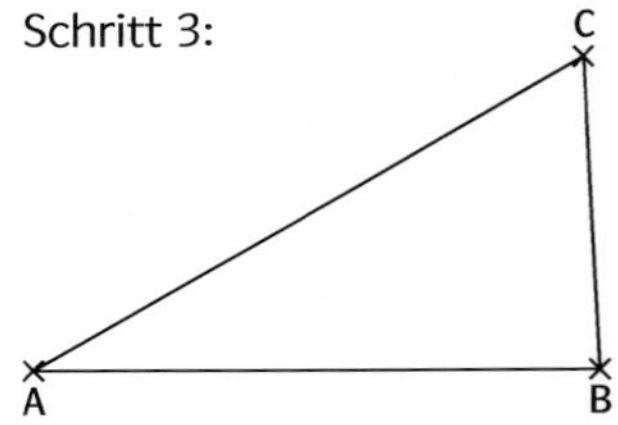

Kongruenzsatz sws (z.B. $b = 5{,}3\,km$, $\alpha = 40°$, $c = 2{,}4\,km$):
Konstruktionsbeschreibung:
1. Wähle einen geeigneten Maßstab, z.B. Maßstab 1:100 000, und zeichne die Strecke $b = \overline{AC}$ der Länge 5,3 cm.
2. Trage an b in A den Winkel $\alpha = 40°$ an.

3. Zeichne den Kreis mit Mittelpunkt A und Radius $r = \frac{c}{100\,000} = 2{,}4\,\text{cm}$ und benenne seinen Schnittpunkt mit dem freien Schenkel von α mit B.
4. Verbinde B mit A und C.

Schritt 1:

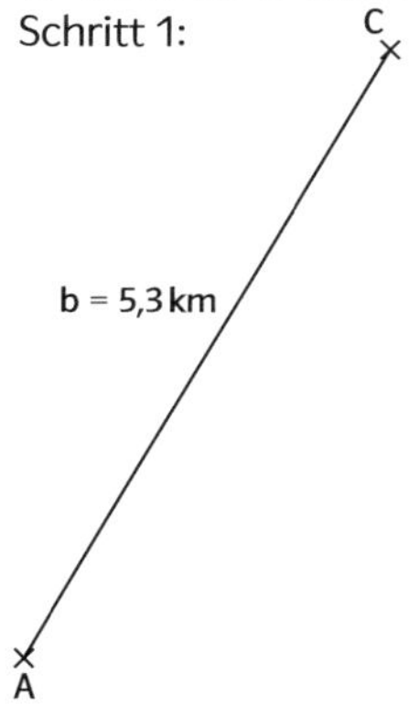

Schritt 2:

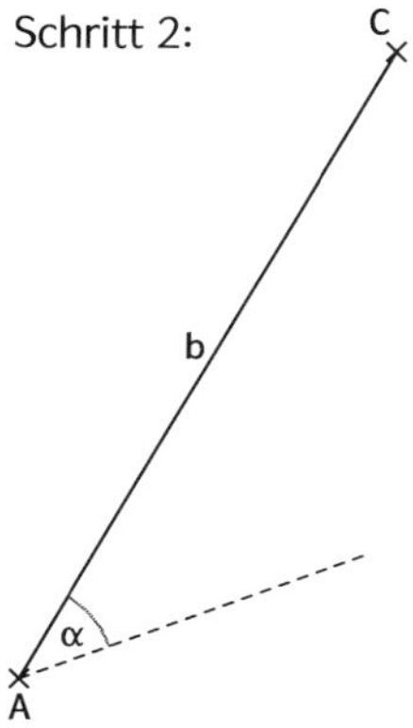

Schritt 3:

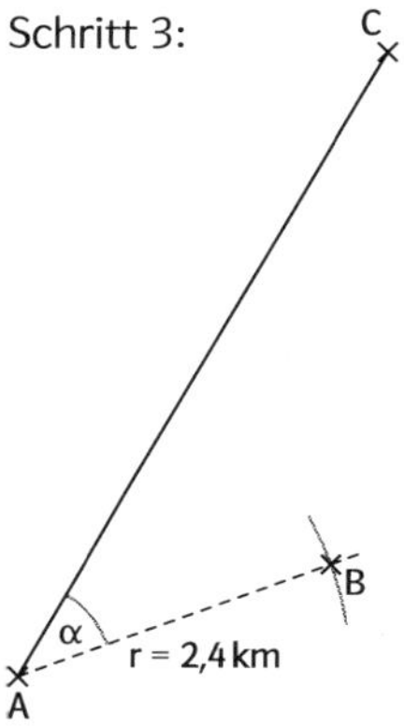

Schritt 4:

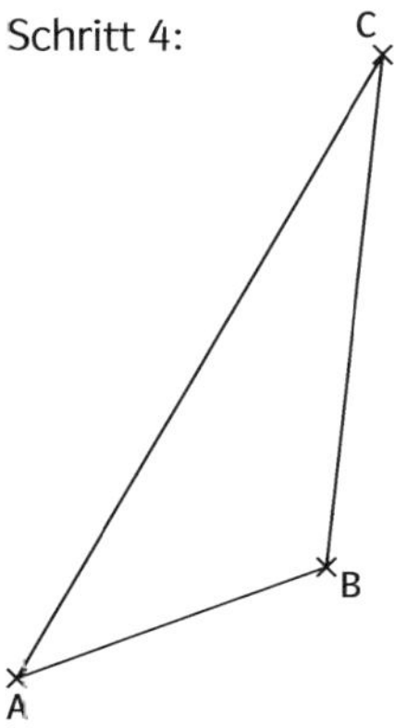

Wäre statt α der Winkel $\gamma = 63°$ gegeben, müsste man vor der Konstruktion α mit der Winkelsumme im Dreieck berechnen: $\alpha = 180° - \beta - \gamma = 30°$. Dann könnte man die Konstruktion wie oben beschrieben durchführen.

10 zwei Figuren:

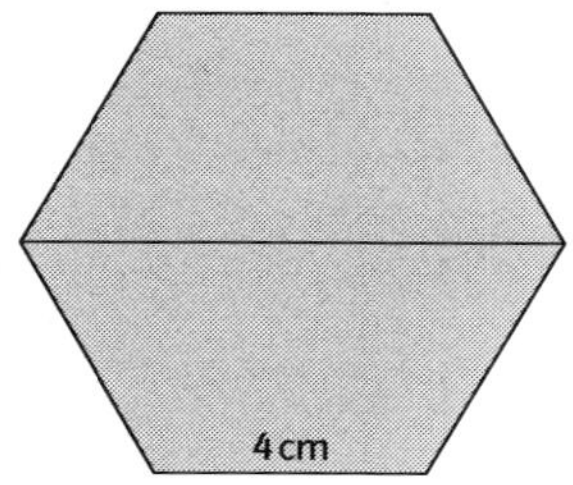

symmetrische Trapeze

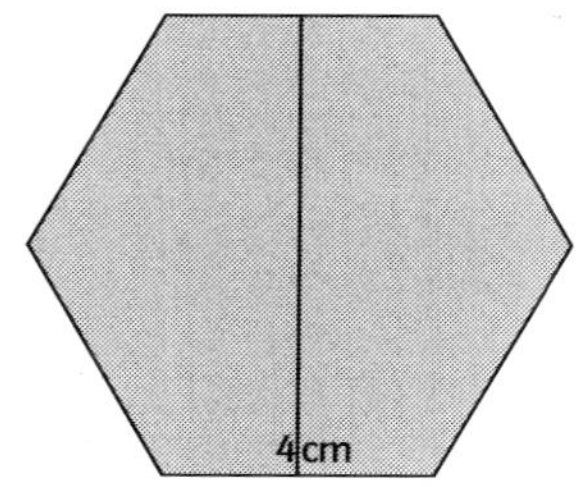

Fünfecke

drei Figuren:

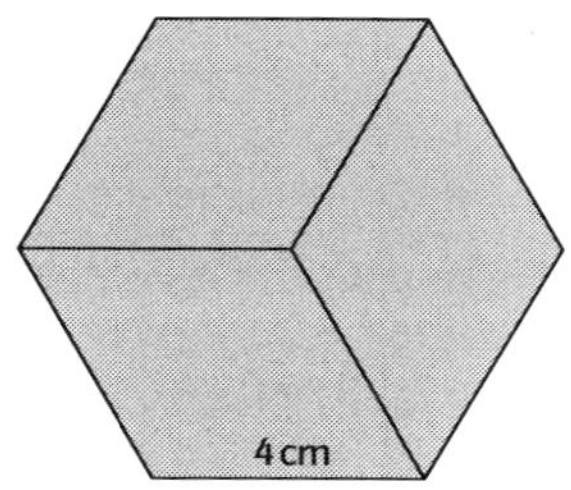

Rauten

sechs Figuren:

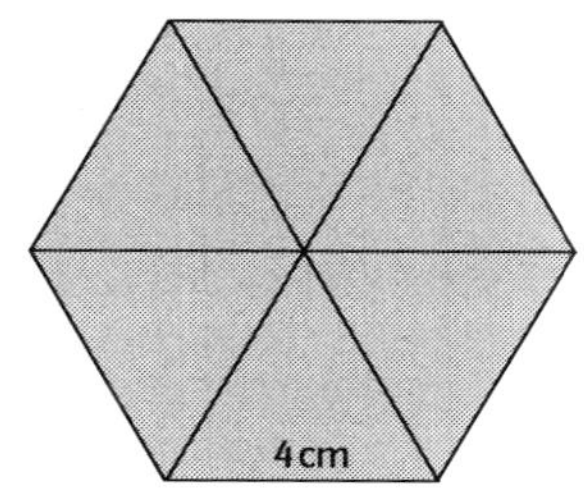

gleichseitige Dreiecke

11 a) individuelle Lösung
b) individuelle Lösung, z. B. $\beta = 50°$ oder $\gamma = 70°$
c) individuelle Lösung, z. B. $c = 7\,\text{cm}$

12 individuelle Lösung

Seite 97

13 a) Es gibt zwei verschiedene, zueinander nicht kongruente Dreiecke als Lösung.

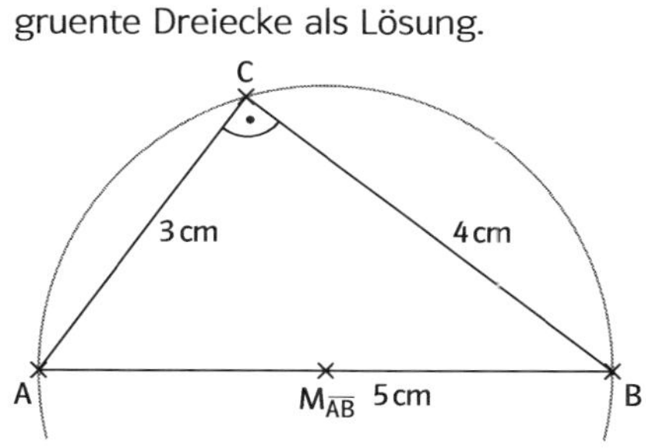

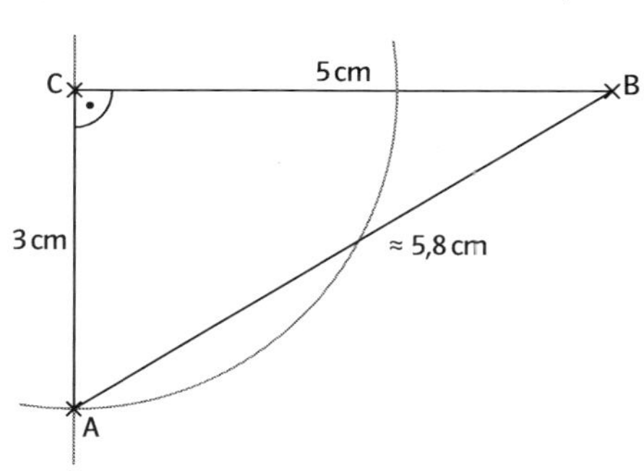

b) Nach dem Kongruenzsatz wsw kann es hier nur ein Dreieck als Lösung geben.

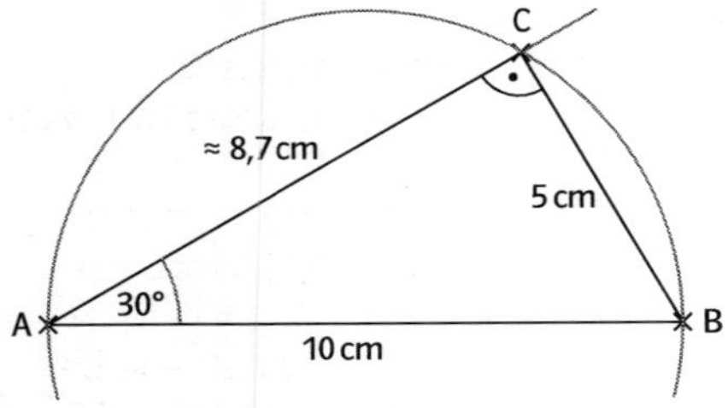

c) Es gibt nur ein Dreieck als Lösung.

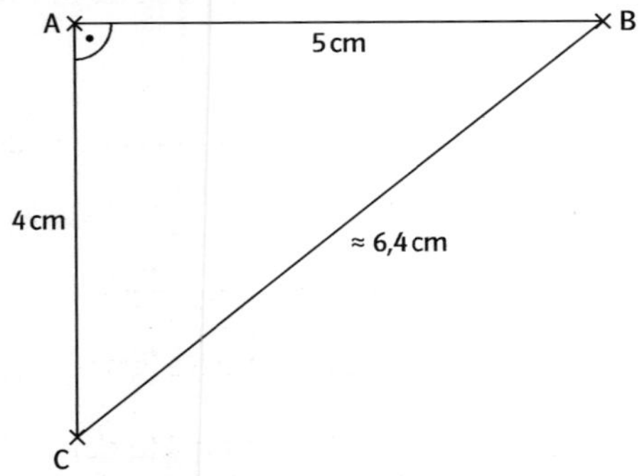

d) Es gibt zwei verschiedene, zueinander nicht kongruente Dreiecke als Lösung.

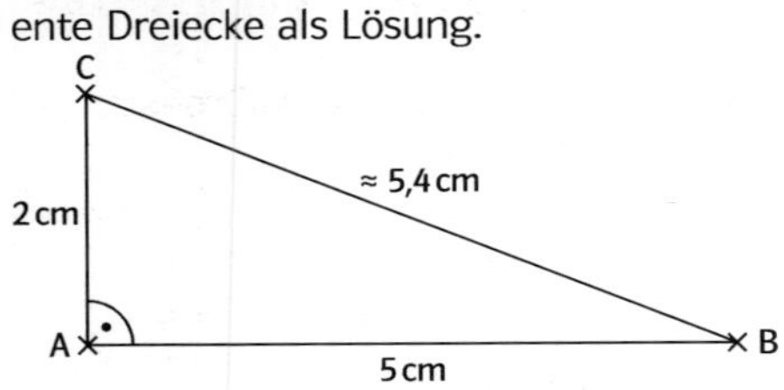

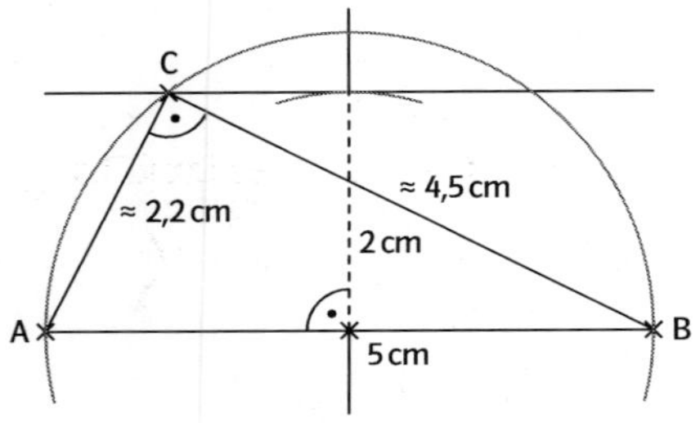

14 Maßstab: 1:1000

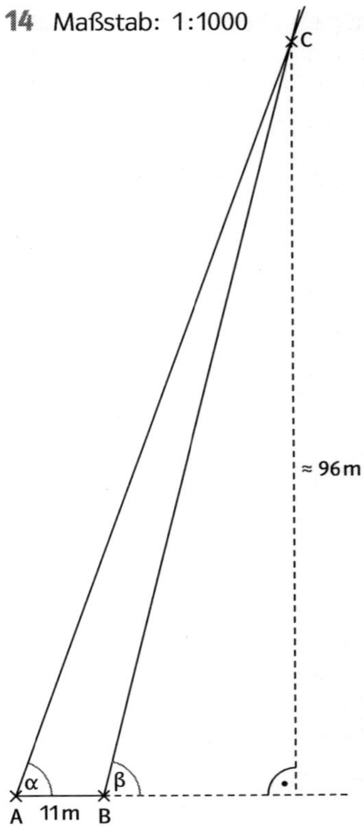

Das Lot von C auf die Gerade AB hat in etwa die Länge 9,6 cm. Der Turm ist also ca. 96 m hoch.

15 Konstruktionsbeschreibung:

1. Zeichne eine Halbgerade $\overleftarrow{AB}$ (Abstand von A zu B beliebig) und eine dazu parallele Gerade g im Abstand 1,1 cm.
2. Trage an $\overleftarrow{AB}$ in A den Winkel $\alpha = 12°$ an und benenne den Schnittpunkt des freien Schenkels von α und g mit C.
3. Trage an $\overleftarrow{AB}$ in A den Winkel $\beta = 60°$ an und benenne den Schnittpunkt des freien Schenkels von β und g mit D.
4. Miss die Länge der Strecke $\overline{CD} \approx 4{,}54$ cm.

Konstruktion (Maßstab: 1:1000):

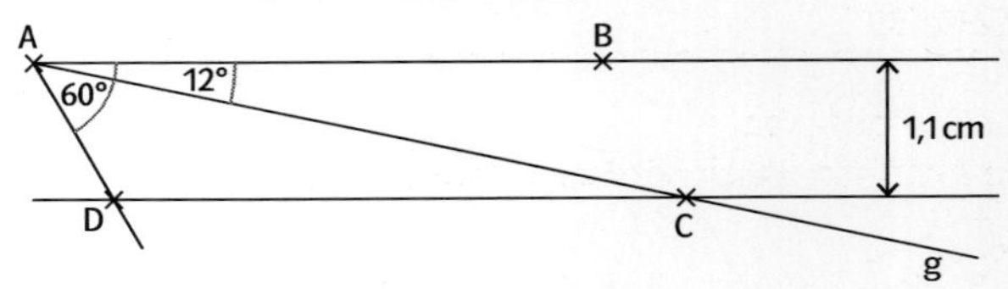

Der Kanal ist also ca. 45,4 m breit.

16 Vor der Konstruktion des Dreiecks BHP kann man anhand einer Planfigur folgende Überlegungen anstellen:

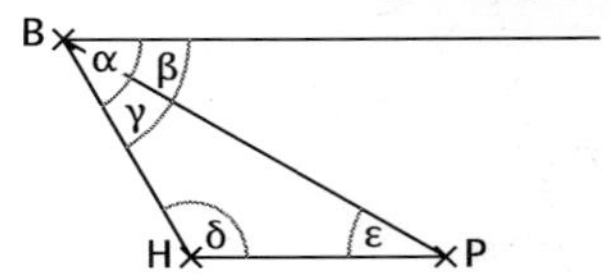

1. $\gamma = \alpha - \beta = 42°$
2. $\varepsilon = \beta = 8°$ (Stufenwinkel des Scheitelwinkels)
3. $\delta = 180° - \gamma - \varepsilon = 130°$ (Winkelsumme im Dreieck)

Die Angaben von δ, $\overline{HP}$ und ε ermöglichen nun eine eindeutige Konstruktion des Dreiecks BHP (Kongruenzsatz wsw). Zuletzt misst man noch die Höhe $h_{\overline{HP}}$. Bei einem Maßstab von 1 : 100 000 ergibt sich $h_{\overline{HP}} \approx 1{,}26\,\text{cm}$.

Der Ballon befindet sich also in einer Höhe von ca. 1260 m über der Erde.

17 Maßstab 1 : 500 000

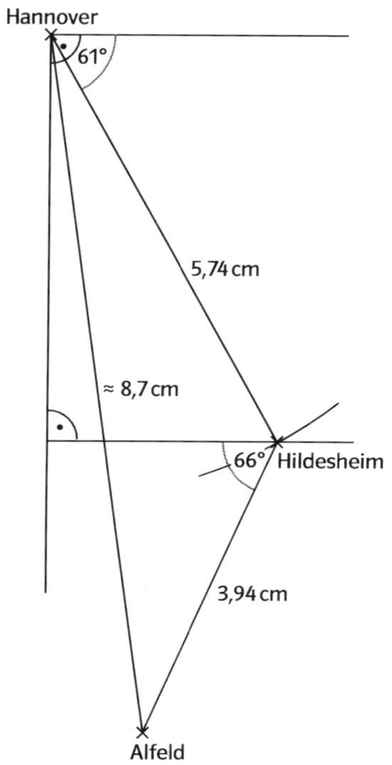

Die Luftlinienentfernung von Hannover nach Alfeld beträgt in der maßstäblichen Zeichnung ca. 8,7 cm, was einer tatsächlichen Entfernung von 43,5 km entspricht. Im Vergleich zur Straße ist dies eine Wegersparnis von fast 15 %.

6 Weitere Dreieckskonstruktionen

Seite 98

Einstiegsaufgabe

Alle Angaben werden in eine Planfigur eingetragen.

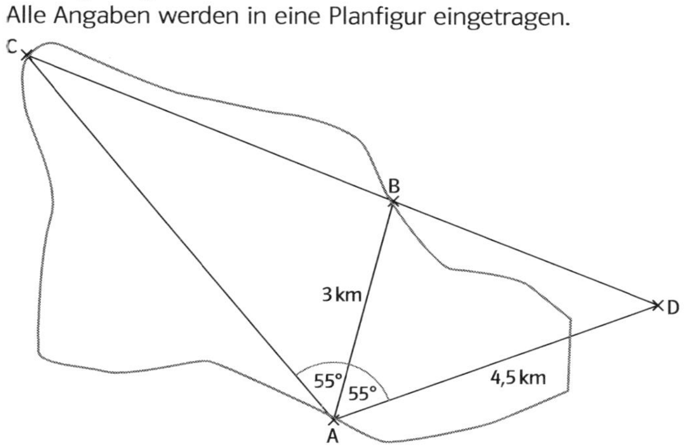

Das Dreieck ADB kann in einem geeigneten Maßstab, z. B. 1 : 100 000 (1 cm ≙ 1 km), mit dem Kongruenzsatz sws konstruiert werden.
An $\overline{AB}$ wird in A ein Winkel von 55° angetragen.
Der freie Schenkel dieses Winkels schneidet die Verlängerung der Strecke $\overline{BD}$ in C.
Nun kann die Länge der Strecke $\overline{BC}$ in der Zeichnung abgemessen und in die Wirklichkeit zurückübertragen werden: $\overline{BC} \approx 5{,}15\,\text{km}$.
Die Planfigur im Schülerbuch ist bei dieser Aufgabe bereits eine genaue Zeichnung im Maßstab 1 : 100 000. Die Strecke $\overline{BC}$ kann also auch direkt im Schülerbuch abgemessen werden.

Seite 100

1 a) Konstruktionsbeschreibung:
1. Zeichne die Seite $c = \overline{AB} = 4{,}9\,\text{cm}$.
2. Zeichne den Kreis mit Mittelpunkt A und Radius $b = 3{,}9\,\text{cm}$.
3. Zeichne den Kreis mit Mittelpunkt B und Radius $a = 2{,}9\,\text{cm}$.
4. Der Punkt C ist einer der beiden Schnittpunkte der Kreise. Wähle denjenigen der beiden Schnittpunkte als C, sodass das Dreieck ABC im mathematisch positiven Sinn bezeichnet wird.
5. Verbinde die Punkte A, B und C zu einem Dreieck.

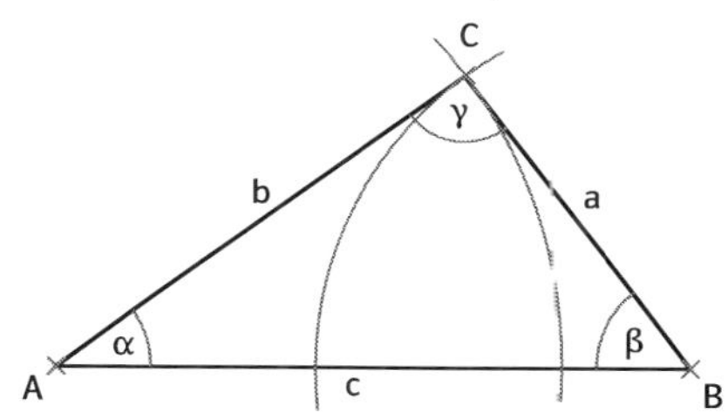

Der Zeichnung können die Winkelgrößen des Dreiecks durch Messung entnommen werden:
$\alpha \approx 36{,}3°$, $\beta \approx 52{,}7°$ und $\gamma \approx 91°$.

b) Konstruktionsbeschreibung:
1. Zeichne die Seite $a = \overline{BC} = 6\,\text{cm}$.
2. Trage an a in B den Winkel $\beta = 95°$ an.
3. Trage an a in C den Winkel $\gamma = 32°$ an.
4. Bezeichne den Schnittpunkt der freien Schenkel von β und γ mit A.
5. Verbinde die Punkte A, B und C zu einem Dreieck.

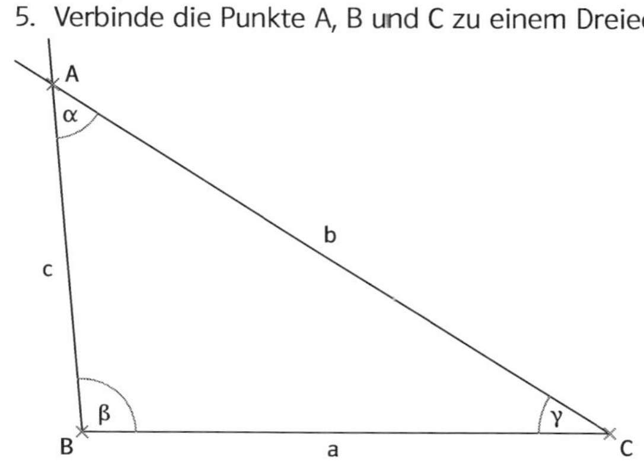

Der Zeichnung können die fehlenden Größen des Dreiecks durch Messung entnommen werden:
$\alpha = 53°$, $b \approx 7{,}48\,\text{cm}$ und $c \approx 3{,}98\,\text{cm}$.

c) Konstruktionsbeschreibung:
1. Zeichne die Seite $a = \overline{BC} = 6\,\text{cm}$.
2. Trage an a in C den Winkel $\gamma = 120°$ an.
3. Zeichne den Kreis mit Mittelpunkt C und Radius $b = 3\,\text{cm}$.
4. Der Schnittpunkt des Kreises mit dem freien Schenkel von γ ist der Punkt A.
5. Verbinde die Punkte A, B und C zu einem Dreieck.

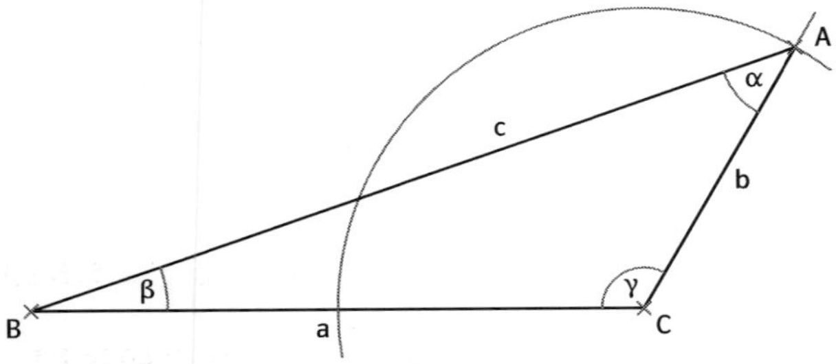

Der Zeichnung können die fehlenden Größen des Dreiecks durch Messung entnommen werden:
$\alpha \approx 40{,}9°$, $\beta \approx 19{,}1°$ und $c \approx 7{,}94\,\text{cm}$.

d) Konstruktionsbeschreibung:
1. Zeichne die Seite $c = \overline{AB} = 5{,}8\,\text{cm}$.
2. Zeichne den Kreis mit Mittelpunkt A und Radius $b = 10\,\text{cm}$.
3. Zeichne den Kreis mit Mittelpunkt B und Radius $a = 4{,}8\,\text{cm}$.
4. Der Punkt C ist einer der beiden Schnittpunkte der Kreise. Wähle denjenigen der beiden Schnittpunkte als C, sodass das Dreieck ABC im mathematisch positiven Sinn bezeichnet wird.
5. Verbinde die Punkte A, B und C zu einem Dreieck.

(Konstruktion im Maßstab 1:2)

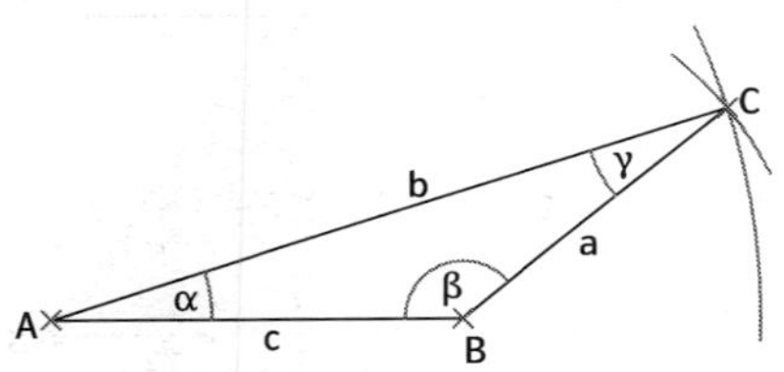

Der Zeichnung können die fehlenden Winkelgrößen des Dreiecks durch Messung entnommen werden:
$\alpha \approx 17{,}55°$, $\beta \approx 141{,}08°$ und $\gamma \approx 21{,}37°$.

e) Konstruktionsbeschreibung:
1. Zeichne die Seite $c = \overline{AB} = 6\,\text{cm}$.
2. Trage an c in B den Winkel $\beta = 91°$ an.
2. Trage an c in A den Winkel $\alpha = 30°$ an.
4. Bezeichne den Schnittpunkt der freien Schenkel von α und β mit C.
5. Verbinde die Punkte A, B und C zu einem Dreieck.

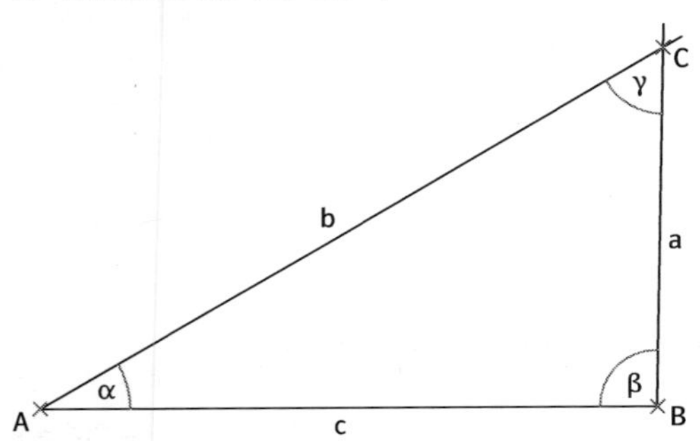

Der Zeichnung können die fehlenden Größen des Dreiecks durch Messung entnommen werden:
$\gamma = 59°$, $a \approx 3{,}5\,\text{cm}$ und $b \approx 7\,\text{cm}$.

f) Konstruktionsbeschreibung:
1. Zeichne die Seite $b = \overline{AC} = 6\,\text{cm}$.
2. Trage an b in A den Winkel $\alpha = 44°$ an.
3. Zeichne den Kreis mit Mittelpunkt A und Radius $c = 4\,\text{cm}$.
4. Der Schnittpunkt des Kreises mit dem freien Schenkel von α ist der Punkt B.
5. Verbinde die Punkte A, B und C zu einem Dreieck.

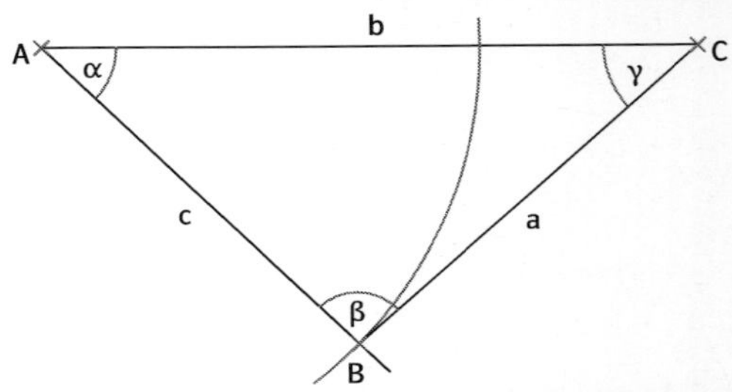

Der Zeichnung können die fehlenden Größen des Dreiecks durch Messung entnommen werden:
$\beta \approx 94{,}3°$, $\gamma \approx 41{,}7°$ und $a \approx 4{,}18\,\text{cm}$.

2 a) Planfigur:

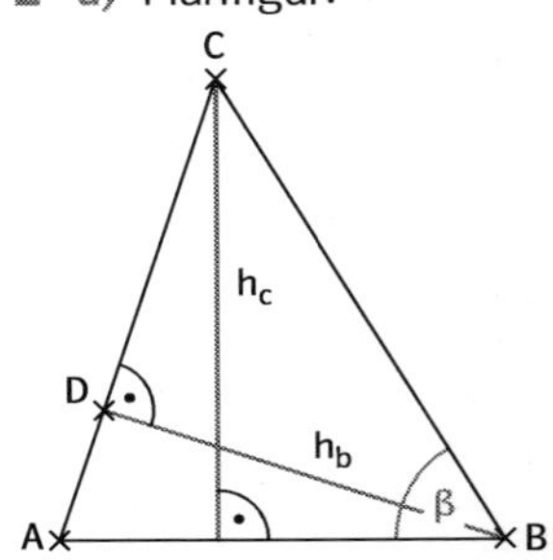

Konstruktionsbeschreibung:
1. Zeichne die Schenkel des Winkels $\beta = 57°$.
2. Konstruiere eine Parallele zu einem der beiden Schenkel von β im Abstand von $h_c = 5{,}7\,\text{cm}$.
   Der Schnittpunkt dieser Parallelen mit dem anderen Schenkel von β ist der Punkt C.
   Achte dabei darauf, dass der Umlaufsinn von B zu C im mathematisch positiven Sinn ist.
3. Zeichne den Kreis mit Mittelpunkt B und Radius $h_b = 6{,}3\,\text{cm}$.
4. Zeichne den Thaleskreis über der Strecke $\overline{BC}$.
   Der Schnittpunkt der beiden Kreise ist der Punkt D.
5. Zeichne den Strahl mit Anfangspunkt C, der durch D verläuft. Der Schnittpunkt des Strahls mit dem freien Schenkel von β ist der Punkt A.

Es gibt nur ein Dreieck als Lösung:
(Maßstab 1:2)

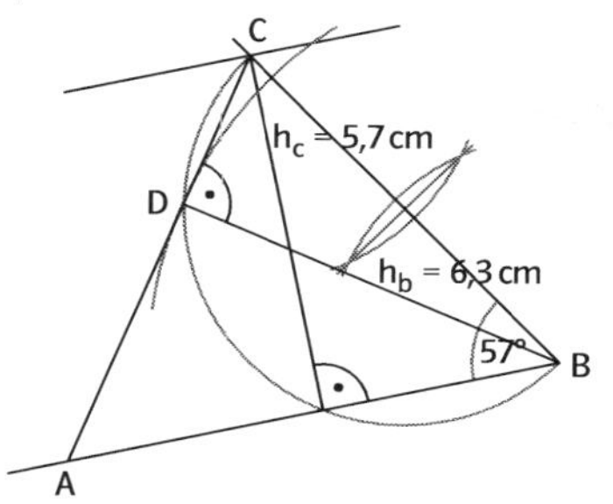

Der Zeichnung können die fehlenden Größen des Dreiecks durch Messung entnommen werden:
$\overline{AB} \approx 7{,}6$ cm, $\overline{AC} \approx 6{,}9$ cm, $\overline{BC} \approx 6{,}8$ cm, $\alpha \approx 56°$ und $\gamma \approx 67°$.

b) Planfigur:

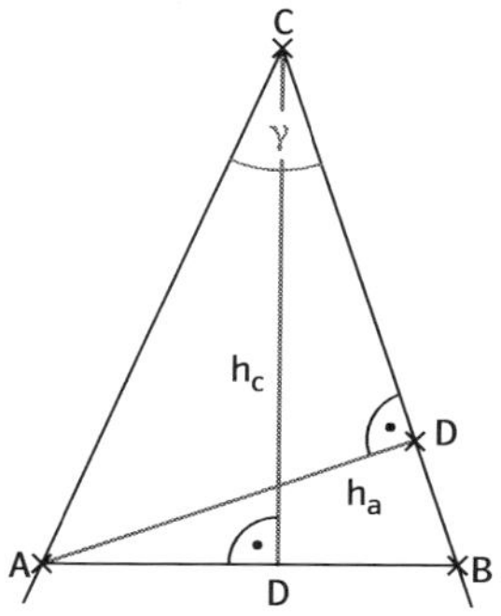

Konstruktionsbeschreibung:
1. Zeichne die Schenkel des Winkels $\gamma = 48°$.
2. Konstruiere eine Parallele zu einem der beiden Schenkel von γ im Abstand von $h_a = 6{,}6$ cm.
   Der Schnittpunkt dieser Parallelen mit dem anderen Schenkel von γ ist der Punkt A.
   Achte dabei darauf, dass der Umlaufsinn von C zu A im mathematisch positiven Sinn ist.
3. Zeichne den Kreis mit Mittelpunkt C und Radius $h_c = 8{,}3$ cm.
4. Zeichne den Thaleskreis über der Strecke $\overline{AC}$.
   Der Schnittpunkt der beiden Kreise ist der Punkt D.
5. Zeichne den Strahl mit Anfangspunkt A, der durch D verläuft. Der Schnittpunkt des Strahls mit dem freien Schenkel von γ ist der Punkt B.

Es gibt nur ein Dreieck als Lösung:
(Maßstab 1:2)

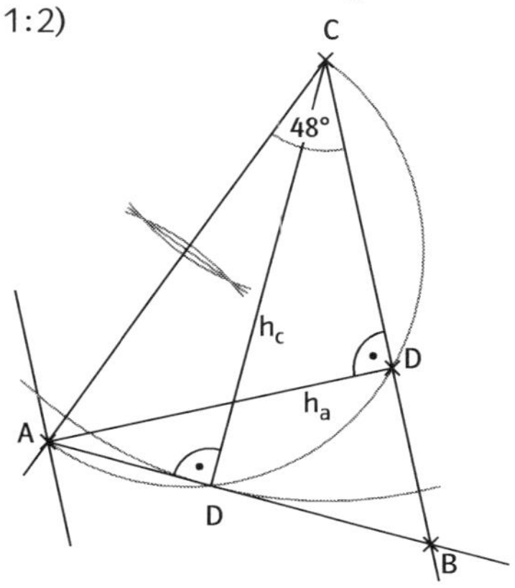

Der Zeichnung können die fehlenden Größen des Dreiecks durch Messung entnommen werden:
$\overline{AB} \approx 7{,}4$ cm, $\overline{AC} \approx 8{,}9$ cm, $\overline{BC} \approx 9{,}3$ cm, $\alpha \approx 69°$ und $\beta \approx 63°$.

c) Planfigur:

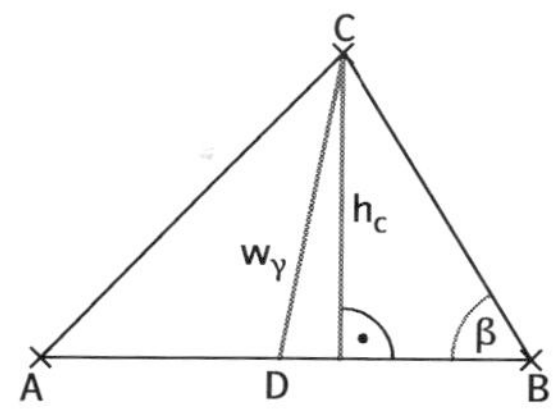

Konstruktionsbeschreibung:
1. Zeichne die Schenkel des Winkels $\beta = 54°$.
2. Konstruiere eine Parallele zu einem der beiden Schenkel von β im Abstand von $h_c = 4{,}6$ cm.
   Der Schnittpunkt dieser Parallelen mit dem anderen Schenkel von β ist der Punkt C.
   Achte dabei darauf, dass der Umlaufsinn von B zu C im mathematisch positiven Sinn ist.
3. Zeichne den Kreis mit Mittelpunkt C und Radius $w_\gamma = 4{,}8$ cm. Der Schnittpunkt dieses Kreises mit dem freien Schenkel von β ist der Punkt D.
4. Trage an $\overline{CD}$ in C den Winkel $\sphericalangle DCB = \frac{\gamma}{2}$ an.
5. Zeichne den Strahl mit Anfangspunkt B, der durch D verläuft. Der Schnittpunkt des Strahls mit dem freien Schenkel des in 4. konstruierten Winkels ist der Punkt A.

Es gibt zwei verschiedene, zueinander nicht kongruente Dreiecke als Lösung:
(Maßstab 1:2)

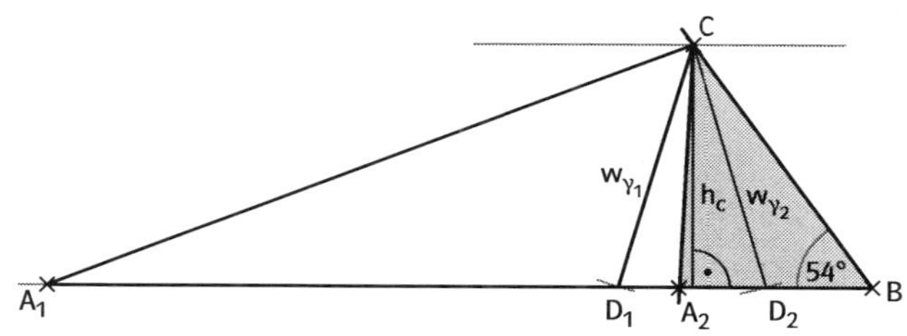

Der Zeichnung können die fehlenden Größen des Dreiecks durch Messung entnommen werden:
$\overline{A_1B} \approx 15{,}5$ cm, $\overline{A_1C} \approx 13$ cm, $\alpha_1 \approx 21°$, $\gamma_1 \approx 105°$,

$\overline{A_2B} \approx 3{,}6$ cm, $\overline{A_2C} \approx 4{,}6$ cm, $\alpha_2 \approx 87°$, $\gamma_2 \approx 39°$,

$\overline{BC} \approx 5{,}7$ cm.

d) Planfigur:

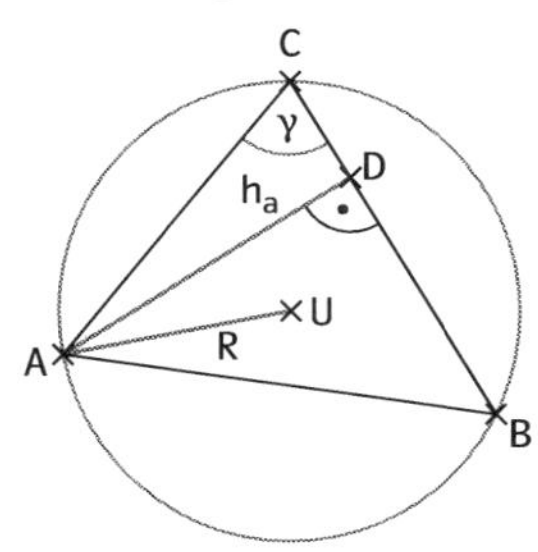

Konstruktionsbeschreibung:
1. Zeichne die Strecke $\overline{AD} = h_a = 6{,}7$ cm.
2. Konstruiere die Senkrechte zu h_a durch D.
3. Trage an $\overline{AD}$ in A den Winkel $\sphericalangle DAC = 90° - \gamma = 20°$ an.

4. Der Schnittpunkt der Senkrechten und des freien Schenkels von ∢ DAC ist der Punkt C.
5. Zeichne den Kreis mit Mittelpunkt A und Radius R = 4,1 cm.
6. Zeichne den Kreis mit Mittelpunkt C und Radius R = 4,1 cm.
7. Der Schnittpunkt der beiden Kreise ist der Umkreismittelpunkt U.
8. Zeichne den Umkreis (Mittelpunkt U, Radius R = 4,1 cm).
9. Zeichne den Strahl mit Anfangspunkt C, der durch den Punkt D verläuft.
10. Der Schnittpunkt des Umkreises mit dem Strahl ist der Punkt B.

Es gibt nur ein Dreieck als Lösung:
(Maßstab 1:2)

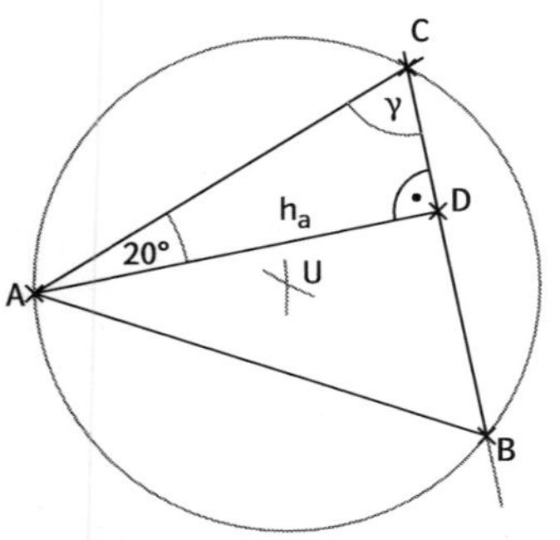

Der Zeichnung können die fehlenden Größen des Dreiecks durch Messung entnommen werden:
$\overline{AB} \approx 7{,}7\,cm$, $\overline{AC} \approx 7{,}1\,cm$, $\overline{BC} \approx 6{,}3\,cm$, $\alpha \approx 50°$ und $\beta \approx 60°$.

e) Planfigur:

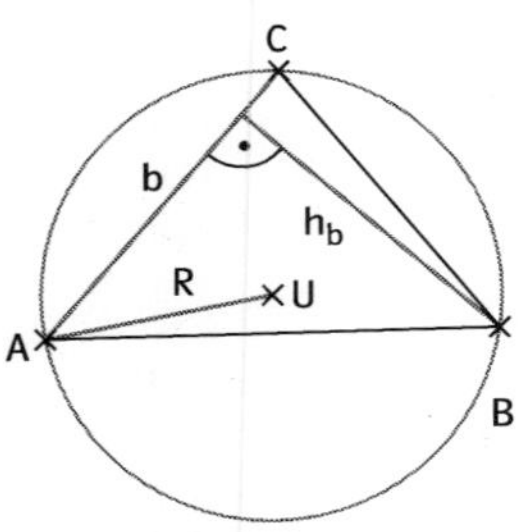

Konstruktionsbeschreibung:
1. Zeichne die Seite $b = \overline{AC} = 6{,}2\,cm$.
2. Zeichne den Kreis mit Mittelpunkt A und Radius R = 4,2 cm.
3. Zeichne den Kreis mit Mittelpunkt C und Radius R = 4,2 cm.
4. Der Schnittpunkt der beiden Kreise ist der Umkreismittelpunkt U.
5. Zeichne den Umkreis (Mittelpunkt U, Radius R = 4,2 cm)
6. Konstruiere eine Parallele zu $\overline{AC}$ im Abstand $h_b = 4{,}0\,cm$.
7. Der Schnittpunkt der Parallelen mit dem Umkreis ist der Punkt B.

Es gibt zwei zueinander kongruente Dreiecke als Lösung:
(Maßstab 1:2)

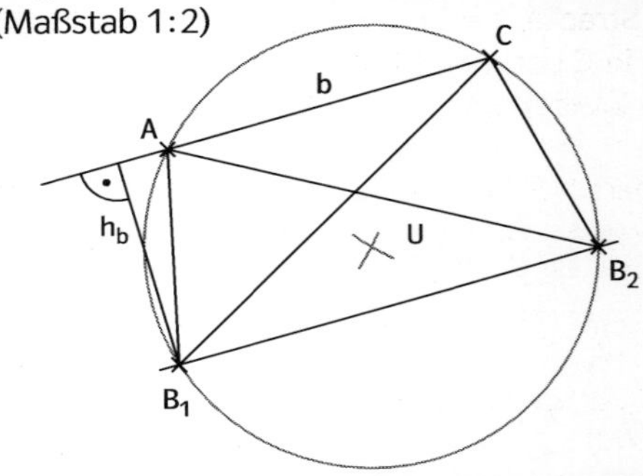

Der Zeichnung können die fehlenden Größen des Dreiecks durch Messung entnommen werden:
$\overline{AB_1} \approx 4{,}1\,cm$, $\overline{B_1C} \approx 8{,}2\,cm$, $\alpha_1 \approx 103°$, $\beta_1 \approx 48°$, $\gamma_1 \approx 29°$,
$\overline{AB_2} \approx 8{,}2\,cm$, $\overline{B_2C} \approx 4{,}1\,cm$, $\alpha_2 \approx 29°$, $\beta_2 \approx 48°$, $\gamma_2 \approx 103°$.

f) Planfigur:

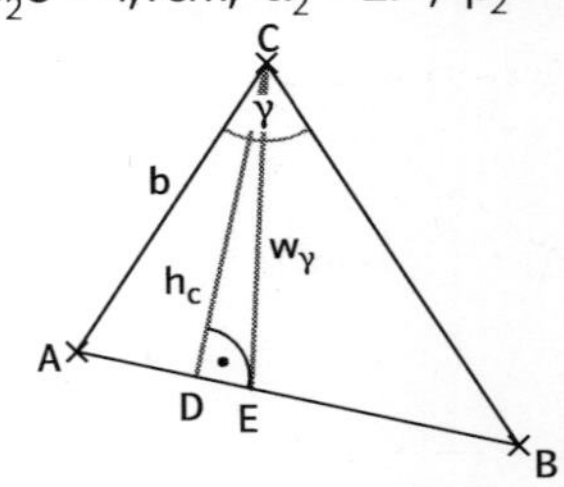

Konstruktionsbeschreibung:
1. Zeichne die Strecke $h_c = \overline{CD} = 4{,}7\,cm$.
2. Konstruiere die Senkrechte zu h_c durch D.
3. Zeichne den Kreis mit Mittelpunkt C und Radius $w_\gamma = 5{,}0\,cm$.
4. Der Schnittpunkt des Kreises mit der Senkrechten ist der Punkt E.
5. Trage an $\overline{CE}$ in C in beiden Richtungen den Winkel $\frac{\gamma}{2} = 40°$ an.
6. Die Schnittpunkte der freien Schenkel von $\frac{\gamma}{2}$ mit der Senkrechten zu h_c durch den Punkt D sind die Punkte A und B (mathematisch positiven Umlaufsinn beachten).

Es gibt zwei zueinander kongruente Dreiecke als Lösung (nachfolgend ist eines gezeichnet, das zweite ergibt sich aus dem zweiten Schnittpunkt E' in Schritt 4):
(Maßstab 1:2)

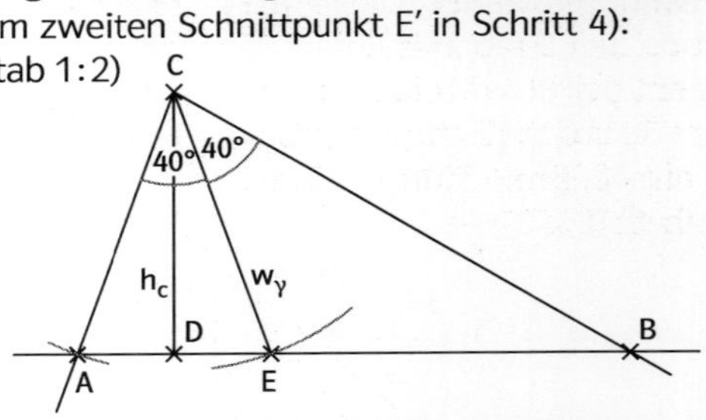

Der Zeichnung können die fehlenden Größen des Dreiecks durch Messung entnommen werden:
$\overline{AB} \approx 9{,}8\,cm$, $\overline{AC} \approx 5{,}0\,cm$, $\overline{BC} \approx 9{,}4\,cm$, $\alpha \approx 70°$, $\beta \approx 30°$,
$\overline{A'B'} = 9{,}8\,cm$, $\overline{A'C} \approx 9{,}4\,cm$, $\overline{B'C} \approx 5{,}0\,cm$, $\alpha' \approx 30°$ und $\beta' \approx 70°$.

3 Konstruktionsbeschreibung:
1. Zeichne die Strecke $a = \overline{BC} = 7{,}6\,cm$.
2. Trage an $\overline{BC}$ in C den Winkel $\gamma = 83°$ an.
3. Zeichne den Kreis mit Mittelpunkt C und Radius 4,7 cm.
4. Der Schnittpunkt des Kreises mit dem freien Schenkel von γ ist der Punkt A.
5. Verbinde die Punkte A und B.

Der Zeichnung kann durch Messung die Länge $\overline{AB}$ entnommen werden: $\overline{AB} \approx 8{,}43\,cm$.
Der See ist also etwa 843 m lang.
(Maßstab 1:10 000)
(1 cm ≙ 100 m)

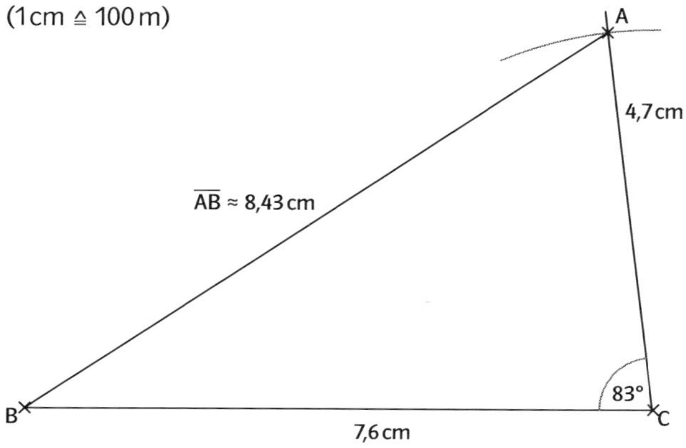

4 Konstruktionsbeschreibung:
1. Wähle einen geeigneten Maßstab, z. B. 1:10 000 (1 cm ≙ 100 m).
2. Zeichne die Seite $c = \overline{AB} = 3{,}38\,cm$.
3. Trage an c in A den Winkel $\alpha = 40°$ und in B den Winkel $\beta = 129°$ an.
4. Der Schnittpunkt der freien Schenkel von α und β ist der Punkt C.
   C entspricht der Position des Ballons.
5. Verlängere die Seite c über B hinaus und konstruiere eine Senkrechte zu c durch C.
6. Der Schnittpunkt der Senkrechten mit der Geraden AB ist der Punkt D.
7. Miss in der Zeichnung die Länge der Strecke $\overline{CD}$. Es ergibt sich $\overline{CD} \approx 8{,}85\,cm$.
   Dies entspricht in Wirklichkeit einer Höhe von etwa 885 m über den Kirchturmspitzen. Der Ballon befindet sich also 885 m + 30 m = 915 m über dem Boden.

(Maßstab 1:10 000)

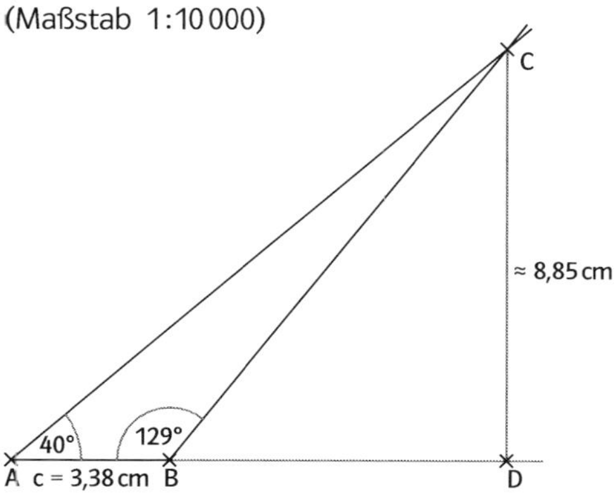

(Abbildung verkleinert)

5 Konstruktionsbeschreibung:
1. Wähle einen geeigneten Maßstab, z. B. 1:2000 (1 cm ≙ 20 m).
2. Zeichne die Seite $c = \overline{AB} = 4{,}3\,cm$.
3. Trage an c in A den Winkel $\alpha = 61°$ an. (A entspricht der Augenhöhe.)
4. Konstruiere die Senkrechte zu c durch B.
5. Der Schnittpunkt der Senkrechten und des freien Schenkels von α ist der Punkt C.
6. Miss in der Zeichnung die Länge der Strecke $\overline{BC}$. Es ergibt sich $\overline{BC} \approx 7{,}75\,cm$.
   Dies entspricht in Wirklichkeit einer Länge von etwa 155 m. Mit der Augenhöhe von 1,70 m ergibt sich eine Turmhöhe von 156,70 m.
   Tatsächlich ist der höhere der beiden Türme 157,38 m hoch.

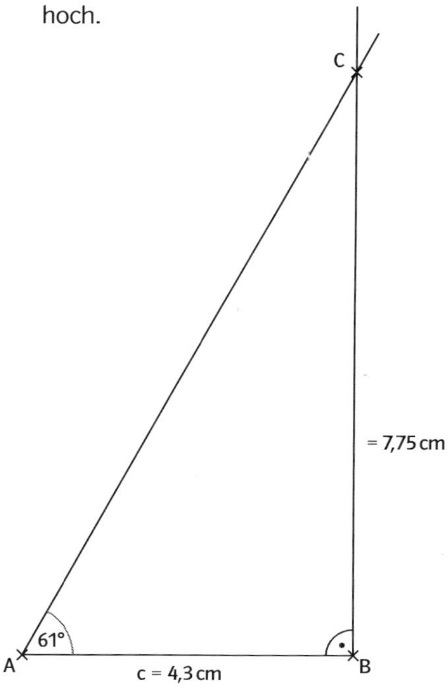

6 a) vgl. unten

b) Erstelle zunächst eine Planfigur und kennzeichne die bekannten Größen:

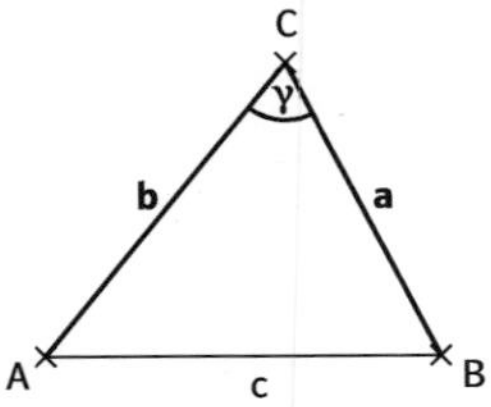

mögliche Konstruktionsbeschreibung:

1. Zeichne die Seite $a = \overline{BC} = 3\,cm$.
2. Trage an a in C den Winkel $\gamma = 39°$ an.
3. Zeichne den Kreis mit Mittelpunkt C und Radius $r = b = 3{,}5\,cm$.
4. Der Schnittpunkt des Kreises mit dem freien Schenkel von γ ist der Punkt A.
5. Verbinde A mit B.

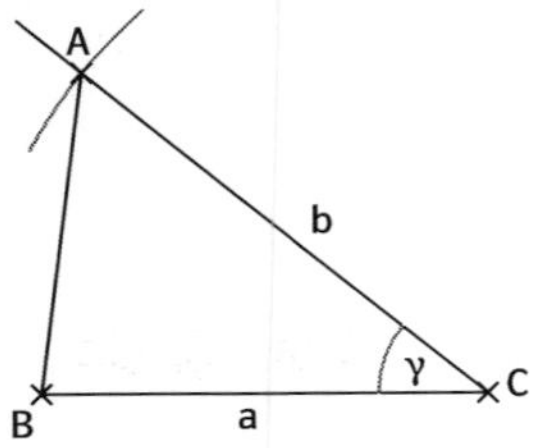

Seite 101

7 Die Konstruktionsbeschreibungen sind nicht explizit in der Aufgabe gefordert.
Es empfiehlt sich, zunächst Planfiguren zu erstellen und die gegebenen Größen einzutragen.

a) Konstruktionsbeschreibung:

1. Zeichne die Höhe $h_c = \overline{CD} = 4{,}0\,cm$.
2. Konstruiere die Senkrechte zu h_c durch D.
3. Zeichne den Kreis mit Mittelpunkt C und Radius $r = w_\gamma = 4{,}3\,cm$.
4. Der Schnittpunkt der Senkrechten zu h_c durch D mit dem Kreis ist der Punkt E.
   (Hier ergeben sich zwei Möglichkeiten, die zu zwei zueinander kongruenten Dreiecken führen.)
5. Trage an $\overline{CE}$ in C zu beiden Seiten den Winkel $\frac{\gamma}{2} = 45°$ an.
6. Die Schnittpunkte der freien Schenkel mit der Senkrechten zu h_c durch D sind die Punkte A und B (mathematisch positiven Umlaufsinn beachten).

Im Folgenden ist eines der beiden zueinander kongruenten Dreiecke konstruiert.
(Maßstab 1:2)

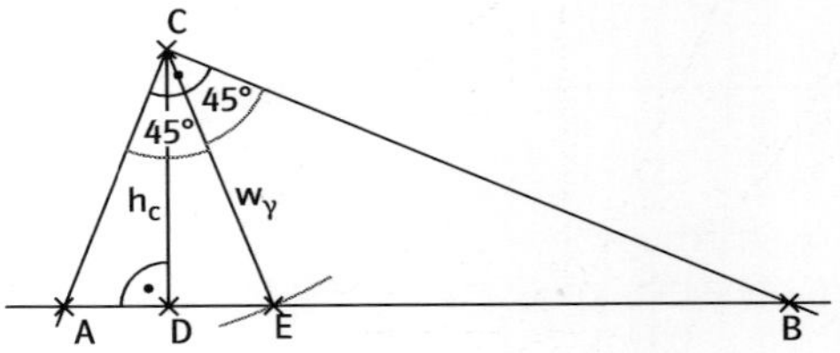

zu Aufgabe 6 a)

	Corinna	Louis
Beispiele für fehlende Informationen	– Es ist nicht klar, wo die Punkte A und C liegen müssen. Die Information „wo a anfängt und aufhört" ist nicht eindeutig. – Es ist nicht klar, wie der Winkel γ genau eingezeichnet wird. Es wird nicht erläutert, dass man den mathematischen Drehsinn berücksichtigen muss.	– Es ist nicht klar, wo B und C liegen müssen. Die Information „vorne und hinten" ist nicht eindeutig. – Es ist nicht klar, wo der Winkel eingezeichnet wird.
Beispiele für überflüssige Informationen	– „Ich nehme das Lineal" – „ich mache einen kleinen Strich"	– „ich nehme mein Geodreieck" – „mit der anderen Seite des Geodreiecks"

	Formulierung in der Aufgabe	Fachsprache
Corinna	Ich nehme das Lineal und mache nach 3 cm einen kleinen Strich und bei 0 cm auch. Dann verbinde ich die kleinen Striche und schreibe an den längeren Strich a. Dort, wo a anfängt und aufhört, schreibe ich B und C dran.	Ich zeichne die Seite $a = \overline{BC} = 3\,cm$.
	Da, wo ich C hingeschrieben habe …	Am Punkt C …
Louis	Ich zeichne eine 3 cm lange Linie und schreibe vorne und hinten B und C dran.	Ich zeichne die Seite $a = \overline{BC} = 3\,cm$.
	Dann nehme ich mein Geodreieck und zeichne einen Winkel von 39°.	An a trage ich in C den Winkel $\gamma = 39°$ an.
	Ich achte dabei auf die Bezeichnung der Punkte, die nicht im Uhrzeigersinn verlaufen darf.	Ich achte darauf, dass die Bezeichnung der Punkte im mathematisch positiven Drehsinn, d. h. gegen den Uhrzeigersinn verläuft.

b) Konstruktionsbeschreibung:
1. Zeichne die Seite $a = \overline{BC} = 8{,}4\,cm$.
2. Konstruiere eine Parallele zu a im Abstand $h_a = 3{,}2\,cm$.
3. Zeichne den Thaleskreis über der Strecke $\overline{BC}$.
4. Der Schnittpunkt der Parallelen und des Thaleskreises ist der Punkt A.
(Hier ergeben sich zwei Möglichkeiten, die zu zwei zueinander kongruenten Dreiecken führen.)

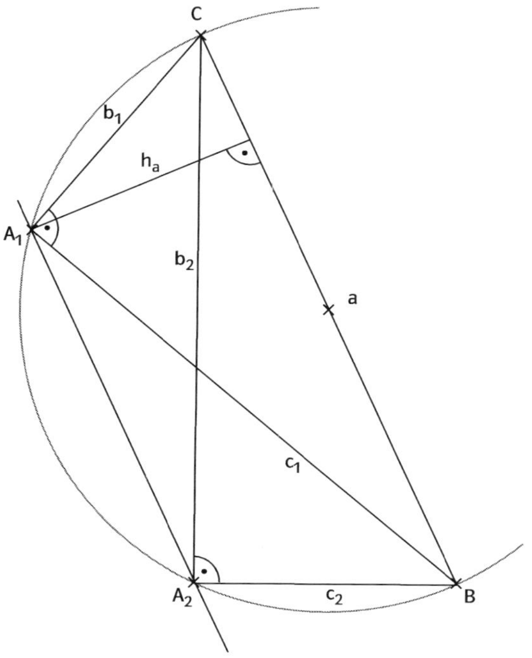

c) Da das Dreieck ABC gleichschenklig ist (a = b), gilt nach dem Basiswinkelsatz $\alpha = \beta = 65°$.
Konstruktionsbeschreibung:
1. Zeichne die Schenkel des Winkels $\beta = 65°$.
2. Konstruiere die Winkelhalbierende des Winkels β und trage auf ihr die Länge $w_\beta = 6{,}4\,cm$ ab. Bezeichne den zweiten Endpunkt der Strecke mit D.
3. Der Winkel δ bei D hat die Größe
$\delta = 180° - \alpha - \frac{\beta}{2} = 180° - 65° - 32{,}5° = 82{,}5°$.
Trage an $\overline{BD}$ in D den Winkel $\delta = 82{,}5°$ an.
4. Der Schnittpunkt des freien Schenkels von δ mit einem Schenkel des Winkels $\frac{\beta}{2}$ ist der Punkt A.
5. Der Schnittpunkt der Geraden AD mit dem anderen Schenkel von β ist der Punkt C.

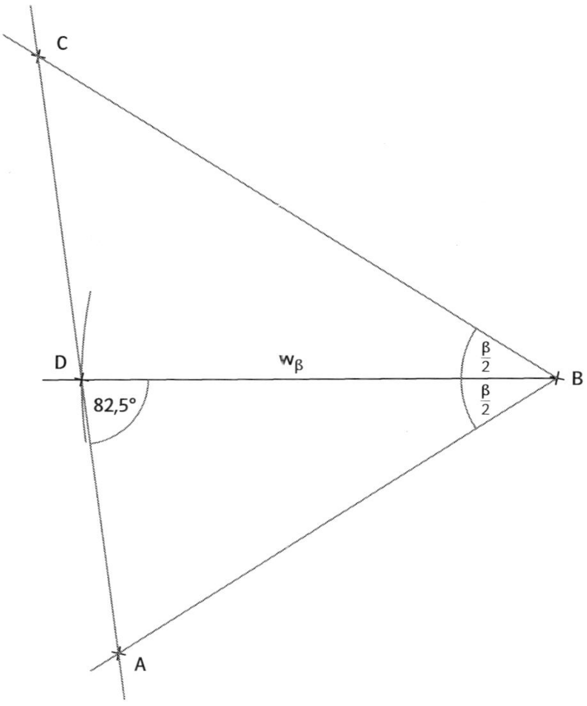

d) Da das Dreieck ABC gleichschenklig ist (a = c), gilt $h_b = m_{\overline{AC}}$.
Konstruktionsbeschreibung:
1. Zeichne die Strecke $h_b = \overline{BM_{\overline{AC}}} = 7{,}0\,cm$.
2. Zeichne den Kreis mit Mittelpunkt B und Radius $R = 4{,}0\,cm$.
3. Der Schnittpunkt des Kreises mit der Höhe h_b, die gleich der Mittelsenkrechten $m_{\overline{AC}}$ der Seite b ist, ist der Umkreismittelpunkt U.
4. Zeichne den Umkreis (Mittelpunkt U, Radius $R = 4{,}0\,cm$).
5. Konstruiere die Senkrechte zu h_b durch $M_{\overline{AC}}$.
6. Die Schnittpunkte des Umkreises und der Senkrechten zu h_b durch $M_{\overline{AC}}$ sind die Punkte A und C. Benenne die Punkte so, dass das Dreieck ABC im mathematisch positiven Sinn bezeichnet wird.

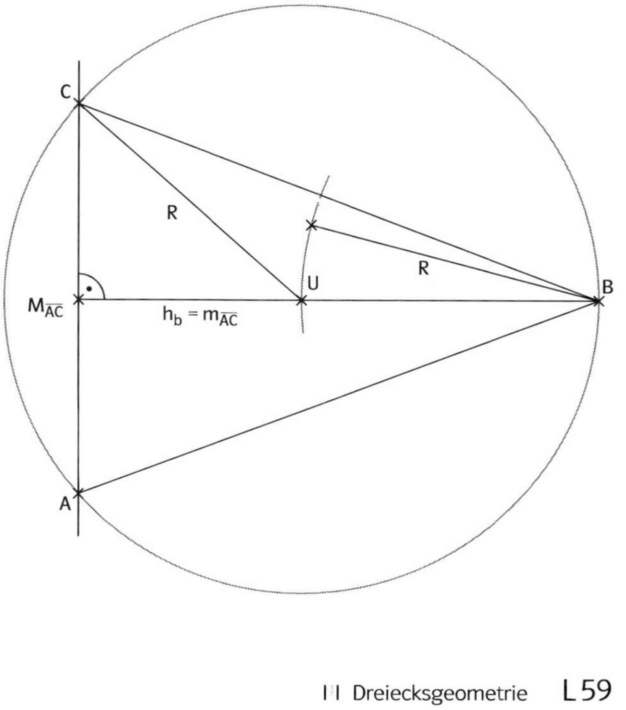

10 Man konstruiert zunächst ein Dreieck ABC ($c = 7\,cm$, $b = 4\,cm$ und $\alpha = 90°$). Die Mittelsenkrechte $m_{\overline{BC}}$ von $\overline{BC}$ schneidet die Verlängerung von $\overline{AC}$ in P. Der Punkt P hat von C und B den gleichen Abstand (das Schilfrohr bleibt gleich lang). Daher ist P ein Punkt auf dem Boden des Sees. Die Strecke $\overline{AP}$ ist ca. 4,1 cm lang, der See ist an der Stelle also etwa 41 cm tief.
(Maßstab 1:10; 1 cm ≙ 10 cm)

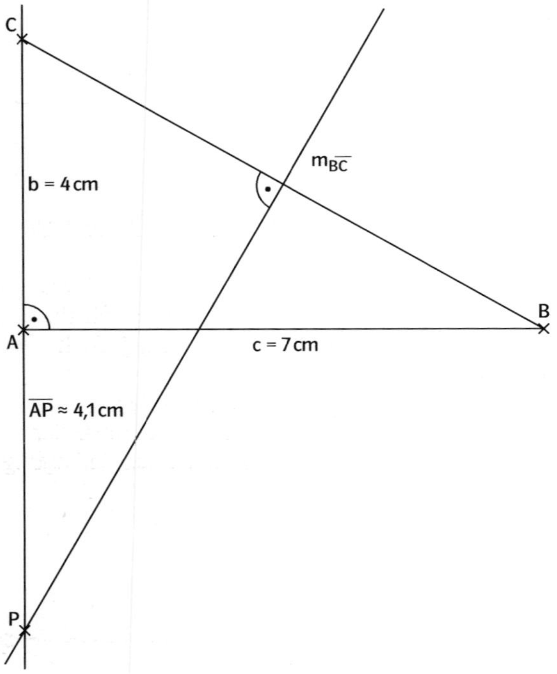

11 a) – c) Das rechtwinklige Dreieck ABD ergibt sich aus $h_a = 4\,cm$ und jeweils $c = 6{,}5\,cm$, $c = 5\,cm$ und $c = 4\,cm$. Dann liegen die Punkte C auf der Geraden $\overline{BD}$ und auf dem Kreis um den Seitenmittelpunkt $M_{\overline{AB}}$ von c mit dem Radius $s_c = 2{,}5\,cm$.

a)

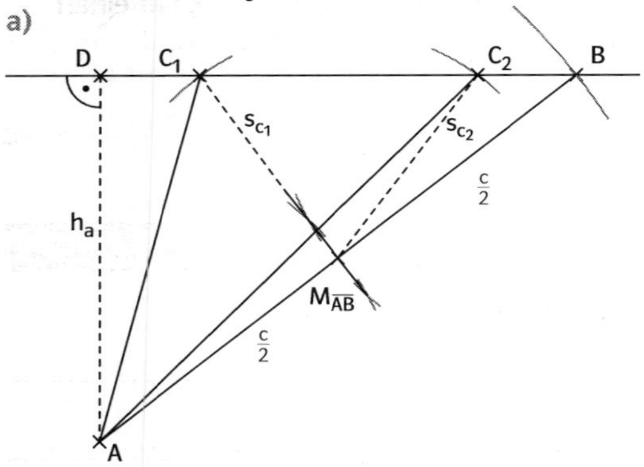

b)

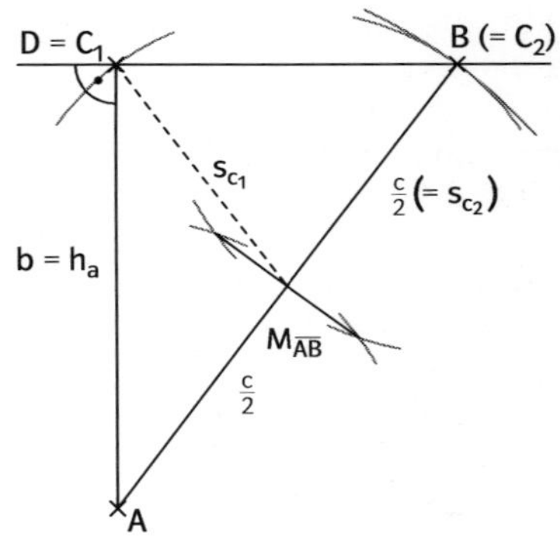

c)

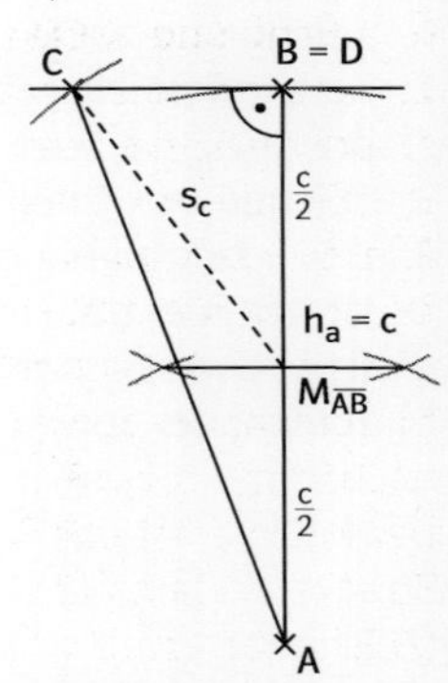

d) Für a) und b) gibt es das rechtwinklige Dreieck ABD wegen $h_a < c$. Bei a) gibt es wegen $s_c < \frac{c}{2}$ zwei Lösungen.
Bei b) fallen die Punkte B und C_2 wegen $s_c = \frac{c}{2}$ zusammen, sodass ABC_2 zu einer Strecke entartet. Es gibt bei b) also nur eine Lösung.
Für c) fallen h_a und c wegen $h_a = c$ zusammen und CB wird zur senkrechten Geraden zu $\overline{AB}$ durch B. Es gibt nur eine Lösung, da der zweite Schnittpunkt des Kreises um $M_{\overline{AB}}$ mit dem Radius s_c ein zu ABC kongruentes Dreieck ergibt, das aber nicht dem mathematisch positiven Drehsinn entspricht.

12

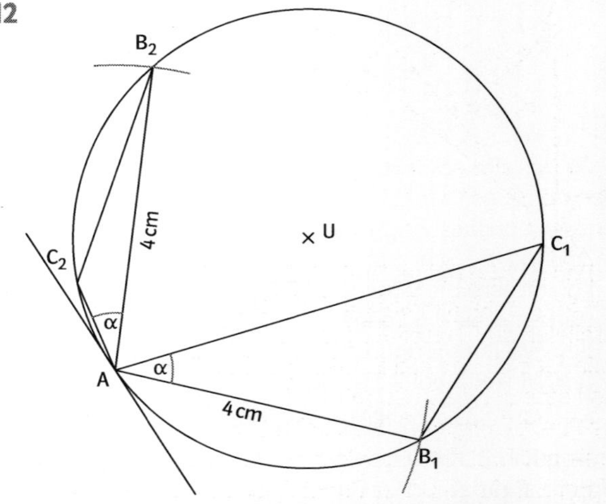

a) Konstruktion: Die Sehne c wird in den Umkreis U gezeichnet; hieran wird α angetragen.
b) Für $\alpha < 42°$ (d.h., α ist kleiner als der Winkel zwischen $\overline{AB_2}$ und der Tangente in A) gibt es zwei Lösungen, für $42° \leqq \alpha < 138°$ gibt es eine Lösung, für $\alpha \geqq 138°$ gibt es keine Lösung.

13 a) Nein, die Lösung ist nicht eindeutig. Der Kreis um B mit dem Radius a schneidet die Parallele zu $\overline{AB}$ im Abstand h_c zweimal, da $a > h_c$. Ein Dreieck ist bei B spitzwinklig, eines stumpfwinklig.
b) Die Lösung ist deswegen nicht eindeutig, weil h_c kleiner ist als a. Vergrößert man h_c und behält a und c bei, sieht man, dass bei $h_c = a$ die beiden Lösungen „zusammenfallen", das Dreieck ist bei B rechtwinklig. Wenn h_c länger als a ist, gibt es keine Lösung.

14 a) Das rechtwinklige Dreieck ADC ergibt sich aus $h_a = 5\,cm$ und $\sphericalangle CDA = 90° - \gamma = 40°$. Auf dem Schnittpunkt der Parallelen zu $\overline{CD}$ und $\overline{AC}$ jeweils im Abstand $r = 1{,}5\,cm$ befindet sich der Inkreismittelpunkt I. Der Schnittpunkt des Lotes von I auf $\overline{AC}$ mit $\overline{AC}$ ist der Punkt Q.
Der Punkt R ergibt sich als Schnittpunkt des Inkreises (Kreis mit Mittelpunkt I durch Q) und des Kreises mit Mittelpunkt A durch Q. (Die Dreiecke AIQ und ARI sind nach dem Kongruenzsatz wsw zueinander kongruent.)
Der Punkt B ist der Schnittpunkt der Verlängerungen der Strecken $\overline{AR}$ und $\overline{CD}$.
(Zeichnet man die Parallele zu $\overline{AC}$ „auf der anderen Seite von $\overline{AC}$", so ergibt sich ein zweites Dreieck, das zum ersten Dreieck nicht kongruent ist. Da der Umlaufsinn dieses Dreiecks aber nicht im mathematisch positiven Sinn ist, wird es nicht betrachtet.)

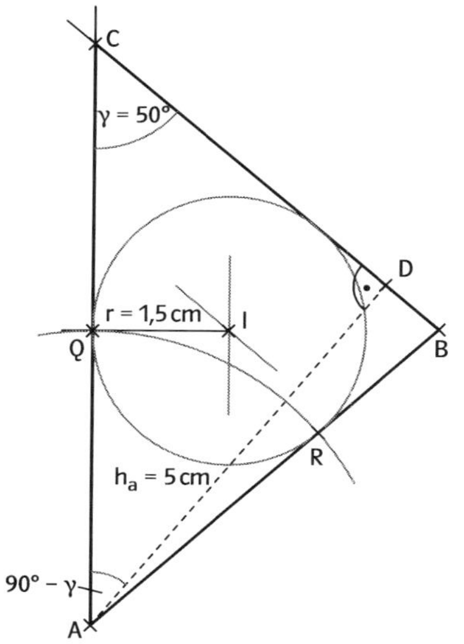

b) Das rechtwinklige Dreieck BCD ergibt sich aus $h_c = 5\,cm$ und $a = 5{,}5\,cm$. Auf dem Schnittpunkt der Parallelen zu $\overline{BD}$ und $\overline{BC}$ jeweils im Abstand $r = 1{,}2\,cm$ befindet sich der Inkreismittelpunkt I. Der Schnittpunkt des Lotes von I auf $\overline{BC}$ mit $\overline{BC}$ ist der Punkt E.
Der Punkt F ergibt sich als Schnittpunkt des Inkreises (Kreis mit Mittelpunkt I durch E) und des Kreises mit Mittelpunkt C durch E. Der Punkt A ist der Schnittpunkt der Verlängerungen der Strecken $\overline{BD}$ und $\overline{CF}$.
(Zeichnet man die Parallele zu $\overline{BC}$ „auf der anderen Seite von $\overline{BC}$", so ergibt sich ein zweites Dreieck, das zum ersten Dreieck nicht kongruent ist. Da der Umlaufsinn dieses Dreiecks aber nicht im mathematisch positiven Sinn ist, wird es nicht betrachtet.)

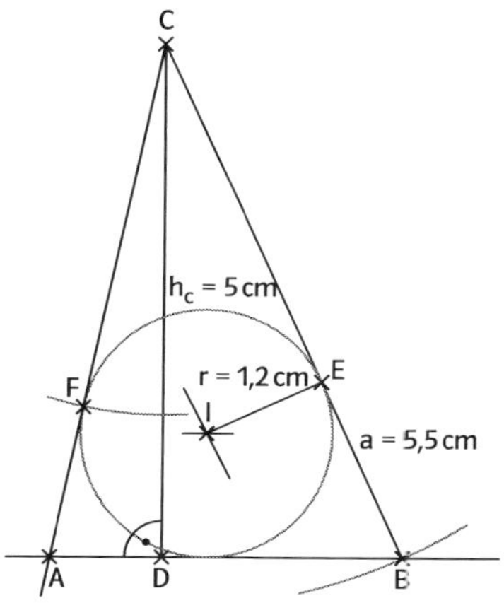

15 a) Aus diesen drei Strecken lässt sich kein Dreieck konstruieren.
A und B sind durch $\overline{AB} = c = 6\,cm$ gegeben. Der Kreis mit Mittelpunkt A und Radius $b = 3\,cm$ schneidet den Kreis mit Mittelpunkt B und Radius $a = 2\,cm$ jedoch nicht, da $a + b < c$ ist.
b) Bedingung für jede der Strecken a, b und c:
Die Länge der Strecke muss kleiner als die Summe der Längen der zwei anderen Strecken sein. Diese Bedingung nennt man auch Dreiecksungleichung.

7 Beweisen

Seite 102

Einstiegsaufgabe
Die Folgerung in der Redensart „... dann ändert sich das Wetter oder es bleibt, wie es ist" ist eine Aussage, die immer wahr (allgemeingültig) ist, und damit vollkommen unabhängig von der Voraussetzung, also davon, ob der Hahn kräht oder nicht.
Deshalb kann diese Redensart dazu dienen, auf einen vollkommen klaren Sachverhalt hinzuweisen.

Seite 103

1

	Voraussetzung	Behauptung
a)	Bei einer Verschiebung wird die Gerade g auf die Gerade h abgebildet.	$g \parallel h$
b)	P wird an g gespiegelt (P liegt nicht auf g)	$\overline{PP'} \perp g$
c)	Wenn ein Dreieck gleichschenklig ist,	dann sind seine Basiswinkel gleich groß.
d)	Wenn ein Parallelogramm gleich lange Diagonalen hat,	dann ist das Parallelogramm ein Rechteck.

2

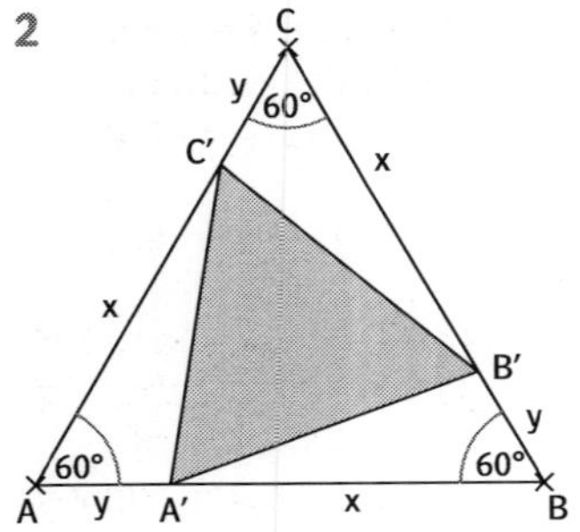

Mit den Bezeichnungen aus obiger Figur gilt:
Die Dreiecke A'BB', B'CC' und C'AA' sind nach dem Kongruenzsatz sws zueinander kongruent.
Damit sind auch die Strecken $\overline{A'B'}$, $\overline{B'C'}$ und $\overline{C'A'}$ gleich lang und das Dreieck A'B'C' somit gleichseitig.

3 a) Wenn ein Dreieck gleichschenklig ist, dann sind die Basiswinkel gleich groß. Wenn die Basiswinkel gleich groß sind, dann ist das Dreieck gleichschenklig.
b) Wenn man das Quadrat einer geraden Zahl bildet, dann ist diese Quadratzahl auch gerade. Wenn eine Quadratzahl gerade ist, dann ist die Ausgangszahl auch gerade.
c) Wenn an zueinander parallelen Geraden Stufenwinkel existieren, dann sind diese gleich groß. Wenn an Geraden zwei gleich große Stufenwinkel existieren, dann sind die Geraden parallel.
d) Wenn ein Viereck ein Quadrat ist, dann hat es gleich lange Seiten. Wenn ein Viereck gleich lange Seiten hat, dann ist es ein Quadrat. (Diese Umkehrung ist keine wahre Aussage.)

4 a) Innenwinkelsumme im Dreieck: 180°
180° – (Winkelgröße 1 + Winkelgröße 2)
= 180° – 90° = 90° = Winkelgröße 3
b) Ein Rechteck hat paarweise gleich lange, gegenüberliegende Seiten. Sind daher drei Seiten gleich lang, ist es die vierte auch und es ist ein Quadrat.

Seite 104

5 Es wird gezeigt, dass die Strecke $\overline{AA'}$ parallel ist zu $\overline{BB'}$. Die Begründung für das Streckenpaar $\overline{AA''}$ und $\overline{BB''}$ verläuft genauso.

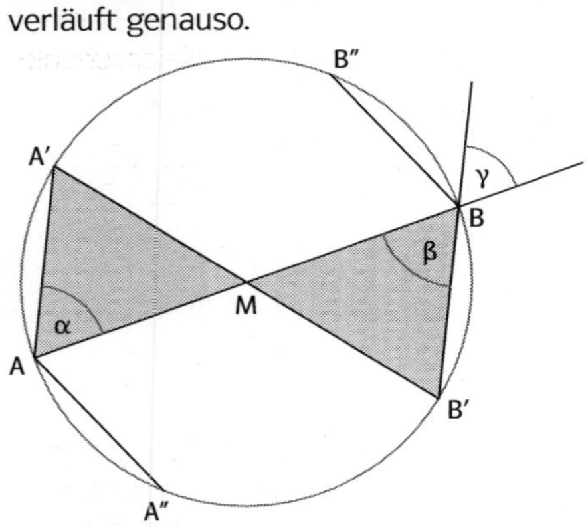

Die Dreiecke MB'B und MA'A sind nach dem Kongruenzsatz sss zueinander kongruent. Also sind die Winkel α und β gleich groß. Der Winkel γ ist als Scheitelwinkel dann ebenfalls gleich groß. Mit dem Umkehrsatz des Stufenwinkelsatzes folgt dann, dass $\overline{AA'} \parallel \overline{BB'}$ ist.

6 a) Vermutung: Es ist ein Parallelogramm.
b) Zeichnet man in einem solchen Viereck eine Diagonale ein, so sind die beiden Teildreiecke nach dem Kongruenzsatz sss zueinander kongruent. Also sind gegenüberliegende Winkel gleich groß.
c) Im Viereck gilt $\alpha + \beta + \gamma + \delta = 360°$. Da nach Teilaufgabe b) $\alpha = \gamma$ und $\beta = \delta$ ist, gilt $2\alpha + 2\beta = 360°$ bzw. $\alpha + \beta = 180°$. Für den Nebenwinkel β' von β gilt dann $\beta' = \alpha$. Die Stufenwinkel α und β' sind also gleich groß. Mit der Umkehrung des Stufenwinkelsatzes weiß man nun, dass die Geraden AD und BC zueinander parallel sind. Die Argumentation für das andere Geradenpaar läuft analog.

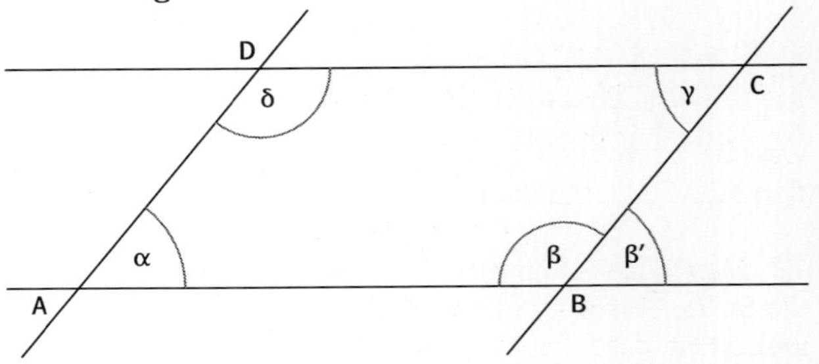

7 a) individuelle Lösung, zum Beispiel:
$\alpha = 60°$; $\beta = 30°$; $\gamma = 90°$; rechtwinkliges Dreieck
b) individuelle Lösung, zum Beispiel:

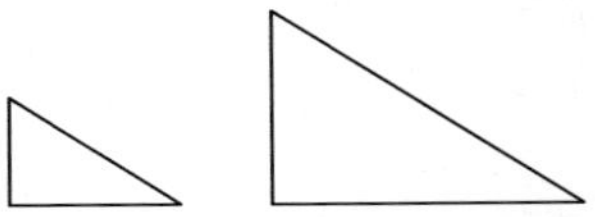

Die beiden Dreiecke stimmen in allen drei Winkeln überein, sind aber dennoch nicht zueinander kongruent.

8

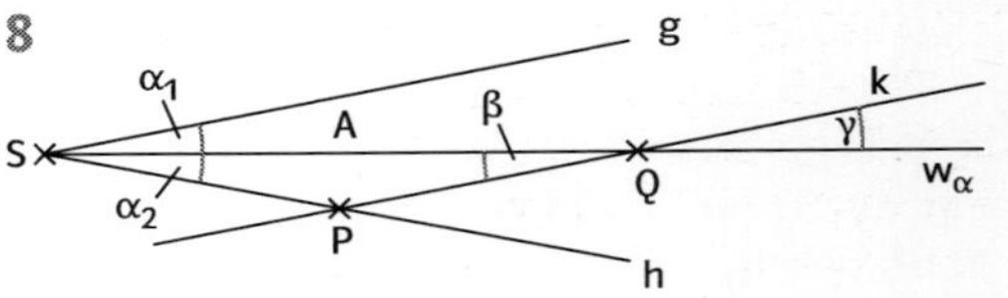

Voraussetzung:
P ist der Schnittpunkt der Parallelen k zu g mit h. Q ist der Schnittpunkt von k mit der Winkelhalbierenden w_α.
Behauptung:
Das Dreieck PQS ist gleichschenklig.
Beweis:
$\alpha_1 = \alpha_2 = \frac{\alpha}{2}$
$\gamma = \alpha_1$ (Stufenwinkel an parallelen Geraden)
$\beta = \gamma = \alpha_1 = \alpha_2$ (β und γ sind Scheitelwinkel)
Nach der Umkehrung des Basiswinkelsatzes ist das Dreieck PQS also gleichschenklig, denn $\overline{PQ} = \overline{PS}$.

10 Die Dreiecke ABF und ABE stimmen in der Strecke $\overline{AB}$, in der Strecke $\overline{AE}$ bzw. $\overline{BF}$ sowie im rechten Winkel bei E bzw. F (Satz des Thales) überein. Also sind sie nach dem Kongruenzsatz Ssw zueinander kongruent.
Die Dreiecke EBC und AFC sind nach dem Kongruenzsatz wsw zueinander kongruent, weil sie im rechten Winkel bei E bzw. F, im Winkel an der Spitze bei C sowie in der Strecke $\overline{EB}$ bzw. $\overline{AF}$ übereinstimmen.
Also gilt $\overline{CE} = \overline{CF}$ und damit wegen der Voraussetzung $\overline{AE} = \overline{BF}$ auch $\overline{AC} = \overline{BC}$.

11 a) Der Schnitt läuft jeweils durch den Schnittpunkt der Diagonalen.
b) Die Teilflächen sind zueinander kongruent.
c)

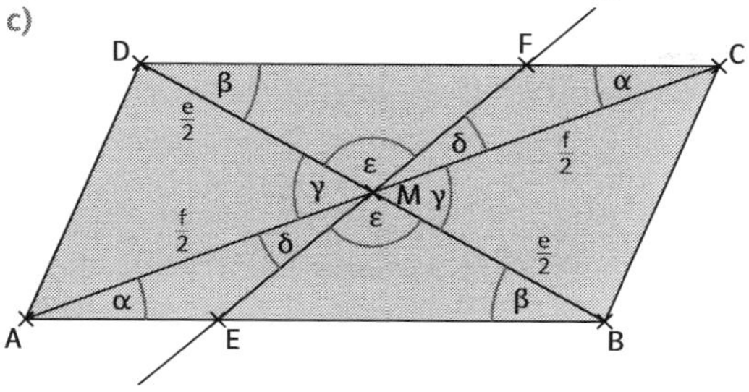

In einem Parallelogramm halbiert der Diagonalenschnittpunkt M die Diagonalen. In obiger Figur sind deshalb die Dreieckspaare EBM und DMF, BCM und AMD bzw. MCF und AEM jeweils nach dem Kongruenzsatz wsw bzw. sws zueinander kongruent. Damit sind die beiden Teilflächen zueinander kongruent.

12 Man zeichnet ein beliebiges Dreieck ABC, sodass die Seite $\overline{AB} = c$ länger als die Seite $\overline{BC} = a$ ist. Zu beweisen ist, dass der Winkel γ größer als der Winkel α ist (kurz: $\gamma > \alpha$).

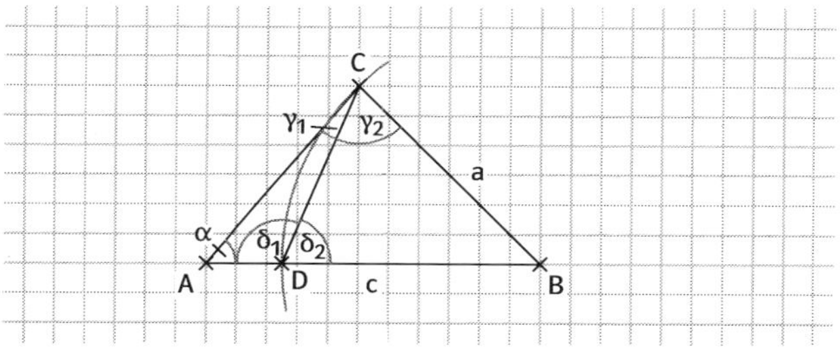

Der Kreis mit Mittelpunkt B und Radius a schneidet $\overline{AB}$ in D. Das Dreieck DBC ist gleichschenklig, daher gilt: $\gamma_2 = \delta_2$.
Aus $\alpha + \gamma_1 = 180° - \delta_1$ und $\delta_2 = 180° - \delta_1$ folgt:
$\delta_2 = \alpha + \gamma_1$. Somit gilt auch:

$\gamma_2 = \alpha + \gamma_1 \quad |+\gamma_1$
$\Leftrightarrow \quad \gamma_1 + \gamma_2 = \alpha + \gamma_1 + \gamma_1$
$\Leftrightarrow \quad \gamma = \alpha + 2 \cdot \gamma_1$

Somit ist: $\gamma > \alpha$.

Seite 105

13 Da $\overline{AE} = \overline{EC}$ und $\overline{AB} = \overline{BD}$, sind $\overline{BC}$ und $\overline{DE}$ Seitenhalbierende im Dreieck ADC, also teilt $\overline{DE}$ die Strecke $\overline{BC}$ im Verhältnis 2:1.

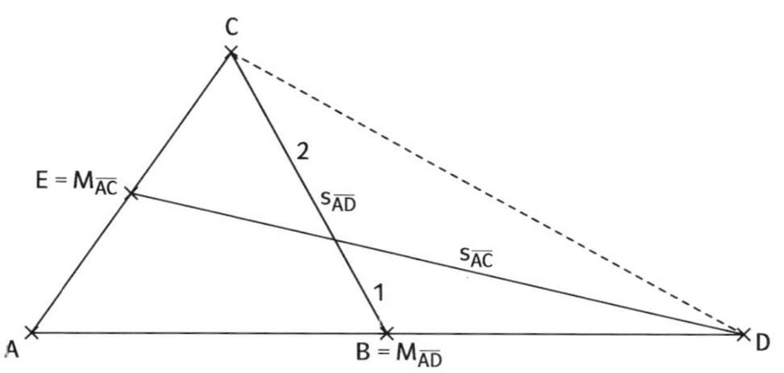

14 In einem gleichseitigen Dreieck gelten $a = b = c$ und $\alpha = \beta = \gamma$. Die Höhe h_a teilt das Dreieck ABC in zwei zueinander kongruente Dreiecke AMC und ABM (Kongruenzsatz wsw: $\gamma = \beta$, $\alpha_2 = 180° - 90° - \gamma = 180° - 90° - \beta = \alpha_1$ und $b = c$).
Also gilt auch $\overline{BM} = \overline{CM}$ und damit ist $h_a = m_a$.
Wegen $\alpha_1 = \alpha_2$ gilt auch $m_a = w_\alpha$. Damit sind die Mittelsenkrechten in einem gleichseitigen Dreieck gleichzeitig auch die Winkelhalbierenden und schneiden sich alle in einem Punkt, der sowohl Um- als auch Inkreismittelpunkt des Dreiecks ABC ist.

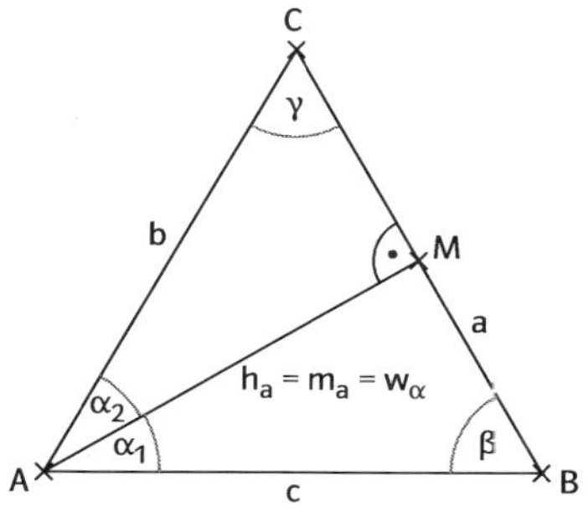

15

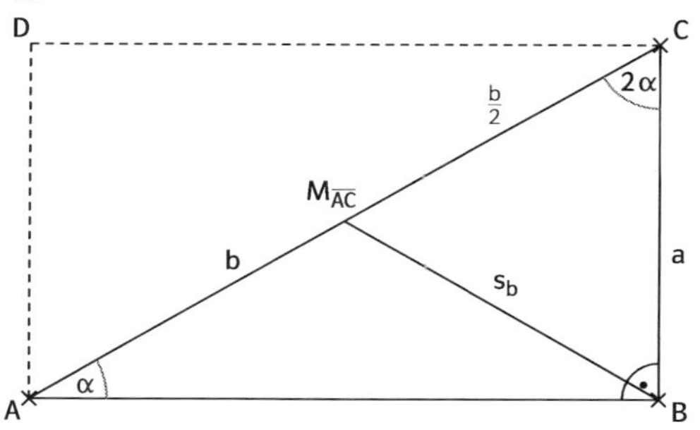

Voraussetzung:
$\beta = 90°$ und $\gamma = 2\alpha$
Behauptung:
$b = 2a$
Beweis:
Ergänzt man das Dreieck wie oben angedeutet zum Rechteck ABCD, so sind $\overline{AM_{AC}}$, $\overline{BM_{AC}}$ und $\overline{CM_{AC}}$ jeweils halbe Diagonalen im Rechteck, also
$\overline{AM_{AC}} = \overline{BM_{AC}} = \overline{CM_{AC}}$.
Die Dreiecke ABM_{AC} und BCM_{AC} sind daher gleichschenklig und es gilt $\sphericalangle M_{AC}BA = \alpha$ und $\sphericalangle CBM_{AC} = 2\alpha$.
Es gilt $3\alpha = 90°$, also $\alpha = 30°$ (Winkelsumme im Dreieck ABC). Aufgrund der Winkelsumme im Dreieck BCM_{AC} gilt $\sphericalangle BM_{AC}C = 180° - 4\alpha = 180° - 120° = 60° = 2\alpha$.
Das Dreieck BCM_{AC} ist folglich gleichseitig, und es gilt
$a = \frac{b}{2}$ bzw. $b = 2a$.

16 Im Dreieck ABC sei $a < b$; M_{AB} sei der Mittelpunkt von $\overline{AB}$. Spiegelt man das Dreieck am Punkt M_{AB}, und ist C' der Bildpunkt von C bei dieser Spiegelung, so gilt $\sphericalangle CC'A = \gamma_2$ und $\overline{C'A} = a$. Im Dreieck AC'C liegt $\sphericalangle CC'A$ der größeren Seite gegenüber als γ_1. Somit gilt nach Aufgabe 15: $\gamma_1 < \gamma_2$.

17

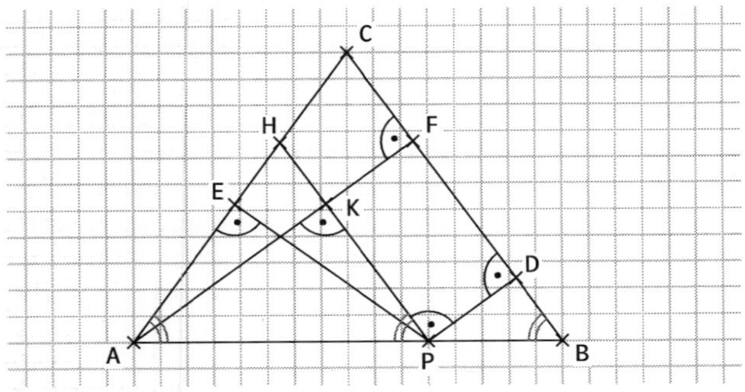

Von P aus wird die Parallele zur Seite $\overline{BC}$ konstruiert; diese schneidet $\overline{AC}$ in H (vgl. Zeichnung).
$\overline{PH}$ und $\overline{AF}$ schneiden sich in K.
$\overline{PH}$ schneidet als Parallele zu $\overline{BC}$ die Strecken $\overline{PD}$ und $\overline{AF}$ im rechten Winkel. Somit ist das Viereck PDFK ein Rechteck, also gilt:
$\overline{PD} = \overline{KF}$ (1).
Es genügt also nachzuweisen, dass $\overline{PE} = \overline{AK}$ gilt (dann ist $\overline{PD} + \overline{PE} = \overline{AK} + \overline{KF} = \overline{AF}$).
Die Dreiecke APK und APE sind zueinander kongruent, denn sie haben je einen rechten Winkel, die Seite $\overline{AP}$ gemeinsam und $\sphericalangle PAE = \sphericalangle KPA$.
Die Größengleichheit der Winkel erfolgt aus:
$\sphericalangle PAE = \sphericalangle CBA$ (da ABC gleichschenklig ist) und
$\sphericalangle KPA = \sphericalangle CBA$ (da $\overline{PH} \parallel \overline{BC}$).
Aus der Kongruenz der Dreiecke folgt: $\overline{PE} = \overline{AK}$ und somit $\overline{DP} + \overline{EP} = \overline{FA}$.

18

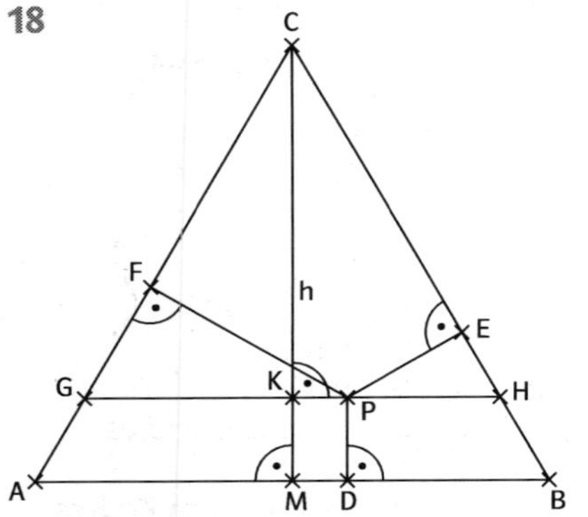

Der Beweis erfolgt unter Verwendung des Ergebnisses aus Aufgabe 16.
Von P aus wird die Parallele zur Seite $\overline{AB}$ konstruiert. Diese schneidet die zwei anderen Seiten in den Punkten G und H (vgl. Zeichnung). K sei der Schnittpunkt von $\overline{GH}$ und h. Da $\overline{GH} \parallel \overline{AB}$, ist das Dreieck CGH ebenfalls gleichseitig, daher kann für den Punkt P auf der Seite GH das Ergebnis aus Aufgabe 16 verwendet werden. Es gilt:
$\overline{EP} + \overline{FP} = \overline{KC}$ (alle Höhen im Dreieck GHC sind gleich lang).
Da $\overline{DP} \parallel \overline{MC}$ ist, ist $\overline{DP} = \overline{MK}$.
Insgesamt gilt also:
$\overline{DP} + \overline{EP} + \overline{FP} = \overline{MK} + \overline{KC} = h$.

19 a)

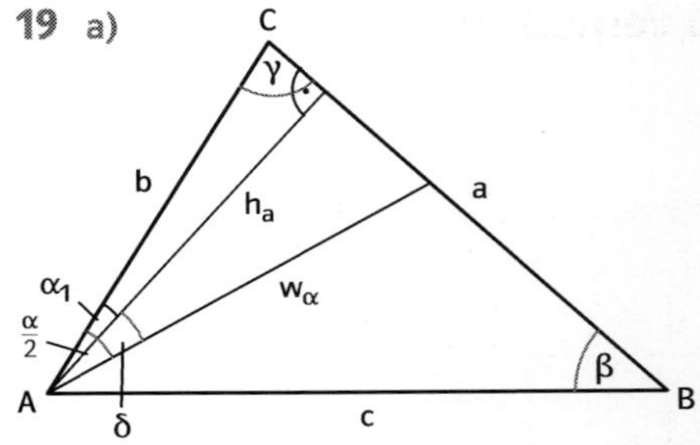

$\delta = \frac{\alpha}{2} - \alpha_1$; $\alpha = 180° - \gamma - \beta$; $\frac{\alpha}{2} = 90° - \frac{\gamma}{2} - \frac{\beta}{2}$;
$\alpha_1 = 90° - \gamma$; $\delta = 90° - \frac{\gamma}{2} - \frac{\beta}{2} - (90° - \gamma) = -\frac{\gamma}{2} - \frac{\beta}{2} + \gamma$,
$\delta = \frac{1}{2}(\gamma - \beta)$

b) Für $b = c$ ist $\delta = 0°$ und für $b > c$ ist $\delta = \frac{1}{2}(\beta - \gamma)$.
c) δ ist stets kleiner als 90°.

20 Es sei ABC ein Dreieck mit $a > b$. Sind γ_1 und γ_2 die Winkel, die s_c mit b bzw. mit a bildet, so gilt nach Aufgabe 18 $\gamma_1 > \gamma_2$.
Ist nun P der Schnittpunkt von w_γ mit $\overline{AB}$ und $M_{\overline{AB}}$ der Schnittpunkt von s_c mit $\overline{AB}$, dann gilt
$\sphericalangle BPC = \alpha + \frac{\gamma}{2}$ und $\sphericalangle CM_{\overline{AB}}A = \beta + \gamma_2$. Da $\gamma_2 < \frac{\gamma}{2}$ und $\beta < \alpha$ (vgl. Aufgabe 15), liegt also w_γ im Dreieck $CPM_{\overline{AB}}$ der kleinere Winkel gegenüber als s_c, und es gilt $w_\gamma < s_c$.
Begründung zu $\sphericalangle BPC = \alpha + \frac{\gamma}{2}$: An der zu $\overline{AC}$ parallelen Geraden g liegen bei P zwischen g und w_γ der Stufenwinkel von $\frac{\gamma}{2}$ und dessen Scheitelwinkel und zwischen g und $\overline{AB}$ der Stufenwinkel von α und dessen Scheitelwinkel.
Begründung zu $\sphericalangle CM_{\overline{AB}}A = \beta + \gamma_2$: analog wie oben mit der zu $\overline{BC}$ parallelen Geraden h durch $M_{\overline{AB}}$.

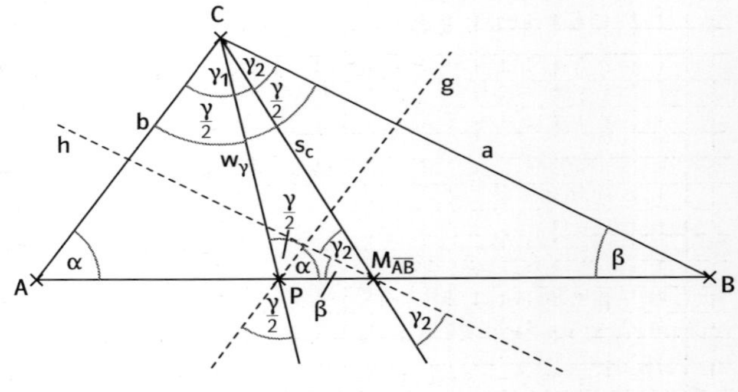

Vertiefen und Vernetzen

Seite 106

1 Abbildungen verkleinert dargestellt

a)

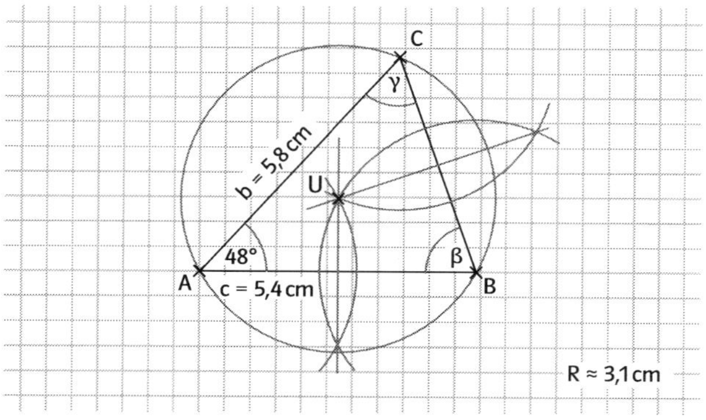

b)

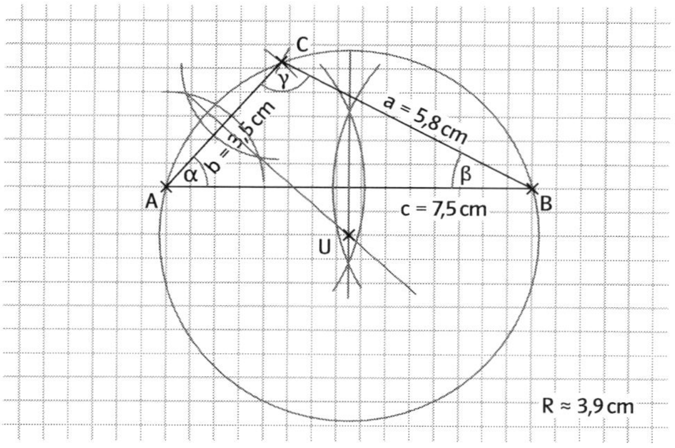

c)

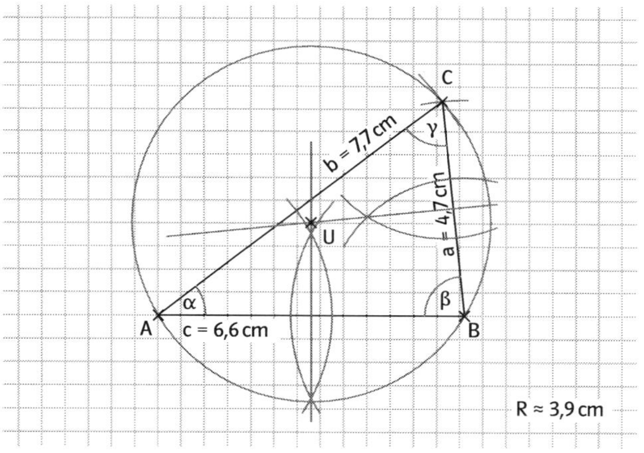

d)

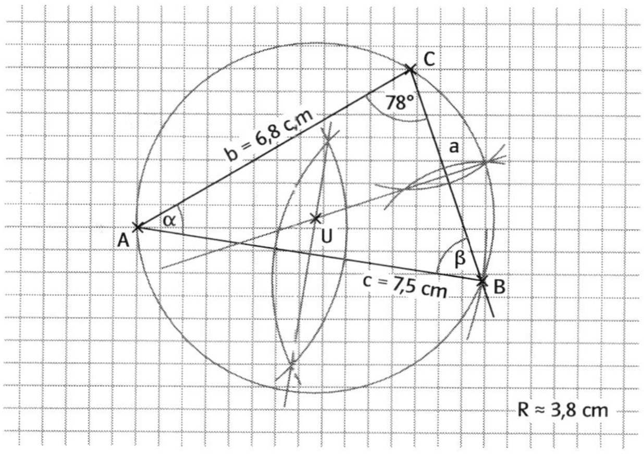

2 a) Konstruktionsbeschreibung:
1. Zeichne die Seite $c = \overline{AB} = 4{,}5\,cm$.
2. Zeichne den Kreis mit Mittelpunkt B und Radius $a = 4\,cm$.
3. Konstruiere eine Parallele zu c im Abstand $h_c = 3{,}5\,cm$.
4. Die Schnittpunkte der Parallelen und des Kreises sind die Punkte C_1 und C_2.

Es gibt zwei nicht zueinander kongruente Lösungsdreiecke.

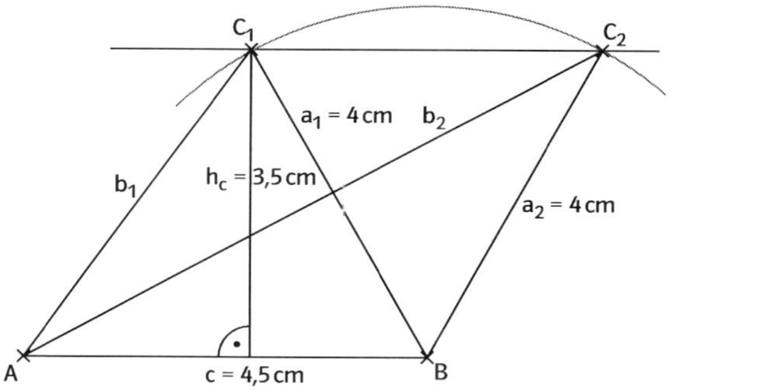

b) Konstruktionsbeschreibung:
1. Zeichne die Höhe $h_c = \overline{FC} = 4{,}2\,cm$.
2. Konstruiere in F eine Senkrechte zu h_c.
3. Zeichne den Kreis mit Mittelpunkt C und Radius $b = 4{,}4\,cm$.
4. Die Schnittpunkte der Senkrechten und des Kreises sind die Punkte A_1 und A_2.
5. Trage an b_1 bzw. b_2 in C den Winkel $\gamma = 40°$ an.
6. Die Schnittpunkte des freien Schenkels von γ und der Senkrechten sind die Punkte B_1 und B_2.

Es gibt zwei nicht zueinander kongruente Lösungsdreiecke.

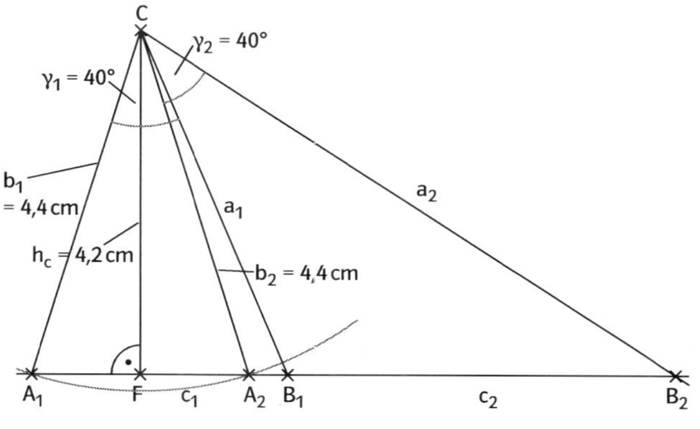

c) Konstruktionsbeschreibung:
1. Konstruiere zwei Parallelen im Abstand h_c = 3 cm.
2. Lege den Punkt B auf einer der beiden Parallelen fest und trage an diese Parallele in B den Winkel β = 28° an.
3. Der freie Schenkel von β schneidet die andere Parallele im Punkt C.
4. Zeichne den Kreis mit Mittelpunkt C und Radius b = 3,8 cm.
5. Die Schnittpunkte des Kreises mit der Parallelen, auf der B liegt, sind die Punkte A_1 und A_2.

Es gibt zwei nicht zueinander kongruente Lösungsdreiecke.

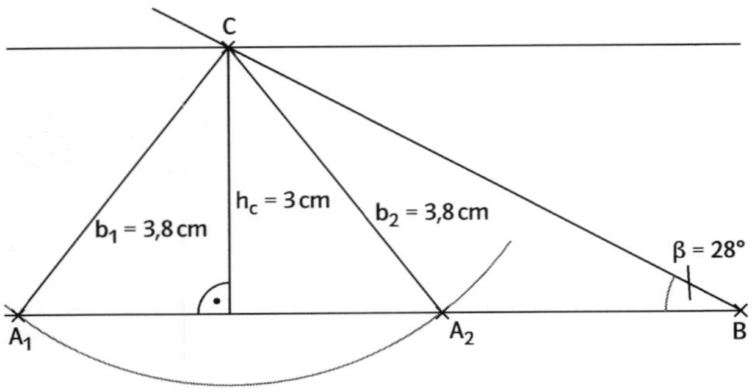

d) Erstelle zunächst eine Planfigur.
Der Winkel γ beträgt 180° − α − β = 100°.
E sei der Schnittpunkt von $\overline{BC}$ und dem Kreis um B mit Radius r = a − b = 3 cm. D sei der Schnittpunkt einer zu $\overline{AC}$ parallelen Geraden durch E. Das Dreieck DBE stimmt in allen drei Winkeln mit dem Dreieck ABC überein (Stufenwinkel an parallelen Geraden).
Das Dreieck AEC ist gleichschenklig, also sind die Basiswinkel gleich groß (jeweils (180° − 100°) : 2 = 40°).
Der Winkel ε ergibt zusammen mit seinen zwei benachbarten Winkeln einen gestreckten Winkel, also gilt
ε = 180° − 100° − 40° = 40°.
Konstruktionsbeschreibung:
1. Konstruiere das Dreieck DBE (eindeutig nach dem Kongruenzsatz wsw).
2. Verlängere die Strecke $\overline{BD}$ über D hinaus.
3. Trage an $\overline{DE}$ in E den Winkel ε = 40° im Uhrzeigersinn an.
4. Der Schnittpunkt des freien Schenkels von ε mit der Geraden aus 2. ist der Punkt A.
5. Trage an $\overline{AE}$ in A einen 40°-Winkel gegen den Uhrzeigersinn an.
6. Der Schnittpunkt des freien Schenkels des Winkels mit der Verlängerung von $\overline{BE}$ ist der Punkt C.

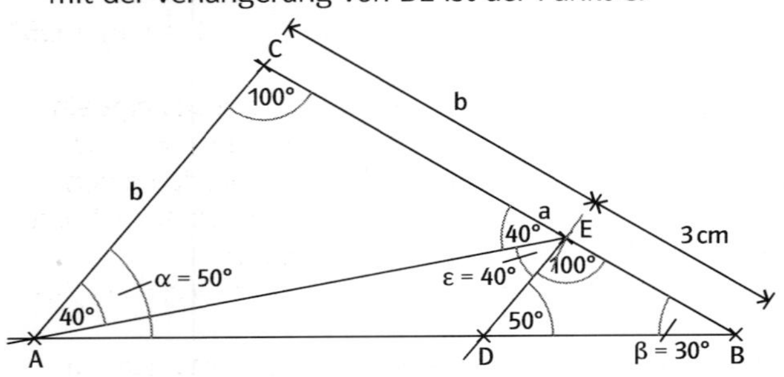

3 a) Es gibt eine Lösung:
Maßstab 1 : 2 (1 cm ≙ 2 cm)

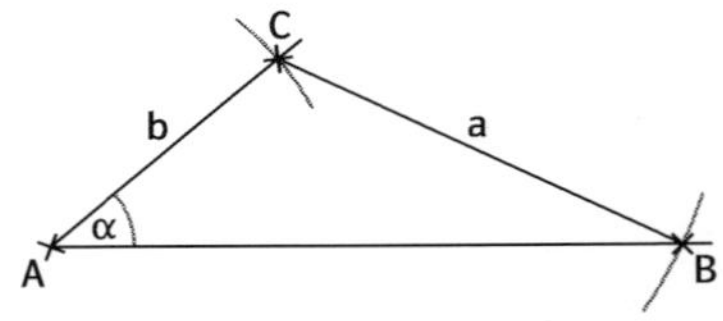

c ≈ 8,5 cm, β ≈ 25°, γ ≈ 115°

b) Es gibt zwei Lösungen:
Maßstab 1 : 2 (1 cm ≙ 2 cm)

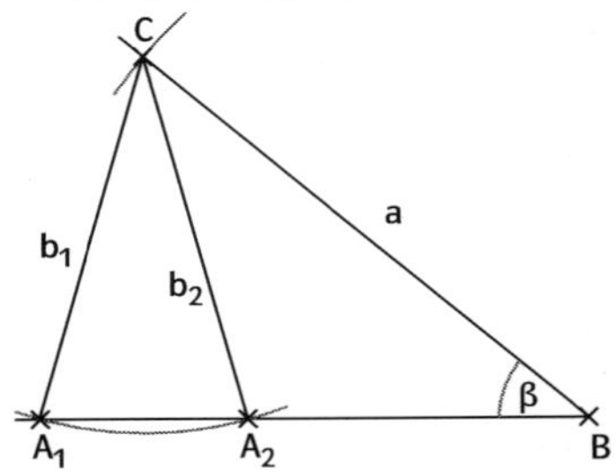

c_1 ≈ 5,7 cm, α_1 ≈ 74,6°, γ_1 ≈ 65,4°
c_2 ≈ 3,5 cm, α_2 ≈ 105,4°, γ_2 ≈ 34,6°

c) Es gibt zwei Lösungen:

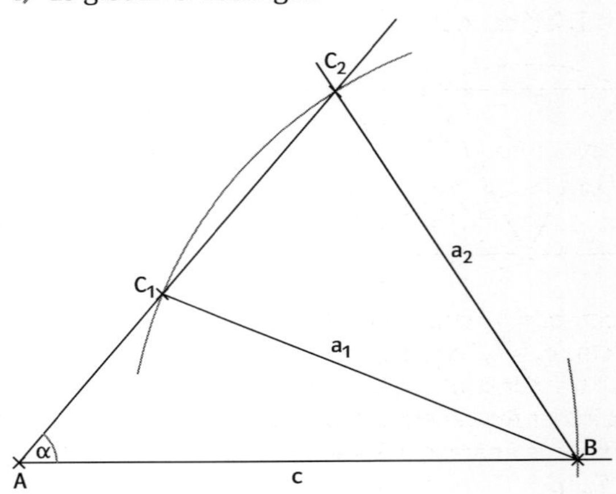

b_1 ≈ 2,7 cm, β_1 ≈ 22,5°, γ_1 ≈ 107,5°
b_2 ≈ 5,8 cm, β_2 ≈ 57,5°, γ_2 ≈ 72,5°

d) Die Größe des Winkels α wird zur Konstruktion benötigt. Sie ergibt sich aus der Winkelsumme im Dreieck zu $\alpha = 180° - (\beta + \gamma) = 65°$.
Es gibt eine Lösung:

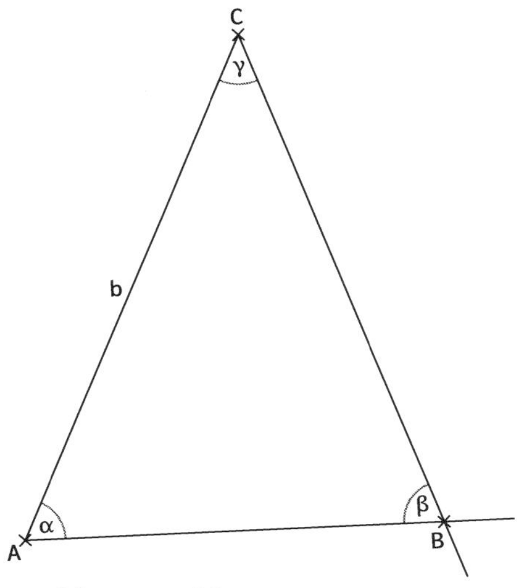

$a \approx 6{,}3\,\text{cm}$, $c \approx 4{,}9\,\text{cm}$

e) Es gibt zwei Lösungen:
Maßstab 1:2 (1 cm ≙ 2 cm)

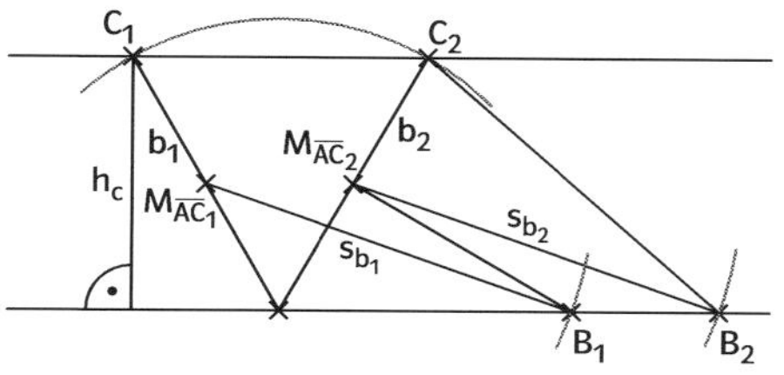

$a_1 \approx 7{,}9\,\text{cm}$, $c_1 \approx 4{,}5\,\text{cm}$, $\alpha_1 \approx 119{,}6°$, $\beta_1 \approx 30{,}5°$, $\gamma_1 \approx 29{,}9°$,
$a_2 \approx 6{,}0\,\text{cm}$, $c_2 \approx 6{,}8\,\text{cm}$, $\alpha_2 \approx 60{,}4°$, $\beta_2 \approx 41{,}5°$, $\gamma_2 \approx 78{,}1°$

Hinweise zur Konstruktion (eine Konstruktionsbeschreibung ist in der Aufgabenstellung nicht explizit gefordert):

1. Zeichne zwei parallele Geraden im Abstand von $h_c = 4\,\text{cm}$.
2. Lege auf einer der beiden Geraden den Punkt A fest.
3. Zeichne den Kreis mit Mittelpunkt A und Radius $b = 4{,}6\,\text{cm}$.
4. Die Schnittpunkte des Kreises mit der Parallelen, auf der A nicht liegt, sind die Punkte C_1 und C_2.
5. Konstruiere die Seitenmittelpunkte $M_{\overline{AC_1}}$ bzw. $M_{\overline{AC_2}}$ von $\overline{AC_1}$ und $\overline{AC_2}$ und zeichne um sie jeweils den Kreis mit Radius $s_b = 6\,\text{cm}$.
6. Die Schnittpunkte dieser Kreise mit der Parallelen, auf der A liegt, sind die Punkte B_1 und B_2.

f) Es gibt zwei Lösungen:
Maßstab 1:2 (1 cm ≙ 2 cm)

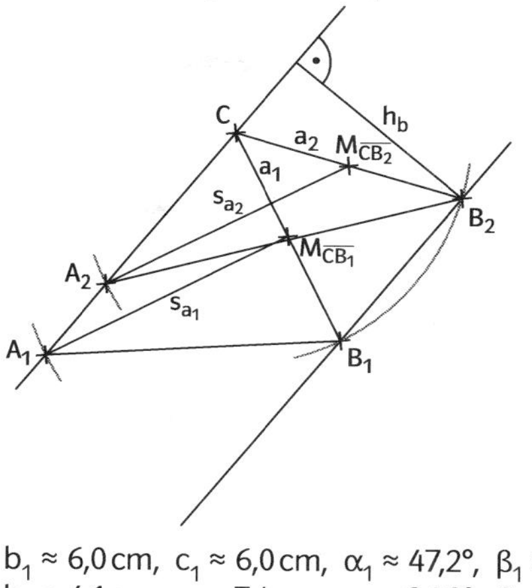

$b_1 \approx 6{,}0\,\text{cm}$, $c_1 \approx 6{,}0\,\text{cm}$, $\alpha_1 \approx 47{,}2°$, $\beta_1 \approx 66{,}4°$, $\gamma_1 \approx 66{,}4°$,
$b_2 \approx 4{,}1\,\text{cm}$, $c_2 \approx 7{,}4\,\text{cm}$, $\alpha_2 \approx 36{,}3°$, $\beta_2 \approx 30{,}2°$, $\gamma_2 \approx 113{,}5°$

4

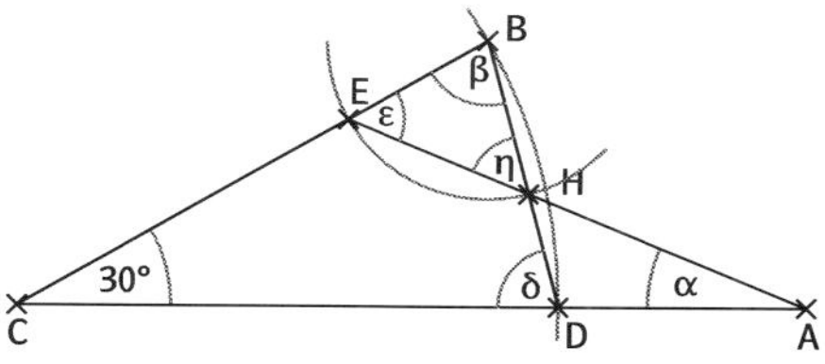

Es gilt $\varepsilon = \eta$, da das Dreieck EHB gleichschenklig ist und $\beta = \delta$, da das Dreieck CDB gleichschenklig ist.
Winkelsumme im Dreieck CDB: $30° + 2 \cdot \delta = 180°$, also $\delta = 75°$
Winkelsumme im Dreieck EHB: $75° + 2 \cdot \eta = 180°$, also $\eta = 52{,}5°$
Im Dreieck DAH ist der Winkel bei H ein Scheitelwinkel zu η (also 52,5° groß) und der Winkel bei D ein Nebenwinkel zu δ (also $180° - \delta = 105°$ groß), daher gilt:
$\delta = \alpha + \eta \Rightarrow \alpha = \delta - \eta \Rightarrow \alpha = 22{,}5°$.

5

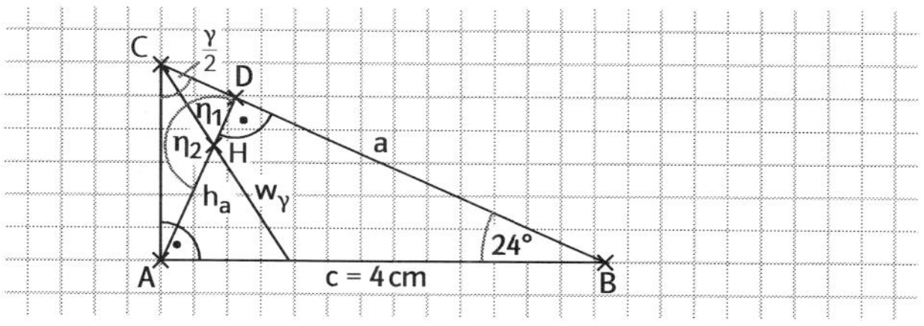

im Dreieck ABC: $\gamma = 90° - \beta \Rightarrow \gamma = 66° \Rightarrow \frac{1}{2}\gamma = 33°$

im Dreieck HDC: $\eta_1 = 90° - \frac{1}{2}\gamma = 57°$; damit ist: $\eta_2 = 123°$

6 a) Die Abbildung in Fig. 2 im Schülerbuch zeigt ein gleichschenkliges Dreieck ABC und einen Thaleskreis über der Strecke $\overline{AB}$. Die Gerade h verläuft durch den Punkt B und den Schnittpunkt des Thaleskreises mit der Strecke $\overline{AC}$, der nun mit T bezeichnet wird.
Mit dem Winkelsummensatz berechnet sich α im rechtwinkligen Dreieck ABT zu 62°.
Weil im gleichschenkligen Dreieck ABC der Winkel im Punkt B so groß ist wie α, muss β_1 die Größe 34° haben.
Außerdem gilt $\gamma = 56°$.

Der Winkel δ ist der Nebenwinkel zum Winkel der Größe 146°. Deshalb gilt $\delta = 34°$.
b) β_1 und γ ergänzen sich im rechtwinkligen Dreieck BCT zu 90°: $\beta_1 + \gamma = 34° + 56° = 90°$.
c) β_1 und δ sind gleich groß, daher sind die Geraden g und h parallel (Umkehrung des Stufenwinkelsatzes).

7 a) Die Spitze der Tanne bewegt sich auf einem Kreis um die „Knickstelle" mit dem Radius 36 m − 8 m = 28 m. Aus einer maßstabsgetreuen Zeichnung liest man ab, dass die Spitze dann ca. 27 Meter vom Stamm entfernt den Boden trifft.
b) Mit 5 m Sicherheitsabstand muss Förster Heinrich eine kreisförmige Absperrung mit ca. 32 m Radius anbringen.
Maßstab 1:1000 (1 cm ≙ 10 m)

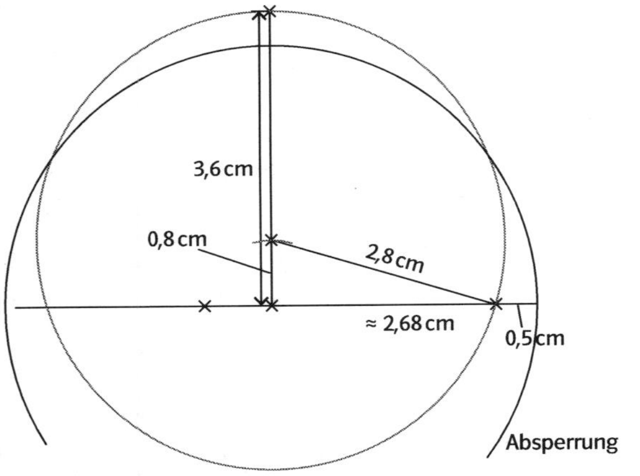

8 a) Die Dreiecke AB'A', BC'B', CD'C' und DA'D' sind nach dem Kongruenzsatz sws zueinander kongruent.
Was folgt aus der Kongruenz dieser Figuren?
- Die Strecken $\overline{A'B'}$, $\overline{B'C'}$, $\overline{C'D'}$ und $\overline{D'A'}$ sind gleich lang, weil in zueinander kongruenten Dreiecken einander entsprechende Seiten gleich lang sind.
- Der gestreckte Winkel an den Punkten A', B', C' bzw. D' setzt sich jeweils zusammen aus den beiden spitzen Winkeln der Dreiecke (lila und blau in der Figur im Schülerbuch) und dem unbekannten Innenwinkel des Vierecks (orange). Nach dem Winkelsummensatz ist der orangefarbene Winkel dann 90° groß.

Damit ist das Viereck A'B'C'D' ein Quadrat.
b)

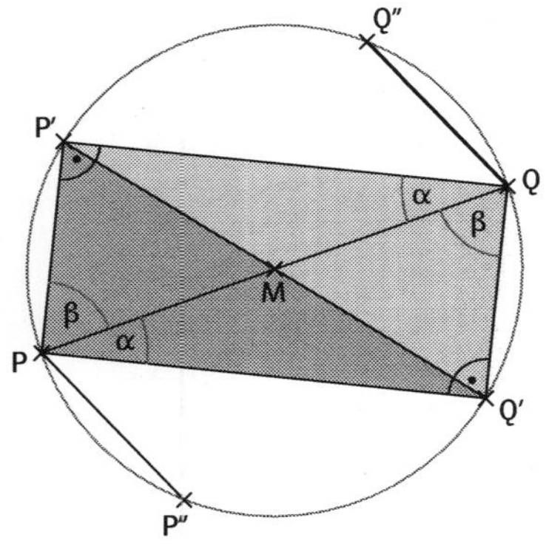

Die Dreiecke PQP' und PQ'Q sind nach dem Satz des Thales rechtwinklig und damit nach dem Kongruenzsatz Ssw zueinander kongruent. Mit der Winkelsumme im Dreieck gilt $\alpha + \beta = 90°$. Damit sind alle vier Winkel im Viereck PQ'QP' 90° groß. Das Viereck ist ein Rechteck und in einem Rechteck sind gegenüberliegende Seiten zueinander parallel.

Seite 107

9 a) Das Dreieck ABC soll bei C rechtwinklig sein.
Voraussetzung: $\gamma = 90°$ und $\overline{AC} = \overline{BC}$
Behauptung: $\alpha = \beta = 45°$
b) Beweis: $\alpha = \beta$ (Basiswinkel im gleichschenkligen Dreieck)
$\alpha + \beta + \gamma = 2\alpha + \gamma = 2\alpha + 90° = 180°$, also $\alpha = \beta = 45°$
(Winkelsumme im Dreieck ABC)

10 Aus $a < 2R$, $b < 2R$ und $c < 2R$ folgt für den Umfang U des Dreiecks $U = a + b + c < 6R$, also $R > \frac{1}{6}U$.

11 a) $\overline{CF}$ ist Mittelsenkrechte der Seite $\overline{B'A'}$, da
(1) $\overline{CF}$ wegen $\overline{A'B'} \parallel \overline{AB}$ orthogonal zu $\overline{B'A'}$ verläuft und
(2) C die Mitte von $\overline{A'B'}$ ist bzw. $\overline{B'C} = \overline{CA'}$ gilt.
Begründung zu (2):
Da $\overline{AB} \parallel \overline{A'B'}$ und $\overline{AC} \parallel \overline{C'A'}$ gilt, ist das Viereck ABA'C ein Parallelogramm, also $\overline{AB} = \overline{CA'}$ (I). Weiter folgt aus $\overline{AB} \parallel \overline{A'B'}$ und $\overline{BC} \parallel \overline{B'C'}$, dass ABCB' ein Parallelogramm ist, also $\overline{AB} = \overline{B'C}$ (II).
Aus (I) und (II) folgt: $\overline{B'C} = \overline{CA'}$.
Analog zeigt man, dass die anderen Höhen Mittelsenkrechten im Dreieck A'B'C' sind.
b) Zu einem Dreieck ABC kann man immer wie in a) ein Dreieck A'B'C' konstruieren, sodass die Höhenlinien des Dreiecks ABC die Mittelsenkrechten des Dreiecks A'B'C' sind. Auf Seite 52 im Schülerbuch wurde gezeigt, dass sich die Mittelsenkrechten in einem Dreieck in einem Punkt schneiden, dem Umkreismittelpunkt. Somit schneiden sich auch die drei Höhenlinien in einem Dreieck in einem Punkt.
c) AC'BC ist ein Parallelogramm (vgl. a)), also ist $\overline{AC} = \overline{BC'}$ und $\overline{AC'} = \overline{BC}$.
Mit $\overline{AB}$ als gemeinsamer Seite sind die beiden Dreiecke nach dem Kongruenzsatz sss zueinander kongruent.

12 a) zu 7: S ist ein Punkt auf der Mittelsenkrechten von $\overline{AB}$.
zu 8: Das Dreieck BAS ist gleichschenklig.
zu 9: S ist ein Punkt auf der Mittelsenkrechten von $\overline{CD}$.
zu 10: Kongruenzsatz sss
zu 11: Da die Dreiecke DAS und CBS zueinander kongruent sind, sind einander entsprechende Winkel gleich groß.
zu 12: rechnerische Ausführung
b) Der Fehler steckt in der Zeichnung im Schülerbuch, welche eine Tatsache suggeriert, die in der Wirklichkeit nicht möglich ist.
Der Schnittpunkt der Geraden h und g existiert zwar, da die Geraden nicht zueinander parallel sind, befindet sich aber keinesfalls an der eingezeichneten Stelle, sondern sehr, sehr weit außerhalb des Arbeitsblattes.

Deshalb befindet sich die Strecke $\overline{SC}$ außerhalb des Dreiecks ABS (also links von $\overline{BS}$) und nicht – wie eingezeichnet – innerhalb. Daher beinhaltet der Dreieckswinkel CBS den 95°-Winkel als Teilwinkel nicht!
Verdeutlichen kann man sich die Situation, indem man mithilfe einer Zeichnung den Sachverhalt „überspitzt" darstellt. Links kann man hierzu zum Beispiel einen Winkel von 110° statt 95° wählen. (Für einen Winkel der Größe 95° lässt sich die Zeichnung hier nicht sinnvoll abbilden.)

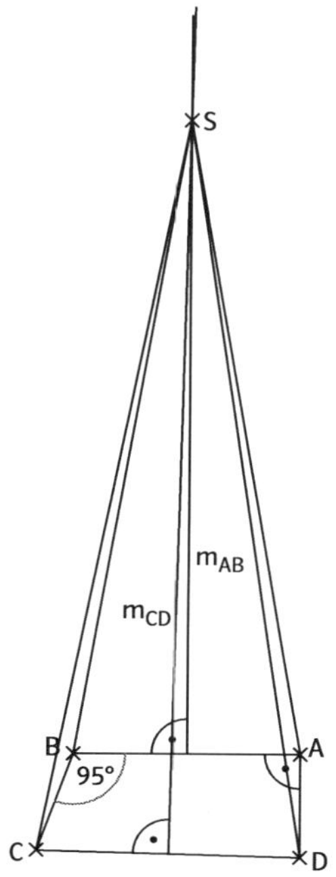

(Abbildung nicht maßstabsgetreu)

13

1. ∢ BAC = ∢ CBA = 80° (Basiswinkelsatz und Winkelsumme im Dreieck ABC)
2. ∢ EBF = 20°, da ∢ CBA = 80° (Basiswinkel)
3. ∢ AEB = 50° (Winkelsumme im Dreieck ABE)
4. Das Dreieck ABE ist gleichschenklig (Umkehrung des Basiswinkelsatzes).
5. ∢ AFB = 60° (Winkelsumme im Dreieck ABF)
6. Das Dreieck ABF ist gleichseitig.
7. $\overline{BF} = \overline{AB}$ (das Dreieck ABF ist gleichseitig) und $\overline{AB} = \overline{BE}$ (das Dreieck ABE ist gleichschenklig), also $\overline{BF} = \overline{BE}$ (das Dreieck BEF ist gleichschenklig).
8. ∢ BFE = ∢ FEB = (180° − 20°) : 2 = 80° (Basiswinkelsatz und Winkelsumme im gleichschenkligen Dreieck BEF)
9. ∢ FEA = 80° − 50° = 30°
10. ∢ AGB = 180° − 80° − 60° = 40° (Winkelsumme im Dreieck ABG)
11. ∢ GEF = 180° − ∢ FEB = 180° − 80° = 100° (gestreckter Winkel zusammen mit ∢ FEB)
12. ∢ EFG = 40° (Winkelsumme im Dreieck EGF)
13. Das Dreieck EGF ist gleichschenklig (Umkehrung des Basiswinkelsatzes).
14. ∢ GFD = 180° − ∢ BFE − ∢ EFG = 180° − 80° − 40° = 60° (gestreckter Winkel zusammen mit ∢ BFE und ∢ EFG)
15. Die Dreiecke AFD und BGF sind zueinander kongruent (Kongruenzsatz wsw: ∢ FAD = ∢ GBF = 20°, $\overline{AF} = \overline{BF}$ und ∢ BFG = ∢ DFA = 120°). Daher gilt $\overline{AD} = \overline{BG}$ und damit ist das Dreieck CDG auch gleichschenklig.
16. ∢ GDC = ∢ CGD = (180° − 20°) : 2 = 80° (Basiswinkelsatz und Winkelsumme im Dreieck CDG)
17. ∢ DGF = 180° − ∢ CGD − ∢ FGE = 180° − 80° − 40° = 60° (gestreckter Winkel zusammen mit ∢ CGD und ∢ FGE)
Aufgrund der Kongruenz der Dreiecke AFD und BGF gilt ∢ ADF = 40° und man erhält ∢ FDG = ∢ DGF = 60°. Also ist das Dreieck FGD gleichseitig.
18. Die Dreiecke FED und GDE sind zueinander kongruent (Kongruenzsatz sss: gemeinsame Seite $\overline{ED}$, $\overline{EF} = \overline{EG}$ und $\overline{FD} = \overline{GD}$). Daher gilt ∢ EDG = ∢ FDE = δ.
19. Aus ∢ EDG + δ = 2δ = 60° folgt δ = 30°.

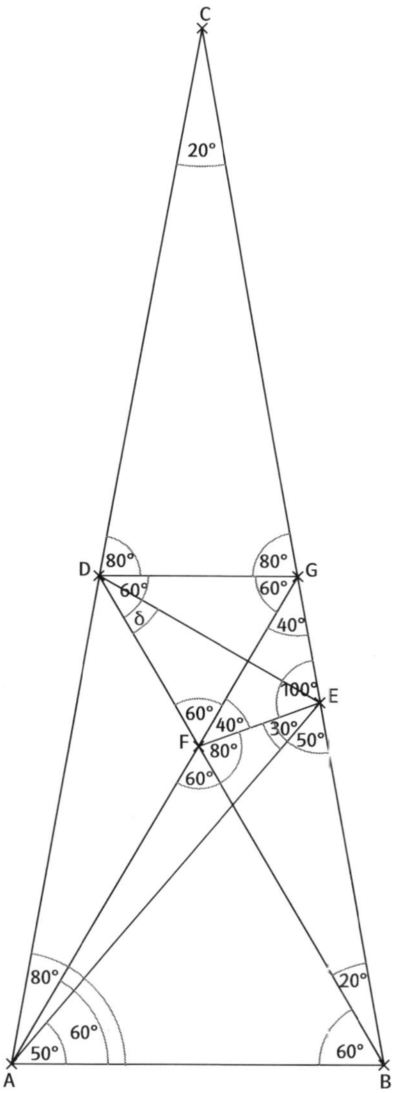

Exkursion: Besondere Punkte und Linien mit einer DGS entdecken

Seite 109

1 Der Umkreismittelpunkt bewegt sich auf einer Geraden, der Mittelsenkrechten der Seite $\overline{AB}$.
Begründung: Da die Strecke $\overline{AB}$ bei der Bewegung des Punktes auf dem Kreis unverändert bleibt, bleibt auch die Mittelsenkrechte $m_{\overline{AB}}$ der Strecke $\overline{AB}$ fest.

Deshalb liegt der Schnittpunkt U der Mittelsenkrechten, der Umkreismittelpunkt, für alle Lagen von C stets auf der Geraden $m_{\overline{AB}}$.

2 Die Punkte U, H und S liegen stets auf einer Geraden, der Euler-Geraden, und zwar so, dass der Abstand zwischen H und S doppelt so groß ist wie der Abstand zwischen S und U (vgl. hierzu auch Aufgabe 5).
Der Inkreismittelpunkt I liegt nur in Spezialfällen auf der gleichen Geraden (bei gleichschenkligen Dreiecken).
In gleichseitigen Dreiecken fallen U, S und H auf einen Punkt zusammen, sodass man nicht mehr von einer Euler-Geraden spricht. (I fällt dann auch mit den anderen Punkten zusammen.)

3 a) Der Inkreis- und der Umkreismittelpunkt fallen bei gleichseitigen Dreiecken zusammen. Aufgrund der Dreieckssymmetrie sind hier die Mittelsenkrechten auch Winkelhalbierende.
b) Annahme: Die Strecke $\overline{AB}$ bleibt fest, C läuft auf dem Umkreis des Dreiecks.
Der Inkreismittelpunkt I bewegt sich auf einem Kreisbogen, dessen Mittelpunkt der Schnittpunkt der Mittelsenkrechten der Strecke $\overline{AB}$ mit dem Umkreis ist und der durch die Punkte A und B verläuft.

4 a) M bewegt sich auf der Mittelparallelen der Geraden g und h.
b) U bewegt sich auf der Mittelsenkrechten der Strecke $\overline{AB}$ (Begründung wie in Aufgabe 1).

5 Der Umkreismittelpunkt U, der Höhenschnittpunkt H und der Schwerpunkt S liegen alle auf einer Geraden, der Euler-Geraden (vgl. auch Aufgabe 2). Die Strecke $\overline{SH}$ ist doppelt so lang wie die Strecke $\overline{SU}$ ($\overline{SH} : \overline{SU} = 2:1$).
Es gilt $\overline{HU} = \overline{SH} + \overline{SU}$, damit ist $\overline{HU} = 3 \cdot \overline{SU}$ bzw.
$\overline{HU} = 1{,}5 \cdot \overline{SH}$.
$\overline{HU}$ ist die längste der drei Strecken, $\overline{SU}$ die kürzeste.

6 a) Der Fermat-Punkt F ist derjenige Punkt im Inneren des Dreiecks, von dem aus die Summe der Abstände zu den Eckpunkten des Dreiecks, also $\overline{FA} + \overline{FB} + \overline{FC}$ am kleinsten ist.
In einem Dreieck ABC mit Fermat-Punkt F gilt also:
$\overline{FA} + \overline{FB} + \overline{FC} < \overline{PA} + \overline{PB} + \overline{PC}$ für alle Punkte P im Inneren des Dreiecks.
Der Fermat-Punkt des Dreiecks ist auch der Punkt im Inneren des Dreiecks, von dem aus alle drei Seiten unter einem 120°-Winkel erscheinen. Es gilt also:
$\sphericalangle AFB = \sphericalangle BFC = \sphericalangle CFA = 120°$.
Bei der Überprüfung der Dreiecke ist zu beachten, dass keiner der drei Winkel der Dreiecke größer oder gleich 120° ist.
b) Die drei Umkreise schneiden sich in einem Punkt, dem Fermat-Punkt.

IV Rationale Zahlen

Lösungshinweise zu den Erkundungen

Seite 114

Spiel: Guthaben und Schulden

- Je ein Gutschein und ein Schuldschein gleichen einander aus. Am Ende des Spiels ermitteln die Spieler ihre Punkte folgendermaßen:
  - Wenn sie mehr Gutscheine als Schuldscheine besitzen, haben sie ein positives Ergebnis erzielt. Dann rechnen sie:
    Punkte = Anzahl der Gutscheine – Anzahl der Schuldscheine
  - Wenn sie mehr Schuldscheine als Gutscheine besitzen, haben sie ein negatives Ergebnis erzielt. Dann rechnen sie:
    Punkte = –(Anzahl der Schuldscheine – Anzahl der Gutscheine)

Der Spieler mit dem größten positiven Ergebnis gewinnt. Hat kein Spieler ein positives Ergebnis erzielt, gewinnt der Spieler mit dem kleinsten negativen Ergebnis.

- Das Spiel kann auch unentschieden ausgehen.
- Würfelt jemand ein Minus, bedeutet dies eigentlich, dass er Karten abgeben muss. Je nach Vorzeichen des Zahlenkärtchens muss er Gutscheine (+) oder Schuldscheine (–) abgeben. Hat der Spieler aber nicht mehr genug Gutscheine (bzw. Schuldscheine), kann er stattdessen auch die gleiche Anzahl von Schuldscheinen (bzw. Gutscheinen) aufnehmen. Dies ändert nichts an seinem Endergebnis.
- Man führt ein Spielprotokoll (Schülerbuch Seite 82, Fig. 2). Anhand des Kontostands in der letzten Spalte kann man am Ende den Sieger feststellen.
- Die gefundenen Rechenregeln können verglichen werden mit dem Merkkasten im Schülerbuch auf Seite 95.

Seite 115

Spiel: Hin und her
Spiel

1 Negative Zahlen

Seite 116

Einstiegsaufgabe
Auf dem Bild sieht man ein Mädchen mit Schnee. Der Schnee ist ein Hinweis dafür, dass die Temperatur im Bild unter dem Gefrierpunkt liegt, man also „Minusgrade" auf dem Thermometer ablesen kann.

Seite 117

1 a) Mo.: –7 °C   Di.: +13 °C
Mi.: –11 °C   Do.: 0 °C
Fr.: –13 °C

b) individuelle Lösung, zum Beispiel:
Mo.: 22:00 Uhr   Di.: 13:00 Uhr
Mi.: 24:00 Uhr   Do.: 17:00 Uhr
Fr.: 2:00 Uhr
Frank könnte beispielsweise im März in Kanada Urlaub gemacht haben.

2 a) –27; –12; –4; +7; +19
b) –360; –190; –60; 0; +70; +240
c) –2060; –2035; –2005; –1995; –1975
d) –750; –125; +250; +625

3 A: $-\frac{1}{6}$; B: $\frac{1}{2}$; C: $\frac{2}{3}$; D: $\frac{5}{6}$; E: $-\frac{1}{8}$; F: $\frac{1}{4}$; G: $\frac{3}{8}$; H: $-\frac{9}{5}$; I: $-\frac{6}{5}$; J: –1; K: $-\frac{4}{5}$

Seite 118

4 a) Maßstab 1:2

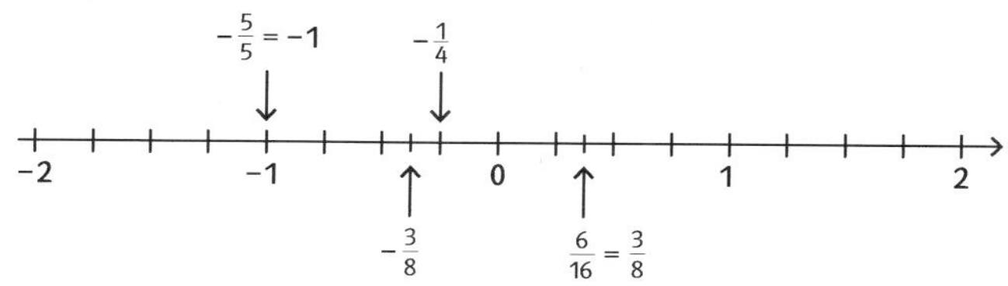

b)

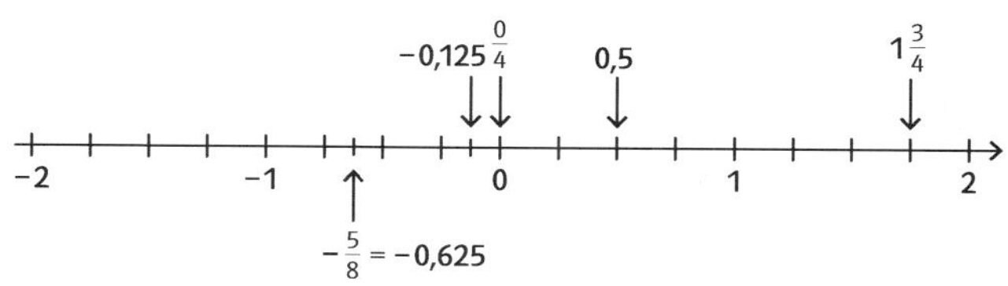

5 a)

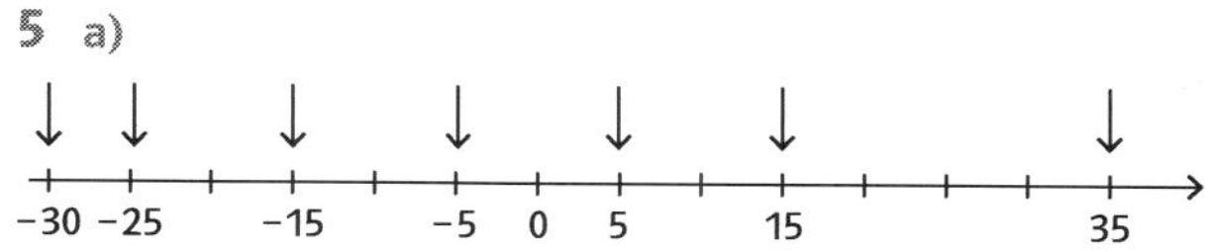

b)

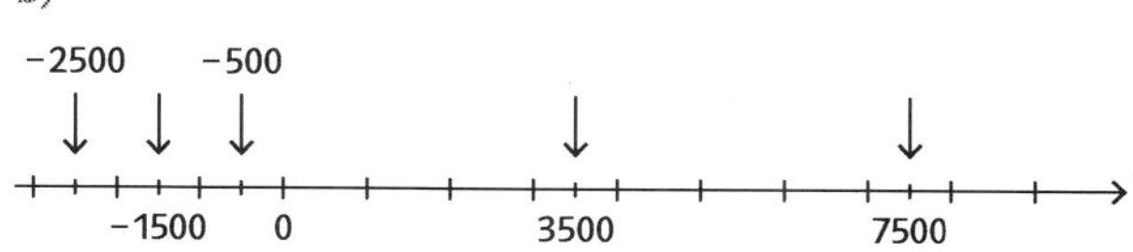

c)

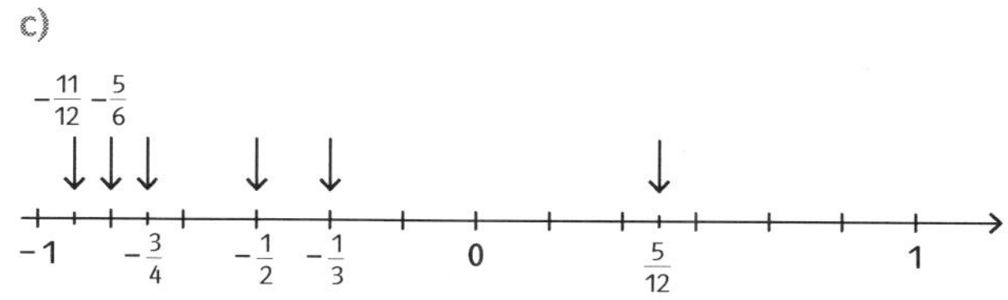

d)

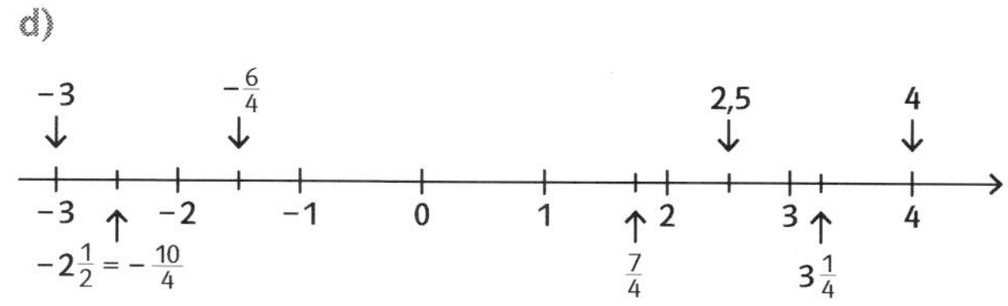

6 a) 6   b) –4   c) –2,5   d) $-\frac{3}{4}$

7 a) individuelle Lösung, zum Beispiel:
(I) −1 und 1; −375 und 375
(II) 2,9 und 5,1; −1,6785 und 9,6785
(III) −2,8 und −2,6; −5,4 und 0
(IV) $\frac{6}{8}$ und 1; $-\frac{1}{8}$ und $1\frac{7}{8}$
b) beliebig viele
c) Zwei Zahlen, in deren Mitte die Zahl 5 liegt, haben auf der Zahlengerade den gleichen Abstand von 5.

10 a) 1. Mount McKinley
2. Puerto-Rico-Graben
3. Aconcagua
4. Mont Blanc
5. Kilimandscharo
6. Mount Everest
7. Sundagraben
8. Marianengraben
b) Sie muss für die Tiefenangaben negative Zahlen verwenden und vor dem Einzeichnen runden.

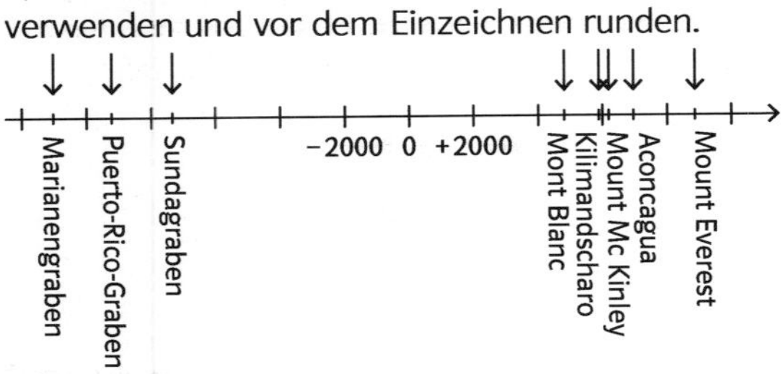

Seite 119

11 Den nicht benannten Punkten werden jeweils im Uhrzeigersinn die darauffolgenden Buchstaben zugeordnet; in Figur 1 nach dem Punkt D, in Figur 2 nach dem Punkt H.
Fig. 1: A(4|−9), B(4|−7), C(3|−8), D(0|−6), E(−3|0), F(0|3), G(3|0)
Fig. 2: H(−3|−4), I(−3|0), J(−4|−1), K(−4|2), L(−3|1), M(−3|3), N(0|5), O(3|3), P(3|1), Q(4|2), R(4|−1), S(3|0), T(3|−4), U(1|−5), V(−1|−5)

12 a)

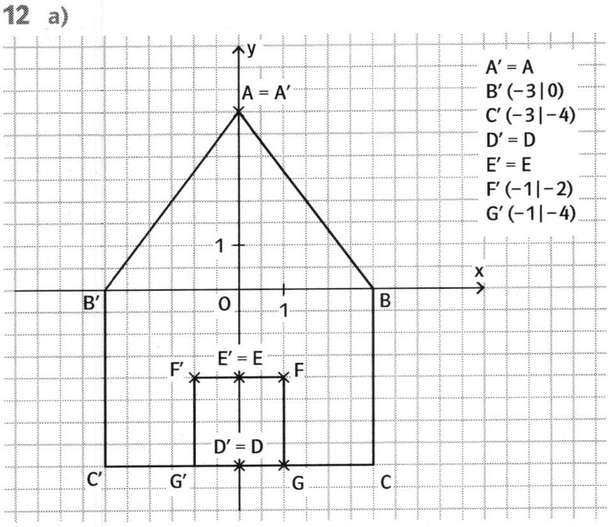

b) individuelle Lösung

13 a) G(−3|0), H(1|−4), I(5|0), K(0|5), L(−5|0), M(1|−6), N(7|0), O(0|7)

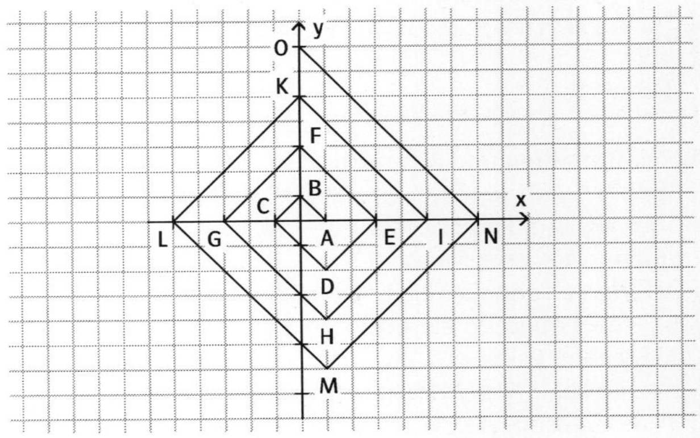

b) individuelle Lösung

14 a) P′(17|28)
b) P″(−17|−28)
c) P‴(−17|28)
d) P⁗(−17|−28)

15 a) Das Viereck ABCD ist ein Quadrat mit Seitenlänge 7 cm. Daher gilt für den Flächeninhalt:
A = 7 cm · 7 cm = 49 cm^2.

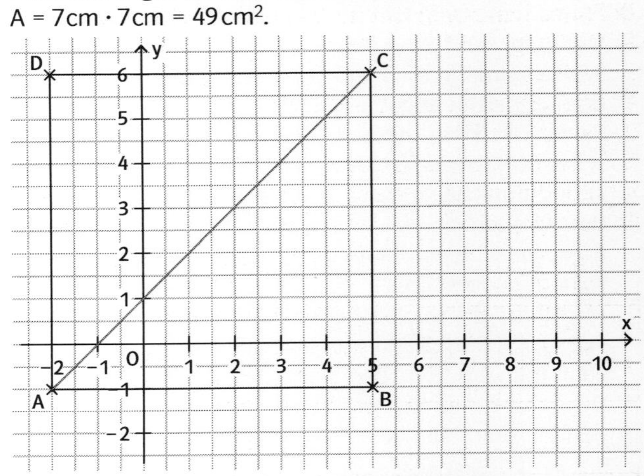

b) Da die Diagonalen im Quadrat Spiegelachsen sind, haben beiden Dreiecke den halben Flächeninhalt des Quadrats, also jeweils 24,5 cm^2.

2 Anordnung

Seite 120

Einstiegsaufgabe
Möchte Jan die gesamte Zeitdauer von ca. 42 000 Jahren auf einem Zeitstrahl darstellen, so muss er zunächst einen geeigneten Maßstab wählen, zum Beispiel 1 cm ≙ 4000 Jahre. Dann wäre der Zeitstrahl insgesamt 10,5 cm lang und würde gut auf eine DIN-A4-Seite passen. Allerdings müsste er alle Ereignisse bis auf die Existenz der Neandertaler auf weniger als 1 cm einzeichnen. Dies wäre sehr unübersichtlich.
Da die Existenz der Neandertaler zeitlich so weit vor den anderen Ereignissen lag, könnte Jan seine Zeitleiste wesentlich übersichtlicher gestalten, wenn er auf dieses Datum verzichten würde.

Seite 121

1 a) (1) Am Montag zeigte das Thermometer morgens −7 °C an, am Dienstag −13 °C. Am Dienstag war es kälter als am Montag.
(2) Am Ende des Monats stand auf meinem Kontoauszug: −21 €. Nun sind es 17 €. Mein derzeitiger Kontostand ist höher als am Monatsende.
(3) Auf der Karte liest man ab, dass der Ort A 13 m unter NN und der Ort B 27 m unter NN liegt.
B liegt also unterhalb von A.
(4) Peters Schnur ist 28 dm lang, Ottos Schnur ist 5 dm lang. Peters Schnur ist länger als Ottos Schnur.
(5) Ein altes Schriftstück stammt von 218 v. Chr., eine Vase von 118 v. Chr. Die Vase ist später entstanden als das Schriftstück.
(6) Ein Berg liegt 18 m über NN, ein See liegt 18 m unter NN. Der Berg liegt oberhalb des Sees.
b) individuelle Lösung

2 A: Thales von Milet, 625 v. Chr.
B: Pythagoras von Samos, 570 v. Chr.
C: Euklid, um 360 v. Chr.
D: Eratosthenes von Kyrene, 284 v. Chr.
E: Maria Agnesi, 1718 n. Chr.
F: Sophie Germain, 1776 n. Chr.
G: Carl Friedrich Gauß, 1777 n. Chr.
H: Richard Dedekind, 1831 n. Chr.
I: Emmy Noether, 1882 n. Chr.
J: Ruth Moufang, 1905 n. Chr.
1 cm ≙ 100 Jahre

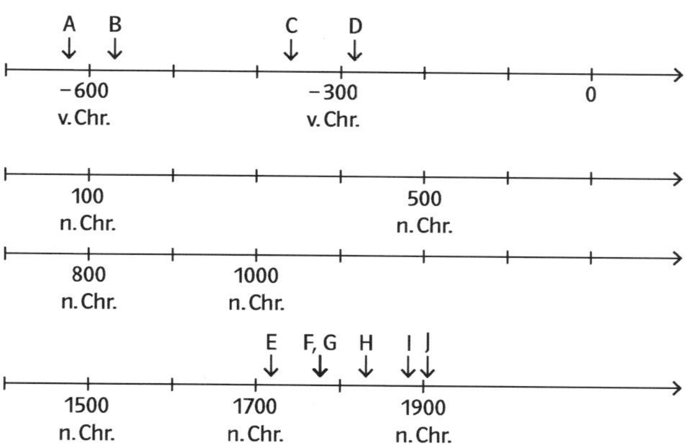

3 a) $13 > -13$ b) $-\frac{1}{2} < -\frac{1}{4}$ c) $-4\frac{2}{3} < -4\frac{1}{3}$

4 individuelle Lösung, zum Beispiel:
a) $-0{,}2; -1; -100{,}34; -\frac{1}{2}; -5555{,}55$
b) $-1; -0{,}9; -0{,}5; -\frac{3}{50}; -\frac{1}{1000}$
c) $-8; -4; -100; -99; -3{,}1$

5 a) △ 6; 7; 8; 9
b) △ 0; 1; 2; 3; 4; 5; 6; 7; 8; 9
c) □ <
d) □ <
e) △ 1; 2; 3; 4; 5; 6; 7; 8; 9
f) □ >
g) □ >
h) △ 0; 1; 2; 3; 4; 5; 6; 7; 8; 9
i) □ <

6 a) größter Betrag: 45; kleinster Betrag: 0
b) höchstens Betrag 10 haben: −10; −9; −8; …; 8; 9; 10
mindestens Betrag 10 haben: ±10; ±11; ±12; ±13; …
genau Betrag 10 haben: −10 und 10

7 individuelle Lösung, zum Beispiel:
a) 3,45 b) 0,55 c) −0,31
d) 0,23 e) 1,065 f) −0,0105

Seite 122

10 individuelle Lösung

11 individuelle Lösung

12 a) −3; −2; −1 b) $-\frac{3}{4}; -\frac{1}{2}; -\frac{1}{4}$
c) −0,5; 0; 0,5

13 Bei □ ist jede der angeführten Ziffern eine richtige Lösung.
a) □ 6; 7; 8; 9 b) keine Möglichkeit
c) □ 1; 2; 3; 4

3 Addieren und Subtrahieren einer positiven Zahl

Seite 123

Einstiegsaufgabe
Sowohl die Tageshöchsttemperaturen als auch die Tagestiefsttemperaturen steigen im Verlauf der Woche ständig an.
Die Tageshöchsttemperatur steigert sich von Samstag auf Sonntag um 4 °C auf −8 °C. Dort verweilt sie bis einschließlich Dienstag, um dann bis Mittwoch um weitere 4 °C auf −4 °C zu steigen. Bis Donnerstag gibt es nur einen geringen Anstieg um 1 °C auf −3 °C. Von Donnerstag auf Freitag steigt die Höchsttemperatur dann um weitere 7,5 °C auf 4,5 °C.
Insgesamt erhöht sich die Tageshöchsttemperatur in der Woche um 16,5 °C.
Im gleichen Zeitraum steigt die Tagestiefsttemperatur nur um 4 °C (bis Donnerstag).

Seite 124

1 a) −13 °C b) +15 c) −16 °C d) −139 m
e) 1007 m f) 7. OG g) −22 h) +10 €

2 a)

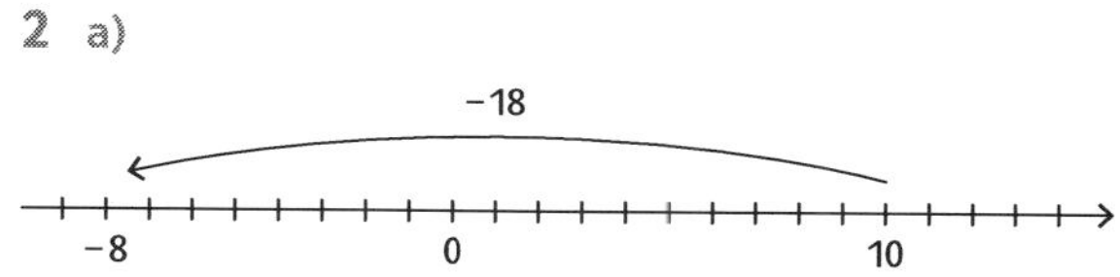

b)

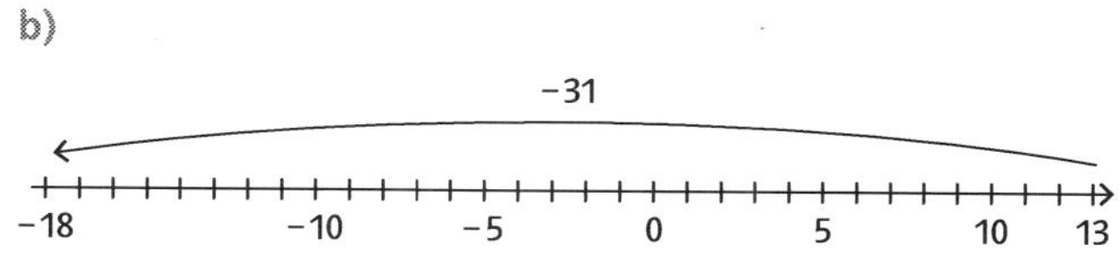

c)

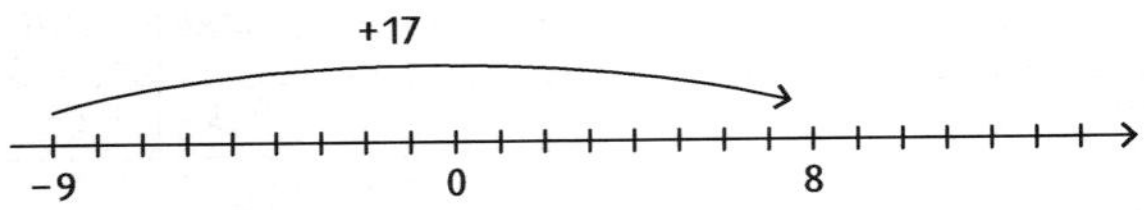

d)

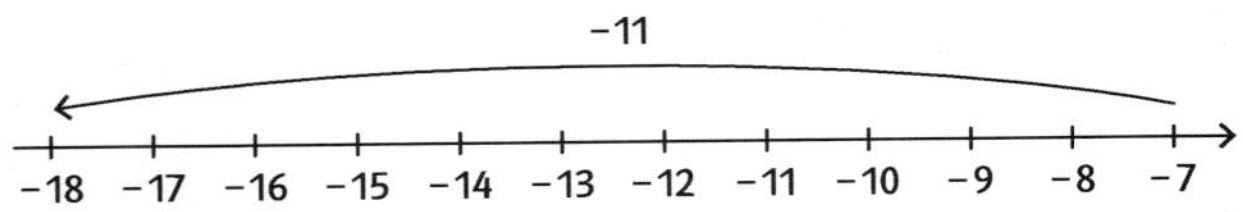

e)

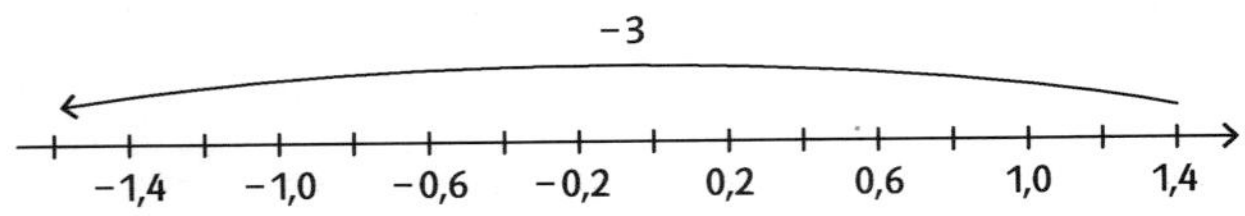

f)

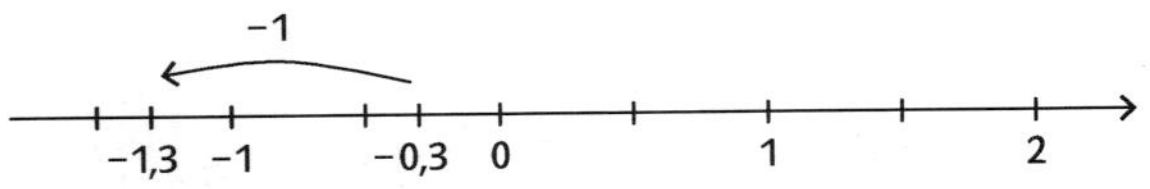

g)

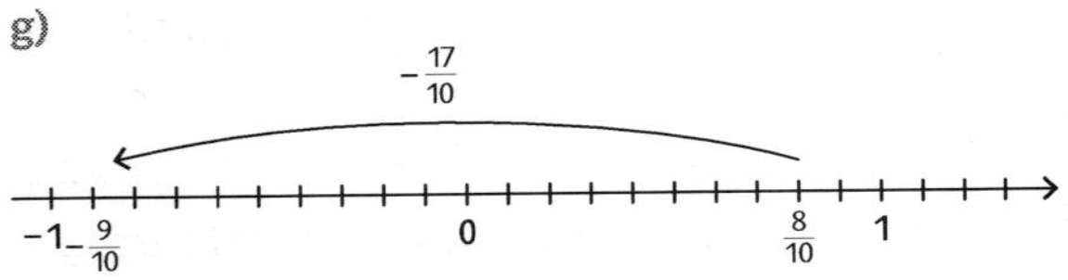

h)

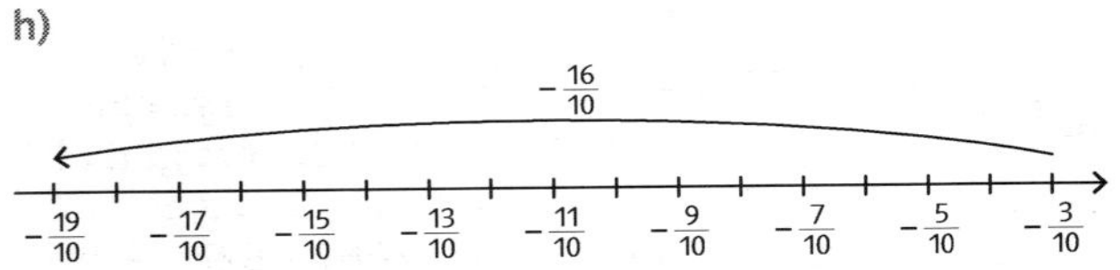

3 a) negativ b) negativ c) negativ
d) positiv e) negativ f) positiv
g) negativ h) negativ i) positiv
j) negativ k) negativ l) positiv

4 a) A: 4 B: −4 C: −34 D: 34
b) A: −8 B: −64 C: 8 D: 64
c) A: 145 B: 75 C: −75 D: −145
d) A: −138 B: 138 C: 0 D: 0

5 a) $<$ b) $<$ c) $=$ d) $<$

6 a) Die Rechnungssumme betrug 713 €.
b) Sie kann noch 1922 € abheben.

7 a) Am Abend zeigte das Thermometer −12 °C an.
b) neues Guthaben: 421 €
c) Der Wasserspiegel stieg um 4,91 m an.

Seite 125

8 a)

+	15	96	28
−7	8	89	21
18	33	114	46
−69	−54	27	−41

b)

−	113	95	178
−13	−126	−108	−191
67	−46	−28	−111
99	−14	4	−79

9 22 Stockwerke nach unten.

10 a) $-1; -\frac{5}{2}; 1$ b) $\frac{4}{3}; \frac{10}{9}; -\frac{4}{3}$
c) $-\frac{15}{4}; -\frac{3}{8}; -\frac{1}{8}$ d) $-1; -\frac{21}{17}; -2$

11 a) −4 °C b) +36 °C

12 Stein links oben; Stein rechts unten; Stein rechts oben; Stein Mitte oben; Stein Mitte unten; Stein links unten; Stein links oben …

13 300 m über NN

16 a) $-\frac{1}{12}$ b) $\frac{4}{21}$ c) $\frac{3}{2}$ d) $-\frac{43}{10}$
e) $\frac{7}{8}$ f) $\frac{2}{9}$ g) $-\frac{48}{7}$ h) $\frac{3}{5}$

Seite 126

17 Spiel

18 a) $-111 + 222 = 111$ b) $-\frac{5}{6} + \frac{1}{3} = -\frac{1}{2}$
c) $-23{,}45 - \square = -25$
Die gesuchte Zahl ist also 1,55.

19 individuelle Lösung, zum Beispiel:
a) $-15 + 2$; $-18{,}5 + 5{,}5$; $-20 + 7$; $-13{,}8 + 0{,}8$; $-30 + 17$
b) $2 - 2{,}5$; $\frac{1}{4} - \frac{3}{4}$; $-0{,}1 - 0{,}4$; $4{,}3 - 4{,}8$; $0 - \frac{1}{2}$

20 Sie liegt 360 m unter der Meeresoberfläche.

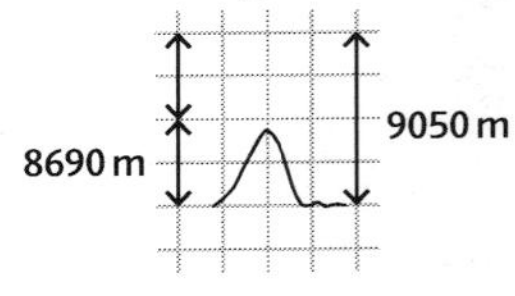

21 a) Isabell hat noch $\frac{1}{6}$ Liter Cola in der Flasche.
b) Jakob kann das letzte Glas nur zu drei Vierteln füllen, denn $750\,\text{ml} = 3 \cdot 200\,\text{ml} + 1 \cdot 150\,\text{ml}$.

22 a) $+976 - 235 = 741$ oder $-235 + 976 = 741$
b) $+235 - 976 = -741$ oder $-976 + 235 = -741$
c) $+623 - 597 = 26$ oder $-597 + 623 = 26$ oder $-623 + 597 = -26$ oder $+597 - 623 = -26$

23 Hans' Behauptung ist wahr, da man beim Subtrahieren einer negativen Zahl auf der Zahlengeraden nach rechts geht.
Ist der 1. Summand positiv, so ist das Ergebnis auch positiv.

4 Addieren und Subtrahieren einer negativen Zahl

Seite 127

Einstiegsaufgabe
Der Höhenunterschied zwischen dem höchsten und tiefsten Punkt beträgt 1231 m.

Seite 128

1 a) b) c)

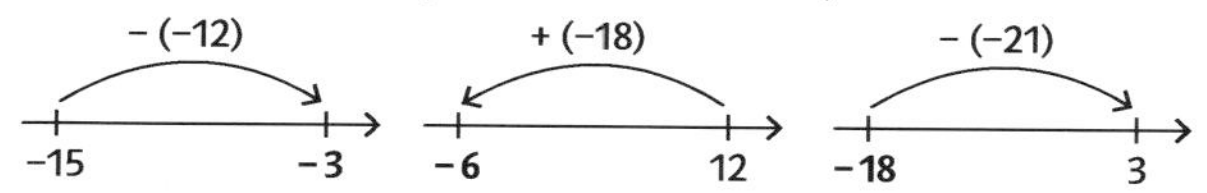

d) individuelle Lösung, zum Beispiel:

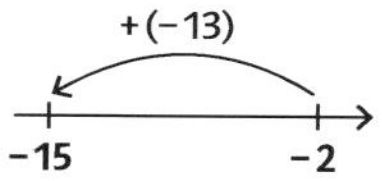

2 a) negativ b) positiv c) negativ
d) positiv e) negativ f) positiv
g) negativ h) positiv i) positiv
j) negativ k) positiv l) negativ

3 a) −2 b) 0,2 c) $-\frac{1}{5}$ d) $-0{,}2 = -\frac{1}{5}$

4 a) $\frac{3}{5}$; $\frac{1}{5}$; $-\frac{1}{5}$; $-\frac{3}{5}$; $-\frac{5}{5} = -1$
b) $\frac{11}{6}$; $-\frac{1}{6}$; $\frac{17}{6}$; $-\frac{7}{6}$; $\frac{23}{6}$

5 a) −3,9 b) 0,39 c) −10 d) $\frac{2}{3}$
e) −0,6 f) −0,04 g) $-\frac{1}{4}$ h) $7\frac{1}{3}$

6 a) $\frac{4}{45} + \left(-\frac{4}{90}\right) = \frac{4}{45} - \frac{4}{90} = \frac{8}{90} - \frac{4}{90} = \frac{4}{90} = \frac{2}{45}$
b) $-\frac{3}{4} - \left(-\frac{4}{5}\right) = -\frac{3}{4} + \frac{4}{5} = -\frac{15}{20} + \frac{16}{20} = \frac{1}{20}$
c) $\frac{3}{5} - \left(-\frac{1}{2}\right) = \frac{3}{5} + \frac{1}{2} = \frac{6}{10} + \frac{5}{10} = \frac{11}{10}$
d) $-\frac{1}{6} + \left(-\frac{1}{9}\right) = -\frac{1}{6} - \frac{1}{9} = -\frac{3}{18} - \frac{2}{18} = -\frac{5}{18}$
e) $-\frac{1}{6} - \left(-\frac{1}{3}\right) = -\frac{1}{6} + \frac{1}{3} = -\frac{1}{6} + \frac{2}{6} = \frac{1}{6}$
f) $-\frac{5}{6} + \left(-\frac{1}{2}\right) = -\frac{5}{6} - \frac{1}{2} = -\frac{5}{6} - \frac{3}{6} = -\frac{8}{6} = -\frac{4}{3}$
g) $-\frac{1}{6} - \left(-\frac{1}{9}\right) = -\frac{1}{6} + \frac{1}{9} = -\frac{3}{18} + \frac{2}{18} = -\frac{1}{18}$
h) $-\frac{1}{5} + \left(-\frac{1}{2}\right) = -\frac{1}{5} - \frac{1}{2} = -\frac{2}{10} - \frac{5}{10} = -\frac{7}{10}$
i) $-\frac{11}{18} + \left(-\frac{5}{36}\right) = -\frac{11}{18} - \frac{5}{36} = -\frac{22}{36} - \frac{5}{36} = -\frac{27}{36} = -\frac{3}{4}$
j) $\frac{1}{6} - \left(-\frac{1}{9}\right) = \frac{1}{6} + \frac{1}{9} = \frac{3}{18} + \frac{2}{18} = \frac{5}{18}$
k) $-\frac{0}{7} - \left(-\frac{1}{13}\right) = -\frac{0}{7} + \frac{1}{13} = \frac{1}{13}$
l) $1 - \left(-\frac{1}{7}\right) = 1 + \frac{1}{7} = \frac{8}{7}$

7 a) −19 b) −17 c) −34
d) individuelle Lösung, zum Beispiel: 5 − (−23) = 28
e) 8,8 f) −1,7 g) −28,7
h) 8,75

8 a) 8 Möglichkeiten

+++	++−	+−+	+−−	−++	−+−	−−+	−−−
15,5	6,9	11,3	2,7	4,3	−4,3	0,1	−8,5

b) größtes Ergebnis: 3,5 + 5,6 + 2,1 + 4,3 = 15,5
kleinstes Ergebnis: 3,5 − 5,6 − 2,1 − 4,3 = −8,5
c) nahe bei 0: 3,5 − 5,6 − 2,1 + 4,3 = 0,1

Seite 129

11 a) 259; −127 b) 32 c) −156

12 a) $-\frac{4}{13}$ b) $\frac{89}{30}$ c) $-\frac{1}{17}$
d) Differenz: $-\frac{4}{9} - \left(-\frac{5}{8}\right) = -\frac{4}{9} + \frac{5}{8} = \frac{13}{72}$;
Summe: $-\frac{4}{9} + \left(-\frac{5}{8}\right) = -\frac{4}{9} - \frac{5}{8} = -\frac{77}{72}$
Die Differenz ist größer als die Summe.

13 a) Es gibt acht Möglichkeiten, die Zahlen so einzusetzen, dass das Ergebnis 1814 beträgt und damit größtmöglich wird, zum Beispiel:
+873 − (−941) = 1814 oder +971 − (−843) = 1814
b) Es gibt acht Möglichkeiten, die Zahlen so einzusetzen, dass das Ergebnis −1814 beträgt und damit kleinstmöglich wird, zum Beispiel:
−873 − (+941) = −1814 oder −971 − (+843) = −1814
c) Es gibt sechzehn Möglichkeiten, die Zahlen so einzusetzen, dass das Ergebnis 527 oder −527 beträgt und damit möglichst nahe bei null liegt, zum Beispiel:
+148 − (−379) = 527 oder −348 − (+179) = −527

14 a) M1 → M2: −18,6 m
M2 → M3: +23,7 m
M3 → M4: −18,5 m
M4 → M5: −7,8 m
M5 → M6: +14,9 m
b) M2 → M3
c) 5,7 m

15 a) mögliche Lösungen:

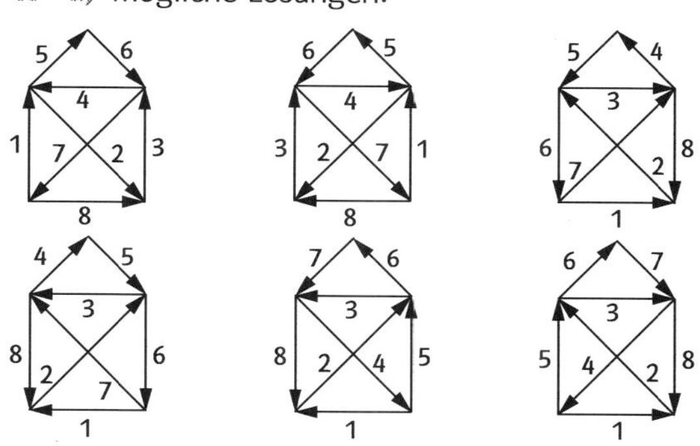

Es gibt insgesamt 44 unterschiedliche Lösungen.
b) Trotz unterschiedlicher Wege erhält man immer
−27 = 2 · (−4 + 5 − 7 − 2) + (−11).
−11 hat zwei Zugänge, die restlichen Zahlen haben drei bzw. vier Zugänge. An der Zahl −11 kommt man daher nur einmal vorbei, an den restlichen Zahlen 2-mal.

5 Verbinden von Addition und Subtraktion

Seite 130

Einstiegsaufgabe
Wird der Berglauf in der vorgegebenen Richtung durchlaufen, so befindet man sich im Ziel
2219 m − 912 m = 1307 m höher als am Start.
Würde man Start und Ziel vertauschen, wäre die Höhendifferenz negativ: 912 m − 2219 m = − 1307 m. In dieser Richtung wäre der Berglauf weniger anstrengend.

1 a) 6 b) −3 c) 4 d) 0
e) −14 f) 0 g) −10 h) −2

2 a) −1 b) −1 c) 2 d) −2
e) 1 f) 2 g) −2 h) 2

3 a) 5,5 − 1,5 − 2,5 − 1
= 5,5 + ((−1,5) + (−2,5) + (−1)) = 5,5 − 5 = 0,5
b) 6,3 + 1,7 − 2,4 − 3,3
= 6,3 + (−3,3) + 1,7 − 2,4 = 3 + 1,7 − 2,4 = 4,7 − 2,4 = 2,3
c) 5,6 − 4,5 + 6,4 − 3,5
= 5,6 + 6,4 + ((−4,5) + (−3,5)) = 12 − 8 = 4
d) 9 + 0,9 − 0,9 + 3,2
= 9 + (0,9 + (−0,9)) + 3,2 = 9 + 3,2 = 12,2
e) $\frac{3}{4} - \frac{7}{4} - \frac{11}{4} - \frac{5}{4}$
$= \frac{3}{4} + \left(\left(-\frac{7}{4}\right) + \left(-\frac{11}{4}\right) + \left(-\frac{5}{4}\right)\right) = \frac{3}{4} + \left(-\frac{23}{4}\right) = -\frac{20}{4} = -5$
f) $\frac{1}{7} + \frac{9}{7} - \frac{12}{7} - \frac{4}{7} = \frac{10}{7} + \left(\left(-\frac{12}{7}\right) + \left(-\frac{4}{7}\right)\right) = \frac{10}{7} - \frac{16}{7} = -\frac{6}{7}$
g) $\frac{2}{9} - \frac{5}{9} + \frac{8}{9} - \frac{25}{9} = \frac{2}{9} + \frac{8}{9} + \left(\left(-\frac{5}{9}\right) + \left(-\frac{25}{9}\right)\right) = \frac{10}{9} - \frac{30}{9} = -\frac{20}{9}$
h) $\frac{8}{3} - \frac{7}{6} + \frac{13}{3} + \frac{2}{3} = \frac{23}{3} - \frac{7}{6} = \frac{46}{6} - \frac{7}{6} = \frac{39}{6} = \frac{13}{2}$

Seite 131

4 a) 22,5 b) 7,1 c) 3,1
d) 4,1 e) $-\frac{13}{3}$ f) $-\frac{33}{40}$

5 a) Bei der ersten Aufgabe ergeben sich mehr Rechenvorteile. Ergebnis: −1,2
b) Bei der zweiten Aufgabe ergeben sich mehr Rechenvorteile. Ergebnis: 0
c) Bei der ersten Aufgabe ergeben sich mehr Rechenvorteile. Ergebnis: 10,38

6 a) 0,5 b) 4 c) $\frac{7}{5}$ d) $\frac{1}{2}$ e) $-\frac{1}{7}$
f) individuelle Lösung, zum Beispiel:
1,4 + 5,6 = 2,1 − (−4,9)

7 a) 15 − (9) = 6
−15 − (−9) = −6
b) 120 + (−83) = 37
−120 + (83) = −37
c) −(−32) − (−8) = 40
−(32) − (8) = −40
Vergleicht man die beiden Teile einer Aufgabe, so fällt auf, dass sich das Vorzeichen im Ergebnis ändert, wenn man bei beiden Summanden das Vorzeichen umdreht.

10 a) 21 + 48 − 13 − 19 = 21 − 19 − 13 + 48 = 37
b) −27 − 65 + 13 + 35
= −27 + 13 − 65 + 35 = −14 − 30 = −44
Fehler bei a) und b): Beim Vertauschen der Reihenfolge wurden die Plus- und Minuszeichen nicht mitgenommen.

11 a) Es gibt sechs Möglichkeiten, die Zahlen einzusetzen:
−(−3) + (−5) − (−2) = 0
−(−3) + (−2) − (−5) = 6
−(−5) + (−3) − (−2) = 4
−(−5) + (−2) − (−3) = 6
−(−2) + (−5) − (−3) = 0
−(−2) + (−3) − (−5) = 4
Das kleinstmögliche Ergebnis ist 0, das größtmögliche Ergebnis ist 6.
Begründung: Die erste und die letzte Zahl werden als Betrag (also ohne Vorzeichen) addiert, die mittlere Zahl wird als Betrag subtrahiert. Daher erhält man das größtmögliche Ergebnis, wenn die betragsmäßig kleinste Zahl (−2) in der Mitte steht, und das kleinstmögliche Ergebnis, wenn die betragsmäßig größte Zahl (−5) in der Mitte steht.
b) Es gibt sechs Möglichkeiten, die Zahlen einzusetzen:
(−3) − 6 + (−2) = −11
(−3) − (−2) + 6 = 5
6 − (−3) + (−2) = 7
6 − (−2) + (−3) = 5
(−2) − 6 + (−3) = −11
(−2) − (−3) + 6 = 7

12 Anne: 85. Anne hat den Wert jeder Zu- oder Abnahme seit dem 24.2. zum Pegelstand von 81 cm addiert bzw. subtrahiert. Das Ergebnis von Annes Rechnung ist der Pegelstand vom 8.3.
Mike: 85. Mike hat zuerst Zunahmen seit dem 24.2. aufsummiert und anschließend alle Abnahmen zusammengenommen davon subtrahiert. Das Ergebnis von Mikes Rechnung ist der Pegelstand vom 8.3.
Janni: 4. Janni hat nur die Zu- und Abnahmen zusammengerechnet. Das Ergebnis von Jannis Rechnung ist die gesamte Zunahme von 4 cm vom Pegelstand vom 24.2. auf den Pegelstand vom 8.3.

Seite 132

13 Spiel

14 □ + 3125,43 € − 657,90 € = 2421,72 € oder
□ + 2467,53 € = 2421,72 €, also □ = −45,81 €
Vor den beiden Buchungen betrug der Kontostand −45,81 €.

15 a) 3 € + 15 € + 8 € + 5 € − 0,07 € = 31 € − 0,07 €
= 30,93 €
b) 87,581 − 1 + 0,001 = 86,582
c) individuelle Lösung, zum Beispiel: Jeder Schüler notiert seine Rechnung auf ein Kärtchen. Diese erhält der Spielleiter. Die Klasse wird in zwei Gruppen geteilt. Der Spielleiter liest die Aufgabe vor. Die Gruppen rechnen um die Wette. Wer zuerst das richtige Ergebnis hat, erhält

einen Punkt. Bei falscher Antwort wird ein Punkt abgezogen.
Weitere Aufgabenbeispiele: 2,99 + 2,99 + 2,99;
$\frac{1}{4}$ + 17,875 − 0,25

16 Beispiele: $0{,}4 - (-0{,}6)$; $0{,}3 + \frac{7}{10}$; $0{,}9 + 0{,}4 - 0{,}3$;
$0{,}9 - \left(-\frac{1}{10}\right)$; $0{,}09 - \left(-\frac{1}{100}\right) + 0{,}9$; $0{,}44 - \frac{2}{50} - (-0{,}6)$;
$0{,}44 - \frac{2}{50} + 0{,}7 + \left(-\frac{1}{10}\right)$; $0{,}4 + \frac{7}{10} - \frac{1}{10}$

17 1 = 1
1 − 2 = −1
1 − 2 + 3 = 2
1 − 2 + 3 − 4 = −2
1 − 2 + 3 − 4 + 5 = 3
1 − 2 + 3 − 4 + 5 − 6 = −3
...

Letzte Zahl gerade: Halbiere die letzte Zahl und nimm die Gegenzahl (−).
Letzte Zahl ungerade: Addiere 1 und halbiere das Ergebnis.

6 Multiplizieren von rationalen Zahlen

Seite 133

Einstiegsaufgabe
Sophie fällt auf, dass in dem Lied eine doppelte Verneinung (don't need no) vorkommt und fragt sich, ob sich diese beiden Verneinungen nicht gegenseitig aufheben (We need education). Damit stellt sie eine sehr kluge Überlegung an. Während derartige Regeln in der Mathematik gelten, ist es in der Sprache nicht immer eindeutig. Die doppelte Verneinung kann auch als Stilmittel zur Hervorhebung der Verneinung verwendet werden, wie es hier im Lied der Fall ist. Es gibt aber auch in der Sprache Beispiele, bei denen sich eine doppelte Verneinung aufhebt, zum Beispiel:
„Der Mann war nicht unschuldig." bedeutet: „Der Mann war schuldig."

Seite 134

1 a) −84 b) −162 c) −104 d) −45
e) 91 f) 260 g) −6600 h) −1800

2 a) −0,07; 0,07; 0,07 b) 0,15; 0,15; −0,15 c) −0,32; −0,32; 0,32 d) 0,048; 0,048; 0,00048

3 a) 48,6 b) −13,65 c) 9,375 d) 12,6
e) 0,33 f) −0,7296 g) −0,0012 h) 107,1
Lösungswort: SIZILIEN

4 individuelle Lösung, zum Beispiel:
a) $6 \cdot 5$; $(-6) \cdot (-5)$; $\frac{1}{3} \cdot 90$
b) $(-2) \cdot 12$; $4 \cdot (-6)$; $0{,}5 \cdot (-48)$
c) $6 \cdot (-7)$; $(-21) \cdot 2$; $420 \cdot \left(-\frac{1}{10}\right)$
d) $(-2) \cdot \left(-\frac{1}{3}\right)$; $\frac{8}{3} \cdot \frac{1}{4}$; $(-0{,}5) \cdot \left(-\frac{8}{6}\right)$

5 a) (1) positiv (2) positiv
(3) positiv (4) negativ
b) Bei (1), (3) und (4) ändert sich das Vorzeichen.

6 a) negativ
b) $(-2) \cdot (-2) \cdot 2 \cdot (-1) \cdot 10 \cdot (-2) \cdot (-10) \cdot (-1) \cdot (-1) \cdot 1$
$= -1600$

Seite 135

9 a) −1; 1; −1; 1; ... Ergebnis der 10. Zeile: 1
b) −10; 100; −1000; 10 000; ...
Ergebnis der 10. Zeile: 10 000 000 000
c) 2; −4; −8; 16; ... Ergebnis der 10. Zeile: −1024
d) $-\frac{1}{2}$; $-\frac{1}{4}$; $\frac{1}{8}$; $\frac{1}{16}$; ... Ergebnis der 10. Zeile: $-\frac{1}{1024}$

10 a) A′(−2|1); B′(1|−2,5); C′(3|2)
Das Dreieck A′B′C′ entsteht aus dem Dreieck ABC durch Punktspiegelung an Z:

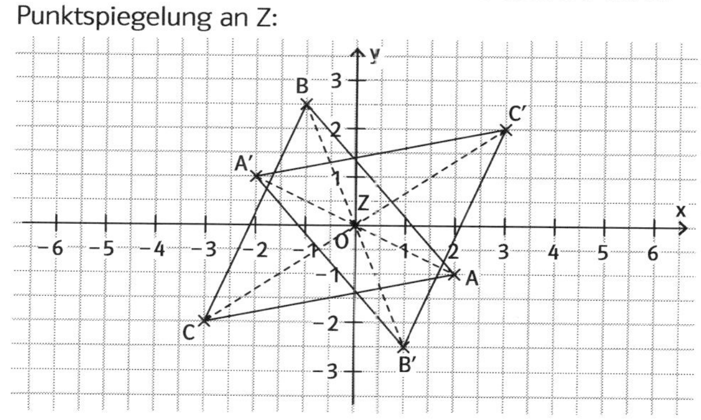

b) Multiplizieren mit 2:
A″(4|−2); B″(−2|5); C″(−6|−4)
Das Dreieck A″B″C″ entsteht aus dem Dreieck ABC, indem man die Verbindungsstrecke vom Ursprung zu jedem Punkt verdoppelt und die Endpunkte verbindet. Das neue Dreieck hat gleich große Winkel und Streckenverhältnisse wie das alte Dreieck.

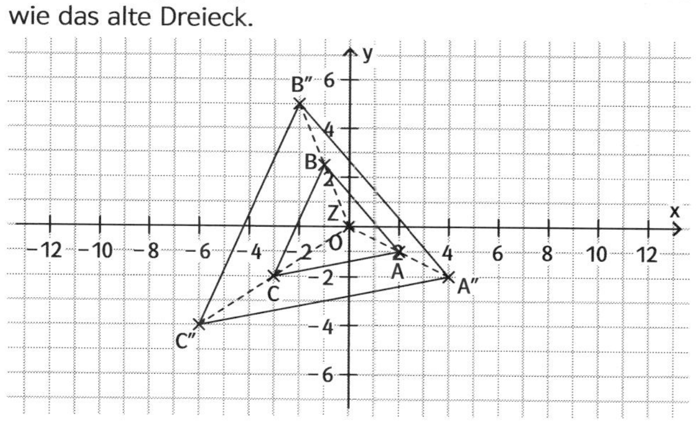

Multiplizieren mit −2:
A‴(−4|2); B‴(2|−5); C‴(6|4)
Das Dreieck A‴B‴C‴ entsteht aus dem Dreieck ABC, indem man jeden Punkt am Ursprung spiegelt und dann die Verbindungslinie zum Ursprung verdoppelt. Man kann stattdessen auch einfach das Dreieck A″B″C″ am Ursprung spiegeln. Auch das Dreieck A‴B‴C‴ hat gleich große Winkel und Streckenverhältnisse wie das Dreieck ABC.

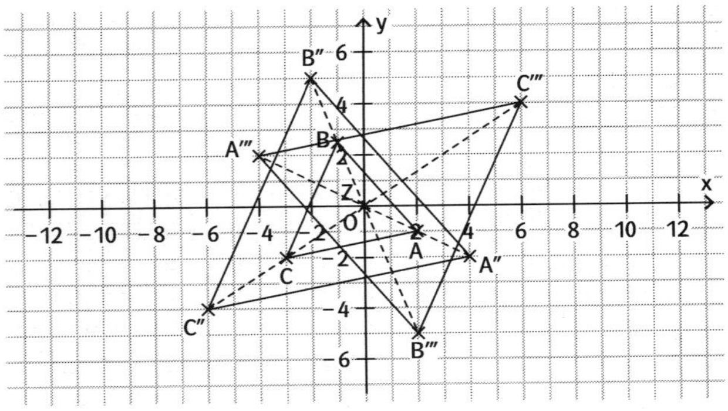

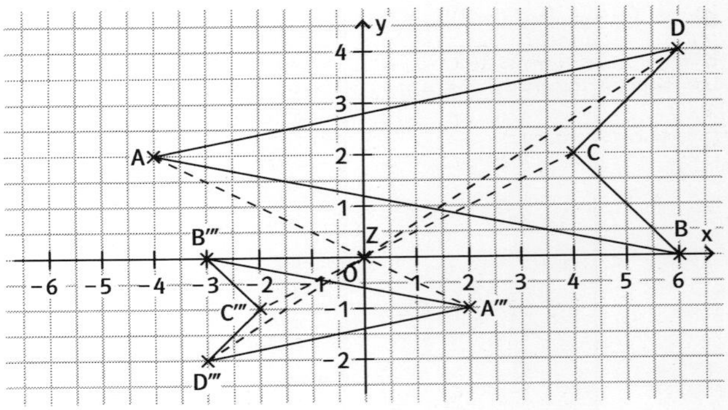

11 Das Viereck ABCD hat die Koordinaten A(−4|2); B(6|0); C(4|2) und D(6|4).

a) A′(4|2); B′(−6|0); C′(−4|2); D′(−6|4)
Das Viereck A′B′C′D′ entsteht aus dem Viereck ABCD durch Spiegelung an der y-Achse.

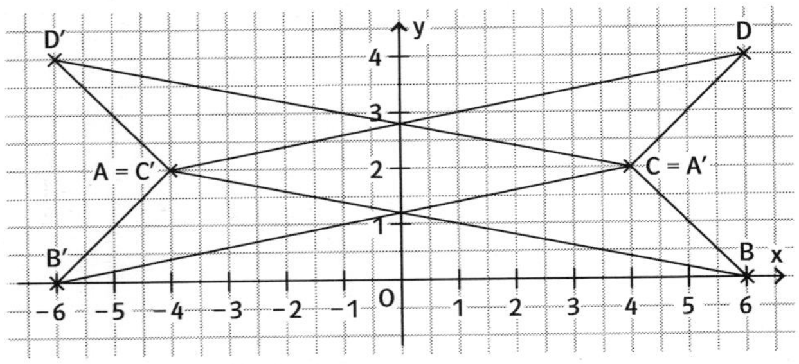

b) A″(−4|−4); B″(6|0); C″(4|−4); D″(6|−8)
Das Viereck A″B″C″D″ entsteht aus dem Dreieck ABCD durch Spiegelung an der x-Achse und Streckung entlang der y-Achse um den Faktor 2.

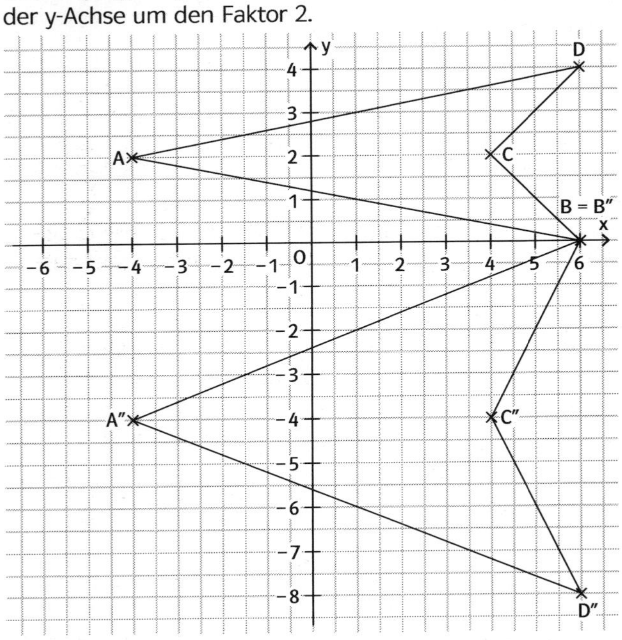

c) A‴(2|−1); B‴(−3|0); C‴(−2|−1); D‴(−3|−2)
Das Dreieck A‴B‴C‴D‴ entsteht aus dem Dreieck ABCD, indem man jeden Punkt an Z spiegelt und anschließend die Verbindungsstrecke von Z zum Spiegelpunkt halbiert.

12 a) (I) (−2) · (−2) · (−2) = −8
(II) −(2 · 2 · 2) = −8
(III) 2 · 2 · 2 · 2 = 16
(IV) −(2 · 2 · 2 · 2) = −16
(V) (−10) · (−10) = 100
(VI) −(10 · 10) = −100
(VII) (−1) · (−1) · (−1) · (−1) · (−1) · (−1) · (−1) · (−1) = 1
(VIII) (−1) · (−1) · (−1) · (−1) · (−1) · (−1) · (−1) · (−1) · (−1) = −1

b) Ist die Basis (also die Zahl, die man immer wieder mit sich selbst multipliziert) positiv, ist das Ergebnis immer positiv.
Wenn die Basis negativ ist, kommt es darauf an, ob der Exponent (also die Hochzahl, die angibt, wie oft man die Basis mit sich selbst multiplizieren muss) gerade oder ungerade ist. Bei einem geraden Exponenten wird das Ergebnis positiv, bei einem ungeraden negativ.

7 Dividieren von rationalen Zahlen

Seite 136

Einstiegsaufgabe
Sandra teilt die gesamten deutschen Staatsschulden durch die Anzahl der Einwohner und erhält als Ergebnis 17022,11 €.

1 a) −5 b) 6 c) −10
d) −5 e) 11 f) 4
g) −11 h) −5 i) 9
j) −4 k) 11 l) 0

Seite 137

2 a) $-\frac{1}{2}$ b) $\frac{1}{3}$ c) $-\frac{4}{3}$ d) $-\frac{3}{2}$
e) −1 f) 1 g) 0 h) −23

3 a)

:	−2	4	−8
32	−16	8	−4
−64	32	−16	8
−88	44	−22	11

b)

:	2	–3	6
12	6	–4	2
–30	–15	10	–5
–72	–36	24	–12

4 individuelle Lösung, zum Beispiel:

a) $12:2$; $(-3{,}6):(-0{,}6)$; $1:\frac{1}{6}$

b) $8:(-1)$; $(-16):2$; $\frac{1}{2}:\left(-\frac{1}{16}\right)$

c) $25:0{,}5$; $100:2$; $(-2):\left(-\frac{1}{25}\right)$

d) $0:1$; $0:0{,}5$; $0:\frac{3}{4}$

5 a) $(-75):(-5) = 15$ b) $(-216):12 = -18$

c) $140:(-35) = -4$ d) $(-48):16 = -3$

6 individuelle Lösung, zum Beispiel:

a) $3:4$; $(-0{,}03):(-0{,}04)$; $\frac{3}{2}:2$

b) $3:(-4)$; $0{,}3:(-0{,}4)$; $\frac{3}{8}:\left(-\frac{1}{2}\right)$

c) $(-1):(-12)$; $\frac{1}{2}:6$; $(-0{,}25):(-3)$

d) $1:(-1)$; $\left(-\frac{7}{4}\right):\frac{7}{4}$; $8:(-8)$

9 a) $\left(-\frac{3}{7}\right):3 = -\frac{1}{7}$

b) $0{,}6:\square = -0{,}15$; $\square = -4$

c) $\square:(-9) = -14$; $\square = 126$

d) $\square\cdot(-6) = 72$; $\square = -12$

10 a)

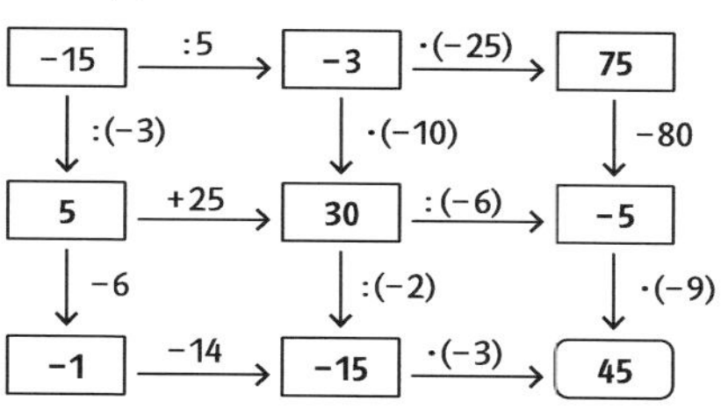

b)

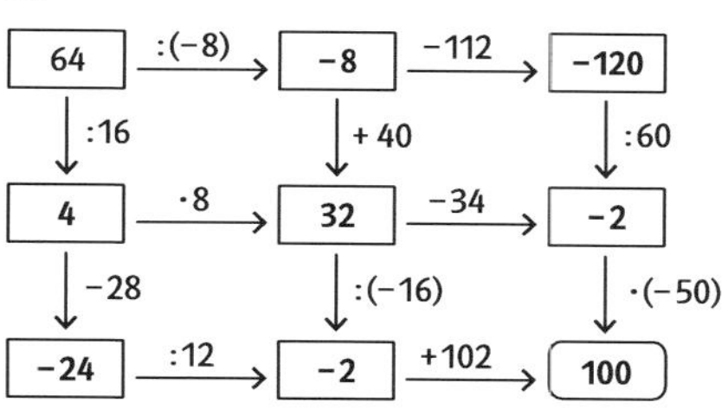

Es führen jeweils sechs Wege zum Ziel rechts unten.

8 Vorteile beim Rechnen – Rechengesetze

Seite 138

Einstiegsaufgabe

Linda hat die erste Aufgabe so gewählt, dass sich in dem Produkt die zwei Brüche $\frac{34}{19}$ und $\frac{19}{34}$ gegenseitig herauskürzen. Das Ergebnis $\frac{1}{2}$ kann dann sofort abgelesen werden. Bei der zweiten Aufgabe hat Linda eine Differenz aus zwei Produkten gebildet, die den Faktor 2,34 gemeinsam haben. Dieser Faktor wird erst mit 9 multipliziert und dann 8-mal wieder abgezogen, bleibt also 1-mal übrig: $2{,}34\cdot 9 - 8\cdot 2{,}34 = 2{,}34\cdot(9-8) = 2{,}34$.

Seite 139

1 a) $\left(-\frac{13}{5}+\frac{13}{5}\right)+\frac{2}{3} = \frac{2}{3}$

b) $\left(\left(-\frac{13}{5}\right)\cdot\frac{5}{26}\right)\cdot\frac{2}{3} = \left(-\frac{1}{2}\right)\cdot\frac{2}{3} = -\frac{1}{3}$

c) $-\frac{23}{25}-\left(\frac{17}{11}+\frac{5}{11}\right) = -\frac{23}{25}-\frac{22}{11} = -\frac{23}{25}-2$

$= -\frac{23}{25}-\frac{50}{25} = -\frac{73}{25}$

2 a) $6\cdot\left(\frac{1}{2}+\frac{2}{3}-\frac{1}{4}\right) = 6\cdot\frac{1}{2}+6\cdot\frac{2}{3}-6\cdot\frac{1}{4} = 3+4-\frac{3}{2} = 5\frac{1}{2}$

b) $\frac{1}{4}\cdot(24+72-60) = \frac{1}{4}\cdot 36 = 9$

c) $\left(\frac{1}{12}+\frac{7}{3}-\frac{7}{8}\right)\cdot 24$

$= \frac{1}{12}\cdot 24+\frac{7}{3}\cdot 24-\frac{7}{8}\cdot 24 = 2+56-21 = 37$

d) $5{,}2\cdot 10-10\cdot 4{,}7 = 52-47 = 5$

e) $4{,}7\cdot 5{,}5+5{,}3\cdot 5{,}5 = 5{,}5\cdot(4{,}7+5{,}3) = 5{,}5\cdot 10 = 55$

f) $4{,}3\cdot 4+4\cdot 6{,}5-3{,}8\cdot 4$

$= 4\cdot(4{,}3+6{,}5-3{,}8) = 4\cdot 7 = 28$

g) $18\cdot\frac{4}{5}-\frac{4}{5}\cdot 18 = 0$

h) $\frac{3}{4}\cdot\frac{7}{5}+\frac{3}{4}\cdot\frac{1}{5} = \frac{3}{4}\cdot\left(\frac{7}{5}+\frac{1}{5}\right) = \frac{3}{4}\cdot\frac{8}{5} = \frac{6}{5}$

i) $\frac{4}{9}\cdot\frac{2}{3}+\frac{4}{3}\cdot\frac{2}{3} = \frac{2}{3}\cdot 4\cdot\left(\frac{1}{9}+\frac{1}{3}\right) = \frac{8}{3}\cdot\left(\frac{1}{9}+\frac{3}{9}\right) = \frac{8}{3}\cdot\frac{4}{9} = \frac{32}{27}$

3 Es wird der Term entweder berechnet, so wie er bereits vorliegt, also den Klammerinhalt zuerst, oder ausmultipliziert.

a) $4{,}2\cdot(7+3) = 4{,}2\cdot 10 = 42$

$4{,}2\cdot(7+3) = 4{,}2\cdot 7+4{,}2\cdot 3 = 29{,}4+12{,}6 = 52$

erster Rechenweg vorteilhafter

b) $12\cdot(30+5) = 12\cdot 35 = 420$

$12\cdot(30+5) = 12\cdot 30+12\cdot 5 = 360+60 = 420$

zweiter Rechenweg vorteilhafter

c) $12\cdot\left(\frac{7}{2}-4\right) = 12\cdot\left(\frac{7}{2}-\frac{8}{2}\right) = 12\cdot\left(-\frac{1}{2}\right) = -6$

$12\cdot\left(\frac{7}{2}-4\right) = 12\cdot\frac{7}{2}-12\cdot 4 = 42-48 = -6$

Rechenwege gleichwertig

d) $(-0{,}4)\cdot(20-5) = (-0{,}4)\cdot 15 = -6$

$(-0{,}4)\cdot(20-5) = (-0{,}4)\cdot 20-(-0{,}4)\cdot 5 = -8+2 = -6$

Rechenwege gleichwertig

e) $\left(\frac{2}{3}-\frac{1}{6}\right)\cdot 4 = \left(\frac{4}{6}-\frac{1}{6}\right)\cdot 4 = \frac{1}{2}\cdot 4 = 2$

$\left(\frac{2}{3}-\frac{1}{6}\right)\cdot 4 = \frac{2}{3}\cdot 4-\frac{1}{6}\cdot 4 = \frac{8}{3}-\frac{2}{3} = 2$

Rechenwege gleichwertig

f) $1{,}2 \cdot (-1{,}4 - 3{,}6) = 1{,}2 \cdot (-5) = -6$
$1{,}2 \cdot (-1{,}4 - 3{,}6)$
$= 1{,}2 \cdot (-1{,}4) + 1{,}2 \cdot (-3{,}6) = -1{,}68 - 4{,}32 = -6$
erster Rechenweg vorteilhafter

4 Es wird entweder ausgeklammert oder der Term so berechnet, wie er bereits vorliegt.
a) $4{,}2 \cdot 6 + 4{,}2 \cdot 4 = 4{,}2 \cdot (6 + 4) = 4{,}2 \cdot 10 = 42$
$4{,}2 \cdot 6 + 4{,}2 \cdot 4 = 25{,}2 + 16{,}8 = 42$
erster Rechenweg vorteilhafter
b) $15 \cdot 20 + 8 \cdot 15$
$= 15 \cdot 20 + 15 \cdot 8 = 15 \cdot (20 + 8) = 15 \cdot 28 = 420$
$15 \cdot 20 + 8 \cdot 15 = 300 + 120 = 420$
zweiter Rechenweg vorteilhafter
c) $3 \cdot (-1{,}2) + (-1{,}2) \cdot 2$
$= 3 \cdot (-1{,}2) + 2 \cdot (-1{,}2) = (3 + 2) \cdot (-1{,}2) = 5 \cdot (-1{,}2) = -6$
$3 \cdot (-1{,}2) + (-1{,}2) \cdot 2 = -3{,}6 - 2{,}4 = -6$
Rechenwege gleichwertig
d) $56 \cdot 8 - 4 \cdot 56$
$= 56 \cdot 8 - 56 \cdot 4 = 56 \cdot (8 - 4) = 56 \cdot 4 = 224$
$56 \cdot 8 - 4 \cdot 56 = 448 - 224 = 224$
erster Rechenweg vorteilhafter
e) $\frac{2}{3} \cdot (-6) - 3 \cdot \frac{2}{3}$
$= \frac{2}{3} \cdot (-6) - \frac{2}{3} \cdot 3 = \frac{2}{3} \cdot (-6 - 3) = \frac{2}{3} \cdot (-9) = -6$
$\frac{2}{3} \cdot (-6) - 3 \cdot \frac{2}{3} = -4 - 2 = -6$
zweiter Rechenweg vorteilhafter
f) $1200 \cdot 0{,}3 + 1200 \cdot 0{,}05$
$= 1200 \cdot (0{,}3 + 0{,}05) = 1200 \cdot 0{,}35 = 420$
$1200 \cdot 0{,}3 + 1200 \cdot 0{,}05 = 360 + 60 = 420$
zweiter Rechenweg vorteilhafter

5 a) $4{,}7 - (1{,}7 + 4{,}7)$
$= 4{,}7 - 1{,}7 - 4{,}7 = 4{,}7 - 4{,}7 - 1{,}7 = -1{,}7$
(Minusklammer auflösen, Summanden vertauschen)
$4{,}7 - (1{,}7 - 4{,}7) = 4{,}7 - (-3) = 4{,}7 + 3 = 7{,}7$
$4{,}7 - (-1{,}7 + 4{,}7) = 4{,}7 - 3 = 1{,}7$
$4{,}7 + (-1{,}7 - 4{,}7) = 4{,}7 - 1{,}7 - 4{,}7 = 4{,}7 - 4{,}7 - 1{,}7 = -1{,}7$
(Plusklammer auflösen, Summanden vertauschen)
b) $15 \cdot 100 - 15 \cdot 4 = 1500 - 60 = 1440$
$15 \cdot 104 - 15 \cdot 4 = 15 \cdot (104 - 4) = 15 \cdot 100 = 1500$
(ausklammern)
$15 \cdot (-100) - 15 \cdot 4 = -1500 - 60 = -1560$
$15 \cdot (-96) + 15 \cdot (-4)$
$= 15 \cdot (-96 + (-4)) = 15 \cdot (-100) = -1500$ (ausklammern)
c) $\frac{15}{14} \cdot \left(\frac{7}{10} - \frac{14}{15}\right) = \frac{15}{14} \cdot \frac{7}{10} - \frac{15}{14} \cdot \frac{14}{15} = \frac{3}{4} - 1 = -\frac{1}{4}$
(ausmultiplizieren)
$\frac{15}{4} \cdot \left(\frac{4}{11} - \frac{8}{22}\right) = \frac{15}{14} \cdot \left(\frac{8}{22} - \frac{8}{22}\right) = \frac{15}{14} \cdot 0 = 0$

6 a) $4{,}6 + (17{,}4 - 3{,}6) = 18{,}4$
b) $-29{,}8 - (9{,}2 + 0{,}35) = -39{,}35$
c) $19{,}3 + 5{,}1 - (19{,}3 - 5{,}1) = 10{,}2$
d) $33{,}5 \cdot 11 - 11 \cdot 23{,}5 = 110$

Seite 140

7 a) Subtrahiere von −7,9 die Differenz von 12,9 und 3,5.
b) Subtrahiere 3 von der Summe aus $-\frac{2}{3}$ und $\frac{7}{3}$.
c) Subtrahiere die Differenz von −7,5 und 3,1 von der Differenz aus 2,5 und 5,4.

8

senkrecht:
(1) 273
(2) −1010
(3) −62
(4) 109
(5) −199
(7) 555
(9) −435
(10) −71
(12) −69

waagerecht:
(1) 26
(2) −161
(5) −1020
(6) −3591
(8) −5904
(10) −75
(11) −36
(13) −5959

(1) 2	6	■	(2) 1	(3) 6	(4) 1
7	■	(5) 1	0	2	0
(6) 3	(7) 5	9	1	■	9
■	(8) 5	9	0	(9) 4	■
(10) 7	5	■	■	(11) 3	(12) 6
1	■	(13) 5	9	5	9

9 a)

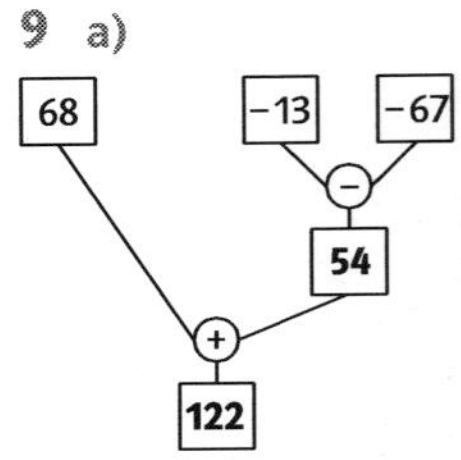

$68 + [-13 - (-67)] = 122$

b)

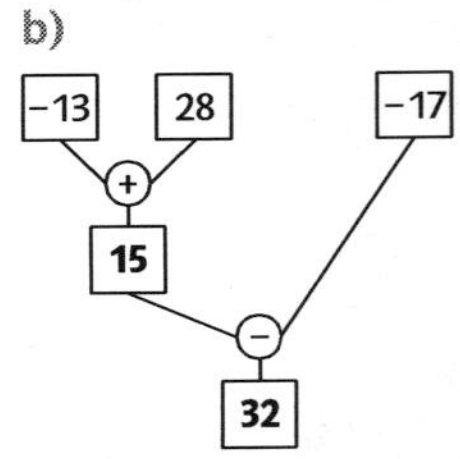

$(-13 + 28) - (-17) = 32$

c)

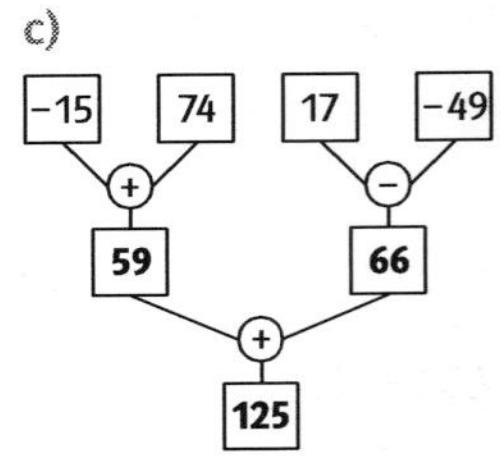

$(-15 + 74) + [17 - (-49)] = 125$

10 a)

b)

c)

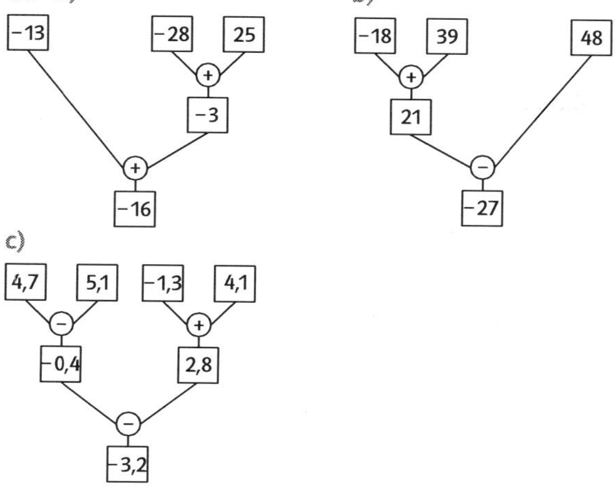

11 individuelle Lösung, zum Beispiel:
$-1-(-2-(-3))=-2$
$-1+(-2-(-3))=0$
$-1-(-2+(-3))=4$
$-1+(-2)+(-3)=-6$
$-(-3+(-1))-(-2)=6$
$-3-(-1)+(-2)=-4$
$-(-3)+(-2)-(-1)=2$

12 $100\,g-(3{,}3\,g+4\,g+0{,}7\,g+0{,}5\,g)=91{,}5\,g$

Seite 141

15 (1) $\frac{7}{8}-\left(0{,}4-\frac{1}{4}\right)=0{,}725$
(2) $\left(\frac{7}{8}+0{,}25\right)-\frac{2}{5}=0{,}725$
Die beiden Terme beschreiben die gleiche Zahl.

16 a) Fehler: Beim Auflösen der Minusklammer dreht sich das Vorzeichen um. Daher wird aus der −13 eine +13.
Richtig: $27-(-13+14)$ $=27+13-14$ $=40-14$ $=26$
oder $27-(-13+14)$ $=27-1$ $=26$
b) Fehler: Beim Ausmultiplizieren wurde das Minuszeichen vor der 5 nicht immer berücksichtigt.
Richtig: $(-5)\cdot\left(2-\frac{1}{5}\right)$ $=(-5)\cdot 2-(-5)\cdot\frac{1}{5}$ $=-10+1$ $=-9$
oder $(-5)\cdot\left(2-\frac{1}{5}\right)$ $=(-5)\cdot\left(\frac{10}{5}-\frac{1}{5}\right)$ $=(-5)\cdot\frac{9}{5}$ $=-9$
c) Fehler: Beim Ausklammern wurde das Minuszeichen vor der zweiten Klammer übersehen.
Richtig: $(-0{,}5)\cdot 18-(-0{,}5)\cdot 2$
$=(-0{,}5)\cdot(18-2)$
$=(-0{,}5)\cdot 16$
$=-8$

17 a) $15\cdot(200+30+4)$
$=15\cdot 200+15\cdot 30+15\cdot 4=3000+450+60=3510$
b) $(8{,}2-5{,}6)-(-5{,}6-8{,}2)$
$=8{,}2-5{,}6+5{,}6+8{,}2=2\cdot 8{,}2=16{,}4$
c) $1{,}8\cdot 1{,}5-1{,}8\cdot 3{,}4+1{,}8\cdot 2$
$=1{,}8\cdot(1{,}5-3{,}4+2)=1{,}8\cdot 0{,}1=0{,}18$

d) $\frac{4}{3}\cdot 2-\frac{4}{3}\cdot 5+3\cdot\frac{4}{3}=\frac{4}{3}\cdot(2-5+3)=\frac{4}{3}\cdot 0=0$
e) $-\left(2{,}3-1\frac{2}{5}\right)-\left(-3{,}7+\frac{4}{5}\right)$
$=-2{,}3+1\frac{2}{5}+3{,}7-\frac{4}{5}=-2{,}3+3{,}7+\frac{7}{5}-\frac{4}{5}=1{,}4+\frac{3}{5}$
$=\frac{7}{5}+\frac{3}{5}=2$
f) $12\cdot\left(\frac{3}{4}-\frac{2}{3}-\frac{7}{12}\right)=12\cdot\frac{3}{4}-12\cdot\frac{2}{3}-12\cdot\frac{7}{12}=9-8-7=-6$

18 a) $24\cdot 12-12\cdot 14=12\cdot 10=120$
b) $1{,}4\cdot(20-5)=1{,}4\cdot 20-1{,}4\cdot 5=28-7=21$
c) $(6{,}6-8{,}9)-(3{,}4-8{,}9)=6{,}6-3{,}4=3{,}2$
d) $(-12{,}4-7{,}8)\cdot(-6)+(-12+(-3{,}8))$
$=121{,}2-15{,}8=105{,}4$

19

(1) 1		(2) 7	,	(3) 1	(4) 1
(5) 2	(6) 9	1		(7) 1	2
(8) 9	,	8	(9) 9	9	
	9		2		(10) 5
(11) –	3	(12) 3	,	(13) 6	
	(14) 5	0	5	0	5

Vertiefen und Vernetzen

Seite 142

1 a) $-7+13=6$

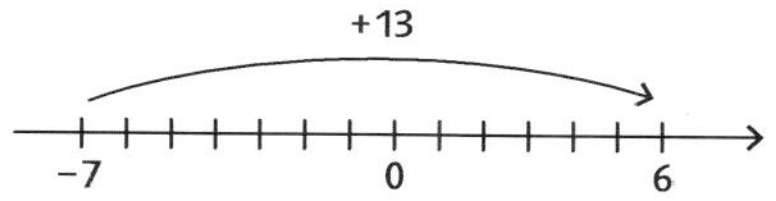

b) $-12+35=23$

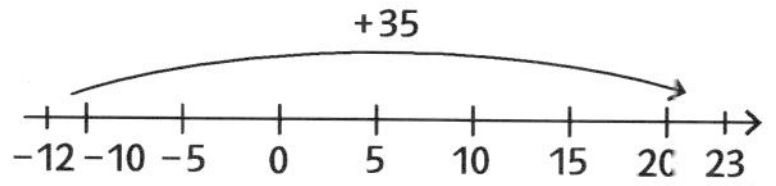

c) $-110+110=0$

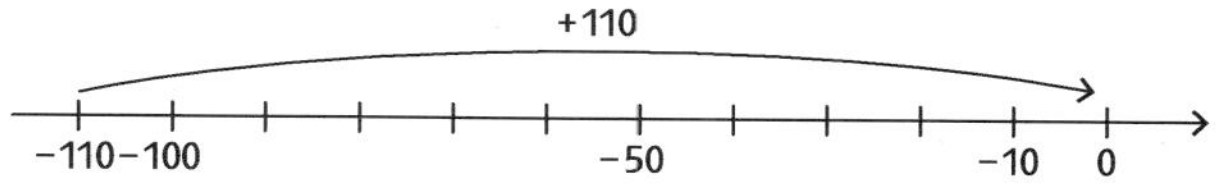

d) $-19-21=-40$

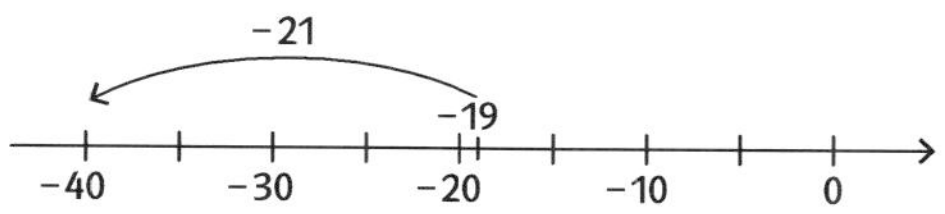

e) $14-61=-47$

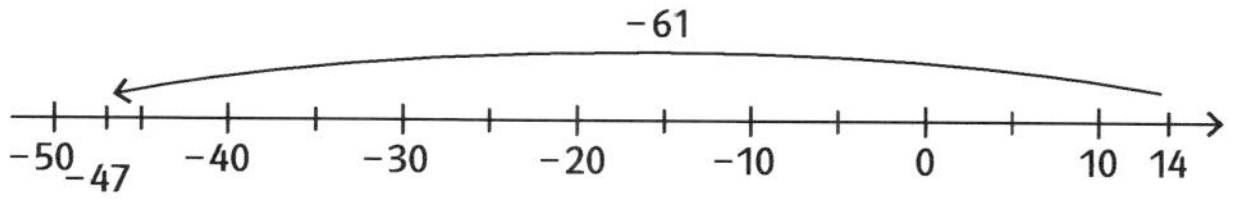

f) $119-120=-1$

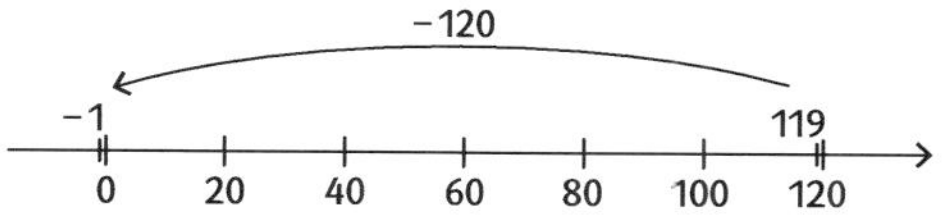

2 a) $(25 + (-15)) : ((-2) \cdot (-5)) = -1$

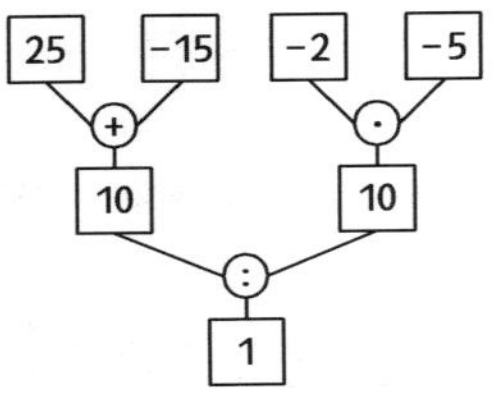

b) $((-7) \cdot 18) - ((-4) : 2) = -124$

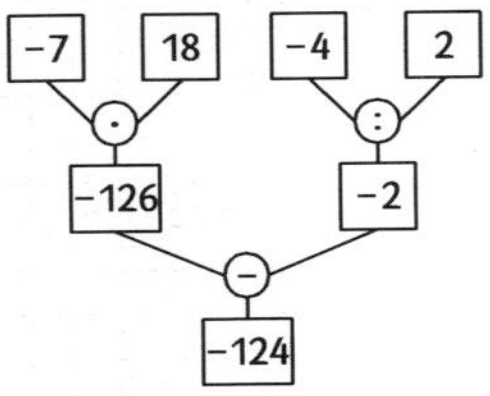

c) $(15 - 6) \cdot (15 + 6) = 189$

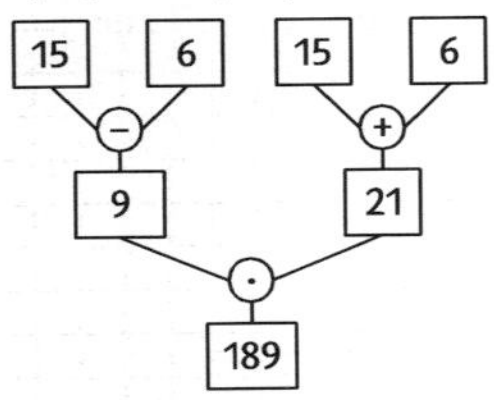

d) $(15 - (-6)) \cdot (15 + (-6)) = 189$

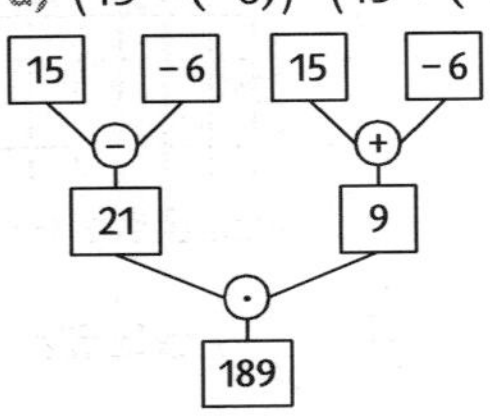

3 a) Jani hat sich wahrscheinlich gedacht, dass die Differenz zweier positiver Zahlen das gleiche Ergebnis hat wie die Summe aus der ersten Zahl und dem Negativen der zweiten Zahl. Richtig müsste seine Aussage lauten: „Die Differenz aus 12 und 8 ist das Gleiche wie die **Summe** aus 12 und −8."
b) $(-5) \cdot 8 - (-6) \cdot 9 = 14$
c) $8 - 5 - (-5 + (-8)) = 16$

4 a) Zaubersumme = 2,7

0,8	**1,3**	0,6
0,7	0,9	**1,1**
1,2	**0,5**	**1**

b) Zaubersumme = 0,3

0	**0,9**	−0,6
−0,5	**0,1**	**0,7**
0,8	−0,7	0,2

c) Zaubersumme = 2,1

$\frac{3}{5}$	1,1	$\mathbf{\frac{2}{5}}$
$\mathbf{\frac{1}{2}}$	0,7	**0,9**
1	**0,3**	$\frac{4}{5}$

5 a) Bei den fett beschrifteten Steinen gibt es mehrere Lösungsmöglichkeiten.

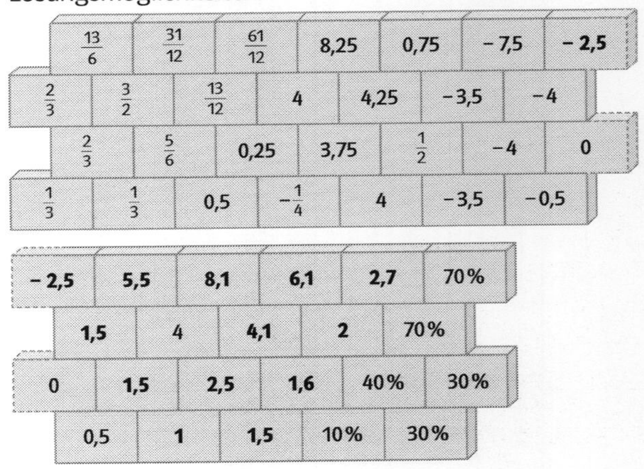

b) individuelle Lösung

6 a) $-0{,}18 + 6{,}18 - (1{,}37 + 4{,}63) = 6 - 6 = 0$
b) $4{,}25 + 3{,}25 + 0{,}5 + 0{,}75 - 6{,}75 = 8{,}75 - 6{,}75 = 2$
c) $-(10{,}34 + 0{,}06 + 0{,}1) + 10{,}5 + 23{,}18$
$= -10{,}5 + 10{,}5 + 23{,}18 = 23{,}18$

7 a) $3 \cdot 0{,}70\,€ + 2 \cdot 0{,}20\,€ + 3 \cdot 0{,}50\,€ + 4{,}00\,€ + 1{,}60\,€$
$+ 4{,}00\,€ - 2{,}30\,€ - 1{,}30\,€ = 10\,€$
Das Ergebnis des Überschlags beträgt genau 10 €. Da alle Preise aufgerundet wurden und nur zwei Positionen subtrahiert wurden, kann Jana davon ausgehen, dass das Geld reicht. Sicherheit bekommt sie jedoch nur durch eine genaue Rechnung.
b) individuelle Lösung, zum Beispiel:
$3 \cdot 0{,}70\,€ - 0{,}03\,€ + 2 \cdot 0{,}20\,€ - 0{,}02\,€ + 3 \cdot 0{,}50\,€$
$- 0{,}03\,€ + 4{,}00\,€ + 1{,}60\,€ + 4{,}00\,€ - 0{,}07\,€$
$- (2{,}25\,€ + 1{,}29\,€)$
$= 2{,}10\,€ + 0{,}40\,€ + 1{,}50\,€ + 9{,}60\,€$
$- (0{,}03\,€ + 0{,}02\,€ + 0{,}03\,€ + 0{,}07\,€ + 2{,}25\,€ + 1{,}29\,€)$
$= 13{,}60\,€ - 3{,}69\,€ = 9{,}91\,€$

Seite 143

8 a) Summe: 0,9
Differenz: −0,1
b) Summe: −0,56
Differenz: 0,06
c) Summe: 0,65
Differenz: −0,15
d) Summe: 0,495
Differenz: −0,405

9 Bei den hervorgehobenen Feldern gibt es mehrere Lösungsmöglichkeiten.

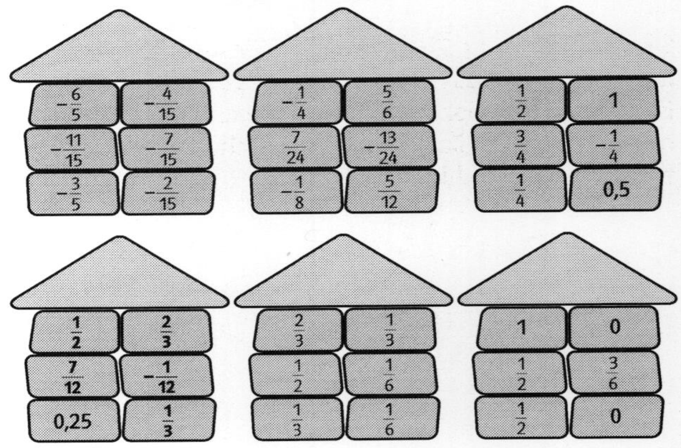

2. Stock: Die Zahlen aus dem Erdgeschoss haben sich verdoppelt.

10 $-\frac{3}{4} : (1{,}7 - 0{,}7) = -0{,}75$

$0 \cdot \left(1\frac{3}{17} + 0{,}375\right) = 0$

$[0{,}3 + (-0{,}7)] \cdot (-8{,}125) = 3{,}25$

$\left(\frac{7}{8} + \frac{1}{3}\right) \cdot \left(-\frac{4}{7} + \frac{4}{7}\right) = 0$

11 a) möglichst großer Wert des Terms:

$(-2) \cdot \left(\frac{1}{3} + \frac{1}{2}\right) : \left(-\frac{1}{3}\right) = 5$

möglichst kleiner Wert des Terms:

$\left((-2) \cdot \frac{1}{3} + \frac{1}{2}\right) : \left(-\frac{1}{3}\right) = 0{,}5$

b) möglichst großer Wert des Terms:

z.B. $(-2) : \left[\frac{1}{3} \cdot \left(-\frac{1}{2}\right)\right] = 12$

möglichst kleiner Wert des Terms:

z.B. $(-2) : \frac{1}{3} + \left(-\frac{1}{2}\right) = -\frac{13}{2} = -6{,}5$

12 1. Reihe: $-\frac{1}{6}; -\frac{1}{12}; -\frac{1}{20}; -\frac{1}{30}; -\frac{1}{42}; -\frac{1}{56}; \ldots; -\frac{1}{132}$

2. Reihe: $-\frac{3}{20}; -\frac{3}{42}; -\frac{3}{72}; -\frac{3}{110}; -\frac{3}{156}; -\frac{3}{210}; \ldots; -\frac{3}{506}$

Eigene Zahlenreihen:

individuelle Lösung, zum Beispiel:

$\frac{1}{2} - \frac{1}{4}$

$\frac{1}{8} - \frac{1}{16}$

$\frac{1}{32} - \frac{1}{64}$

liefert: $\frac{1}{4}; \frac{1}{16}; \frac{1}{64}; \ldots$

oder $1 - \frac{1}{2}$

$1 - \frac{1}{3}$

$1 - \frac{1}{4}$

liefert: $\frac{1}{2}; \frac{2}{3}; \frac{3}{4}; \ldots$

13 a) Falsch, da zum Beispiel: $\frac{5}{2} - \frac{1}{2} = 2$ ist.

b) Wahr, zum Beispiel: $\underbrace{\frac{3}{5} + \frac{3}{5} + \frac{3}{5} + \frac{3}{5} + \frac{3}{5}}_{5\ \text{Summanden}} = \frac{15}{5} = 3.$

$\left(\text{allgemein: } \underbrace{\frac{a}{b} + \ldots + \frac{a}{b}}_{b\ \text{Summanden}} = a\right)$

c) Falsch, da zum Beispiel: $\frac{1}{4} + \frac{1}{4} = \frac{1}{2}$ ist, oder

$\frac{1}{4} + \frac{7}{4} = \frac{2}{1}$ ist.

14 Die Gleichung ▢ · 0 = 50 wird für keine Zahl erfüllt, da das Produkt aus null und einer anderen Zahl immer 0 ist, niemals 50. Sophie folgert, dass man daher 50 auch nicht durch 0 dividieren darf. Die gleiche Überlegung gilt für jede andere Zahl.

Exkursion: Rationale Zahlen im Koordinatensystem

Seite 145

1

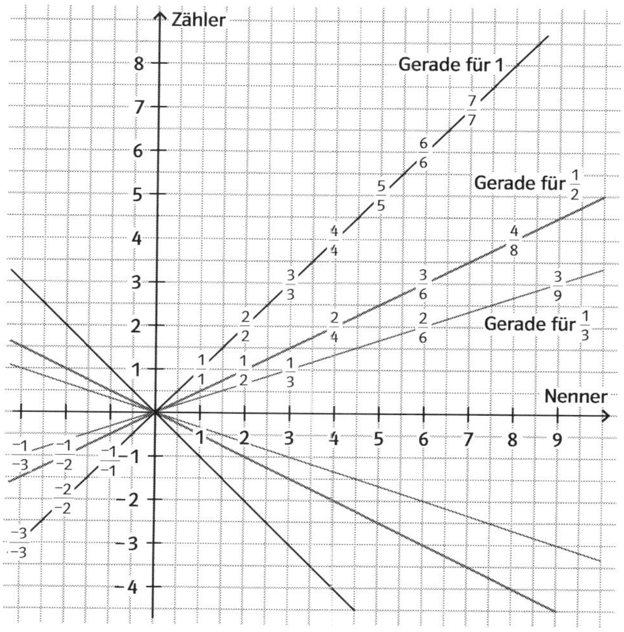

Man erhält zu einem Bruch $\frac{a}{b}$ den Bruch $-\frac{a}{b}$, also den zugehörigen negativen Bruch.

Im Beispiel erhält man die Gerade für −1, die Gerade für $-\frac{1}{2}$ und die Gerade für $-\frac{1}{3}$.

2 Man erhält zu einem Bruch $\frac{a}{b}$ seinen Kehrbruch $\frac{b}{a}$, also etwa zu $\frac{1}{3}$ den Bruch $\frac{3}{1}$ oder zu $\frac{2}{3}$ den Bruch $\frac{3}{2}$.

3 Zwei Brüche sind Gegenzahlen, wenn Sie auf Geraden liegen, die spiegelsymmetrisch zur Nenner- oder Zählerachse liegen. Sie sind Kehrwerte, wenn sie auf Geraden liegen, die achsensymmetrisch zur positiven Winkelhalbierenden von Nenner- und Zählerachse liegen.

4 a) Es ist zu erkennen, dass eine positive Bruchzahl kleiner ist als eine andere positive Bruchzahl, wenn sie auf einer Geraden liegt, die „flacher" verläuft als die andere Gerade. Eine negative Bruchzahl ist kleiner als eine andere negative Bruchzahl, wenn sie auf einer Geraden liegt, die „steiler" verläuft als die andere Gerade.

b) individuelle Lösung, zum Beispiel:

$-\frac{1}{3}; -\frac{2}{4}; \frac{7}{8}$ (größer als $-\frac{2}{3}$)

$\frac{2}{8}; \frac{3}{11}; -\frac{2086}{3}$ (kleiner als $\frac{1}{2}$)

5 Einen Bruch mit einer Zahl a zu erweitern bedeutet, dass man auf der gleichen Geraden bleibt, aber den Abstand zum Ursprung a-mal so groß wählt. Der Bruch $\frac{4}{8}$ liegt beispielsweise 4-mal so weit vom Ursprung entfernt, wie der Bruch $\frac{1}{2}$.

Analog bedeutet Kürzen mit einer Zahl b, dass man auf der gleichen Geraden bleibt, aber den Abstand zum Ursprung durch b teilt.

6 Zunächst bringt man die Brüche durch Erweitern auf den gleichen Nenner $\left(\text{im Beispiel: } \frac{2}{4} \text{ und } \frac{3}{4}\right)$. Dann erweitert man noch einmal mit 2 $\left(\text{im Beispiel: } \frac{4}{8} \text{ und } \frac{6}{8}\right)$.
In der Bruchtabelle liegt die gesuchte Zahl dann in der gleichen Spalte (im Beispiel: Spalte 8) in der Zeile zwischen den beiden Ausgangszahlen (im Beispiel: Zeile 5). Die zugehörige Gerade liegt zwischen den beiden Ausgangsgeraden.

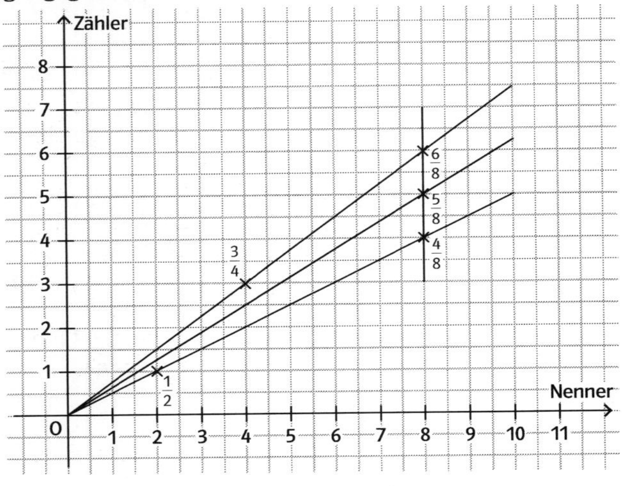

V Relative Häufigkeiten und Wahrscheinlichkeiten

Lösungshinweise zu den Erkundungen

Seite 150

Euro im Gitternetz
Der Durchmesser der Euromünze beträgt 2,325 cm. Wenn ihr Mittelpunkt in einem Quadrat mit der Seitenlänge 3 cm – 2,325 cm = 0,675 cm (Flächeninhalt $0{,}456\,cm^2$) liegt, verschwindet die ganze Euromünze in einem Quadrat mit Flächeninhalt $9\,cm^2$ des Wurfgitters („Treffer").
Die Trefferwahrscheinlichkeit beträgt also ca.
$\frac{0{,}456}{9} = 0{,}05 = 5\,\%$
Wenn man das Quadratgitter auf einen Abstand von 3,5 cm vergrößert, erhöht sich die Trefferwahrscheinlichkeit auf $\frac{(3{,}5 - 2{,}325)^2}{3{,}5^2} = 11{,}3\,\%$
Wenn man das Quadratgitter auf einen Abstand von 2,5 cm verkleinert, vermindert sich die Trefferwahrscheinlichkeit auf $\frac{(2{,}5 - 2{,}325)^2}{3{,}5^2} = 0{,}25\,\%$.

Würfelentscheidungen
Forschungsauftrag 1:
Marios Gewinnchance beträgt nur 42,1%. Mario sollte also nicht auf Ullas Vorschlag eingehen.

Forschungsauftrag 2:
Janina und Nina haben jeweils eine Gewinnchance von 45,8%. Mit einer Wahrscheinlichkeit von 8,3% endet das Würfeln unentschieden.

Seite 151

Gummibärchen
Ergebnisse in Tabellenform erfassen

Sind Münzen vergesslich?
- Svea hat recht.
- individuelle Lösung

1 Zufallsexperimente und ihre Auswertung

Seite 152

Einstiegsaufgabe
- zwei Würfel: Man erhält eine 6, wenn man die Ergebnisse (1, 5), (2, 4), (3, 3), (4, 2) oder (5, 1) erhält (dabei zeigt jeweils die erste Position das Ergebnis des 1. Würfels und die zweite Position das Ergebnis des 2. Würfels).
  Da es bei zwei Würfeln insgesamt $6 \cdot 6 = 36$ verschiedene Ergebnisse gibt, beträgt die Wahrscheinlichkeit für eine 6: $\frac{5}{36} \approx 13{,}9\,\%$.

Die Wahrscheinlichkeit, eine 6 zu erhalten, beträgt bei dem
- Glücksrad: $\frac{9}{16} \approx 56{,}25\,\%$,
- speziellen Würfel: $\frac{3}{6} = \frac{1}{2} = 50\,\%$.

Jonathan hat also das bei weitem ungünstigste Spielgerät gewählt.
Die kleine Schwester von Lea sollte das Glücksrad wählen, dann hat sie die besten Chancen zu gewinnen.

Seite 153

1 a) Es handelt sich um ein Zufallsexperiment. Es gibt sechs mögliche Lagen für den Würfel. Welche Lage eintritt, kann man aber nicht vorhersagen.
b) Es handelt sich um ein Zufallsexperiment. Es gibt sieben mögliche Wochentage als Antwort. Welcher Tag genannt wird, kann man aber nicht vorhersagen.
c) Es handelt sich um kein Zufallsexperiment. Die Sonne steht bei uns am Mittag immer im Süden.
d) Es handelt sich um kein Zufallsexperiment. Die Ergebnisse können zwar abweichen, aber es gibt nur einen exakten Wert.

2 (1): Zufallsexperiment. Ergebnisse: links oder rechts.
S = {links; rechts}
(2): Kein Zufallsexperiment. Endlage der Kugel genau in der Mitte.
(3): Zufallsexperiment. Ergebnisse: links oder rechts.
S = {links; rechts}
(4): Kein Zufallsexperiment, da es keine eindeutigen Endlagen der Kugel gibt, zwischen denen man unterscheiden kann.

3 a) S = {2; 3; 4; 5; 6; 7; 8; 9; 10; 11; 12}
b) S = {1; 2; 3; 4; 5; 6; 8; 9; 10; 12; 15; 16; 18; 20; 24; 25; 30; 36}

4 a) orange: $\frac{1}{4} = 25\,\%$ grün: $\frac{1}{4} = 25\,\%$
blau: $\frac{1}{2} = 50\,\%$
b) individuelle Lösung
Die einzelnen Ergebnisse können erheblich von der Prognose in Teilaufgabe a) abweichen.
c) individuelle Lösung
Wenn etwa 25 Schülerinnen und Schüler je 20-mal gedreht haben (und man davon ausgehen kann, dass die Kreisscheiben möglichst gleich sind), so ist ca. 500-mal gedreht worden.
Die Zusammenfassung der einzelnen Resultate sollte nah an der Prognose in Teilaufgabe a) liegen.

5 a) und b) individuelle Lösung
Nach häufigem Werfen werden sich die Werte für die Position „hoch" zwischen 0% und 0,5%, die für „quer" bei 10% und die für „flach" um 90% einpendeln. Die Position „hoch" ist, neben der schon im Allgemeinen geringen Auftrittswahrscheinlichkeit, zusätzlich noch dadurch benachteiligt, dass die Stirnseiten der Streichholzschachtel keine regelmäßige, ebene Standfläche bilden.

Seite 154

6 a), b) und c) individuelle Lösung (hängt von der getesteten Sechskantmutter ab)
Die Seiten 1 und 8 sowie 2 bis 7 treten jeweils etwa gleich häufig auf.

9 individuelle Lösung

10 a) individuelle Lösung, zum Beispiel:
Ziehen nach Spielfarben oder Bildkarten
b) Es gibt insgesamt 8 Herzkarten bei einer Gesamtanzahl von 32 Karten. Prognose für die relative Häufigkeit, eine Herzkarte zu ziehen (bei häufiger Wiederholung und Zurücklegen der gezogenen Karte nach jedem Zug):
$\frac{8}{32} = \frac{1}{4} = 25\%$
individuelle Überprüfung
c) Es gibt insgesamt 12 Bildkarten bei einer Gesamtanzahl von 32 Karten.
Prognose für die relative Häufigkeit, eine Bildkarte zu ziehen (bei häufiger Wiederholung und Zurücklegen der gezogenen Karte nach jedem Zug): $\frac{12}{32} = \frac{3}{8} = 37{,}5\%$
individuelle Überprüfung

11 individuelle Lösung, zum Beispiel:

Würfel	1, 2	3, 4	5, 6
Tätigkeit	Eis essen	Kino	Radtour

Dodekaeder	1, 4, 7, 10	2, 5, 8, 11	3, 6, 9, 12
Tätigkeit	Eis essen	Kino	Radtour

12 Wenn Pia und Timo die Strategie des Spiels nicht durchschauen und zufällig 1 bis 3 Münzen nehmen, ist das Spiel ein Zufallsexperiment. Man kann bei dem Spiel aber immer gewinnen, wenn man selbst beginnt und zwei Münzen entfernt. Im nächsten Zug muss man so viele Münzen entfernen, dass vier Münzen auf dem Tisch bleiben. Falls Pia oder Timo (oder beide) nach dieser Strategie spielen, liegt kein Zufallsexperiment vor.

2 Wahrscheinlichkeiten

Seite 155

Einstiegsaufgabe
individuelle Lösung
Die Ergebnisse könnten wie folgt aussehen:

Augenzahl	1	2	3	4	5	6
geschätzte relative Häufigkeit	10%	0,5%	47%	32%	0,5%	10%

Seite 157

1

	Helena	Susanne	Pascal
relative Häufigkeit	0,708	0,644	≈ 0,621
mögliche Schätzung	0,71	0,65	0,62

Da Pascal am häufigsten geworfen hat, kann man erwarten, dass seine Schätzung am besten ist.

2 a) $\frac{1}{12} \approx 8{,}3\%$ b) $\frac{4}{12} = \frac{1}{3} \approx 33{,}3\%$

3 a) Schätzung 1 gehört zum Lego-Vierer.
Schätzung 2 gehört zum Lego-Achter.
Schätzung 3 gehört zum Lego-Sechser.
b) individuelle Lösung
Hier können am Ende alle Ergebnisse zusammengetragen werden. Beim Zusammentragen kann man eine Tabelle wie folgt anlegen, um zu erkennen, dass sich die Werte mit zunehmender Wurfanzahl stabilisieren.

Wurfanzahl	50	100	150	...
relative Häufigkeit				

4 a) $\frac{2}{12} = \frac{1}{6} \approx 16{,}7\%$ b) $\frac{6}{12} = \frac{1}{2} = 50\%$
c) $\frac{6}{12} = \frac{1}{2} = 50\%$ d) $\frac{5}{12} \approx 41{,}7\%$

5 a) (1): $\frac{1}{6} \approx 16{,}7\%$ (2): $\frac{1}{8} = 12{,}5\%$ (3): $\frac{1}{12} \approx 8{,}3\%$
b) (1): $\frac{1}{6} \cdot 240 = 40$ (2): $\frac{1}{8} \cdot 240 = 30$ (3): $\frac{1}{12} \cdot 240 = 20$
Bei (1) kann Claudia also ca. 40-mal das Ergebnis „5" erwarten, bei (2) ca. 30-mal und bei (3) ca. 20-mal.

Seite 158

6 a) Es können 12 „Worte" mit zwei Buchstaben entstehen: NI; NX; NE; IN; IX; IE; XN; XI; XE; EN; EI; EX.
b) Die Wahrscheinlichkeit beträgt $\frac{1}{12} \approx 3{,}8\%$.

7 a) $\frac{5}{9} \approx 55{,}6\%$ b) $\frac{4}{9} \approx 44{,}4\%$

9 a) S = {rot; weiß}; $P(\text{rot}) = \frac{1}{5} = 20\%$
b) $P(\text{rot}) = \frac{1}{4} = 25\%$

10 a) individuelle Lösung
b) Näherungsweise sollte sich ergeben:

Note	1	2	3
Würfel	$\frac{1}{6} \approx 16{,}7\%$	$\frac{1}{6} \approx 16{,}7\%$	$\frac{1}{6} \approx 16{,}7\%$
5 Münzen	$\frac{1}{32} = 3{,}125\%$	$\frac{5}{32} = 15{,}625\%$	$\frac{10}{32} = 31{,}25\%$

Note	4	5	6
Würfel	$\frac{1}{6} \approx 16{,}7\%$	$\frac{1}{6} \approx 16{,}7\%$	$\frac{1}{6} \approx 16{,}7\%$
5 Münzen	$\frac{10}{32} = 31{,}25\%$	$\frac{5}{32} = 15{,}625\%$	$\frac{1}{32} = 3{,}125\%$

c) Die relativen Häufigkeiten des Würfels kann man leicht schätzen, da das Würfeln mit einem Spielwürfel ein Laplace-Experiment darstellt. Die Überlegung für den Münzwurf sind hingegen komplizierter, daher ist hier das Experiment hilfreich.
S = {1; 2; 3; 4; 5; 6; 7; 8; 9; 10; 11; 12}
Die Seitenflächen des Dodekaeders sind alle gleich groß und symmetrisch angeordnet, daher ist die Wahrscheinlichkeit für jede Zahl gleich groß (Laplace-Experiment).

11 a) Die Wahrscheinlichkeit dafür, dass eine Zahl gewürfelt wird, die kleiner als 3 ist, beträgt
$\frac{2}{6} = \frac{1}{3} \approx 33{,}3\,\%$.
Bei 300 Spielen müsste Michael etwa 100-mal zahlen, Svea etwa 200-mal.
b) „Gerecht" bedeutet, dass beide mit der gleichen Wahrscheinlichkeit bezahlen müssten. Beispiel: Michael zahlt, wenn die Augenzahl unter 4 bleibt oder wenn er eine gerade Zahl würfelt.

3 Zusammenfassen von Ergebnissen – Summenregel

Seite 159

Einstiegsaufgabe
Simon hat recht, wenn auch seine Begründung noch unvollständig ist. Es gibt vier Ergebnisse (Z steht für Zahl, W für Wappen):
ZZ, ZW, WZ und WW (die erste Stelle zeigt dabei die Anzeige des 1. Wurfes, die zweite des 2. Wurfes).
Dabei ist:
„Pasch" = {ZZ; WW} und „kein Pasch" = {ZW; WZ}.
Die Wahrscheinlichkeit für „Pasch" beträgt somit 50 %.

Seite 160

1 a) $\frac{1}{2}$ b) $\frac{8}{20} = \frac{2}{5}$ c) $\frac{3}{20}$ d) $\frac{9}{20}$

2 a)

Farbe	gelb	blau	rot
Wahrscheinlichkeit	$\frac{1}{3}$	$\frac{1}{6}$	$\frac{1}{2}$

b) individuelle Lösung, zum Beispiel:

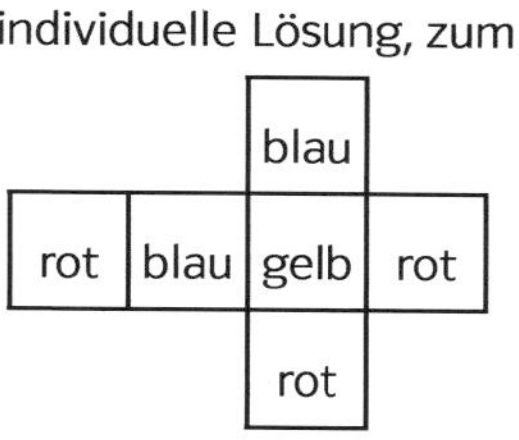

3 Wahrscheinlichkeiten für
a) linkes Glücksrad: $P(\text{blau}) = \frac{3}{6} = \frac{1}{2} = 50\,\%$;
$P(\text{gelb}) = \frac{1}{6} \approx 16{,}7\,\%$; $P(\text{grün}) = \frac{1}{3} \approx 33{,}3\,\%$
rechtes Glücksrad: $P(\text{blau}) = \frac{5}{16} = 31{,}25\,\%$;
$P(\text{gelb}) = \frac{4}{16} = \frac{1}{4} = 25\,\%$; $P(\text{grün}) = \frac{7}{16} = 43{,}75\,\%$
b) linkes Glücksrad:
$P(\text{gelb oder blau}) = \frac{3}{6} + \frac{1}{6} = \frac{4}{6} = \frac{2}{3} \approx 66{,}7\,\%$
rechtes Glücksrad:
$P(\text{gelb oder blau}) = \frac{5}{16} + \frac{4}{16} = \frac{9}{16} = 56{,}25\,\%$

4 a) S = {1; 2; 3; 4; 5; 6; 7; 8; 9} oder S = {rot; weiß}
Die Ergebnisse können Zahlen oder Farben oder beides betreffen, z. B. „eine gerade Zahl", „eine rote Kugel" oder „eine weiße Kugel mit ungerader Zahl".
b) $P(\text{Primzahl}) = \frac{4}{9} \approx 44{,}4\,\%$
c) $P(\text{rote Kugel mit Zahl größer als 5}) = \frac{2}{9} \approx 22{,}2\,\%$

5 a) (1) $\frac{1}{32} \approx 3\,\%$
(2) $\frac{16}{32} = \frac{1}{2} = 50\,\%$
(3) $\frac{8}{32} = \frac{1}{4} = 25\,\%$
(4) $\frac{24}{32} = \frac{3}{4} = 75\,\% = 100\,\% - 25\,\%$
b) $\frac{12}{32} = \frac{3}{8} = 37{,}5\,\%$

Seite 161

6 $P(\text{1. Zahl gerade}) = \frac{24}{49} \approx 0{,}49$

7 Man nimmt an, dass alle Lose mit der gleichen Wahrscheinlichkeit gezogen werden.

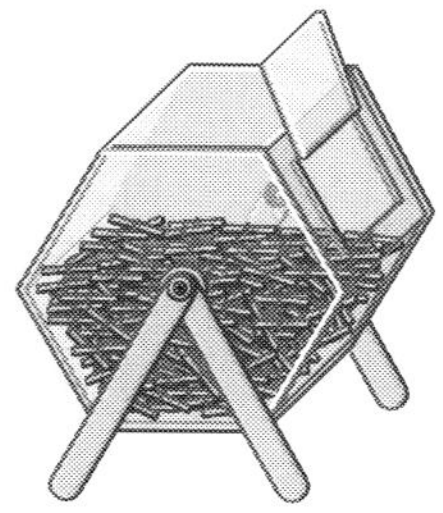

Die Anzahl der möglichen Ergebnisse beträgt 9000, denn es gibt 9999 − 999 = 9000 Lose.
Die Anzahl der Hauptgewinne beträgt 9, nämlich die Lose 1000, 2000, 3000, …, 9000.
Die Anzahl der Trostpreise beträgt 1800. Dies sieht man so: Insgesamt enden 900 Lose auf 3, nämlich die Lose mit den Nummern 1003, 1013, 1023, …, 9993, also jedes zehnte Los. Ebenso enden 900 Lose auf 7.
$P(A) = \frac{9}{9000} = \frac{1}{1000} = 0{,}001 = 0{,}1\,\%$,
$P(B) = \frac{1800}{9000} = \frac{1}{5} = 0{,}2 = 20\,\%$,
$P(C) = 1 - \frac{1}{1000} - \frac{1}{5} = 1 - \frac{1}{1000} - \frac{200}{1000} = \frac{799}{1000} = 0{,}799 = 79{,}9\,\%$,
denn die Nieten bilden das Gegenereignis zu den Hauptgewinnen und Trostpreisen.

8 a) $\frac{2}{6} = \frac{1}{3} \approx 33{,}3\,\%$ b) $\frac{2}{6} = \frac{1}{3} \approx 33{,}3\,\%$
c) $\frac{2}{6} = \frac{1}{3} \approx 33{,}3\,\%$

10 a) (1) $\frac{1}{6} \approx 16{,}7\,\%$ (2) $1 - \frac{1}{6} = \frac{5}{6} \approx 83{,}3\,\%$
(3) $\frac{2}{6} = \frac{1}{3} \approx 33{,}3\,\%$ (4) $1 - \frac{1}{3} = \frac{2}{3} \approx 66{,}7\,\%$
b) Lego-8er:
(1) 0,5 % (2) 100 % − 0,5 % = 99,5 %
(3) 57 % (4) 100 % − 57 % = 43 %
Quader:
(1) 8 % (2) 100 % − 8 % = 92 %
(3) 42 % (4) 100 % − 42 % = 58 %

11 a) $\frac{12}{30} = \frac{2}{5} = 40\,\%$ b) $\frac{15}{30} = \frac{1}{2} = 50\,\%$

12 a) $P(\text{Gewinn}) = \frac{40}{400} = 0{,}1$ b) $P(\text{Trostpreis}) = \frac{160}{400} = 0{,}4$
c) $P(\text{Niete}) = \frac{200}{400} = 0{,}5$ d) $P(\text{keine Niete}) = 0{,}5$

Seite 162

13

Farbe	blau	gelb	grün
Anteil im Glücksrad a)	30 %	20 %	50 %
Anteil im Glücksrad b)	40 %	10 %	50 %
Winkelgrößen im Glücksrad a)	108°	72°	180°
Winkelgrößen im Glücksrad b)	144°	36°	180°

14

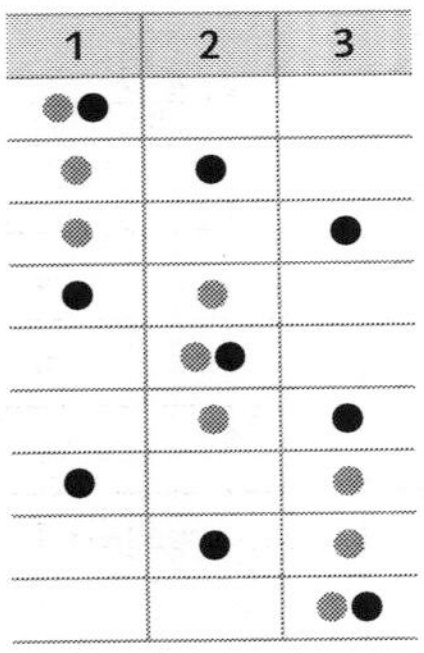

Jedes Ergebnis kann man als geordnetes Paar darstellen. Die 1. Zahl sei die Kästchennummer der roten, die 2. Zahl die Kästchennummer der schwarzen Kugel.
$\Omega = \{(1; 1); (1; 2); (1; 3); (2; 1); (2; 2); (2; 3); (3; 1); (3; 2); (3; 3)\}$

$P(A) = \frac{4}{9}$; $P(B) = \frac{2}{9}$; $P(C) = \frac{6}{9} = \frac{2}{3}$;
$P(D) = \frac{3}{9} = \frac{1}{3}$

15 a) Unter der Annahme, dass alle Wochentage als Geburtstage gleich wahrscheinlich sind, ist die Wahrscheinlichkeit, an einem Samstag oder Sonntag geboren zu werden $\frac{2}{7} \approx 28{,}6\,\%$.

b) $\frac{3}{7} \approx 42{,}9\,\%$; es waren nur „s" gefragt, nicht „S".

c) Bei Teilaufgabe a) sinkt die Wahrscheinlichkeit etwas, bei Teilaufgabe b) steigt sie etwas.

16 Patrick hat alle möglichen Ausgänge ohne Berücksichtigung der Reihenfolge notiert. So bedeutet z. B. (1, 2) bei ihm entweder, dass im ersten Wurf „1" geworfen wurde und im zweiten „2" oder umgekehrt zuerst „2" und dann „1".
Bei Viviane ist die linke Zahl stets das Ergebnis des ersten Wurfes und die rechte Zahl stets das Ergebnis des zweiten Wurfes. So stellen z. B. (1, 2) und (2, 1) bei Viviane zwei unterschiedliche Ergebnisse dar.
Nur bei Vivianes Ergebnismenge sind alle Ergebnisse gleich wahrscheinlich, daher hat sie recht.
In Patricks Ergebnismenge müsste beispielsweise das Ergebnis (1, 2) doppelt so wahrscheinlich sein wie das Ergebnis (1, 1), weil es auf zwei verschiedene Arten erzielt werden kann.

17 Gesamtfläche: $70\,\text{cm} \cdot 50\,\text{cm} = 3500\,\text{cm}^2$

a) $P(\text{blaue Fläche}) = \frac{700\,\text{cm}^2}{3500\,\text{cm}^2} = \frac{1}{5}$

b) $P(\text{gelbe Fläche}) = \frac{300\,\text{cm}^2}{3500\,\text{cm}^2} = \frac{3}{35}$

c) $P(\text{orange Fläche}) = \frac{500\,\text{cm}^2}{3500\,\text{cm}^2} = \frac{1}{7}$

d) $P(\text{rote Fläche}) = \frac{600\,\text{cm}^2}{3500\,\text{cm}^2} = \frac{6}{35}$

18 a) $\frac{5}{6} \approx 83{,}33\,\%$

b) $P(\text{keine blaue Fläche}) = \frac{2}{27}$;
$P(\text{eine blaue Fläche}) = \frac{9}{27} = \frac{1}{3}$;
$P(\text{zwei blaue Flächen}) = \frac{12}{27} = \frac{4}{9}$;
$P(\text{vier blaue Flächen}) = 0$

Vertiefen und Vernetzen

Seite 163

1 a)

Setzung	Wahrscheinlichkeit
Plein	$\frac{1}{37} \approx 0{,}027 = 2{,}7\,\%$
Cheval	$\frac{2}{37} \approx 0{,}054 = 5{,}4\,\%$
Carré	$\frac{4}{37} \approx 0{,}108 = 10{,}8\,\%$
Kolonne	$\frac{12}{37} \approx 0{,}324 = 32{,}4\,\%$
Rouge	$\frac{18}{37} \approx 0{,}486 = 48{,}6\,\%$
Impair	$\frac{18}{37} \approx 0{,}486 = 48{,}6\,\%$

b) individuelle Lösung, zum Beispiel:
Man könnte 37 Zahlen auf Zettel schreiben und einen dieser Zettel zufällig ziehen.

2 Auf lange Sicht verbessert sich das Ergebnis, allerdings kann es zwischendurch immer wieder zu Verschlechterungen kommen.
Mögliche Grafikdarstellungen:

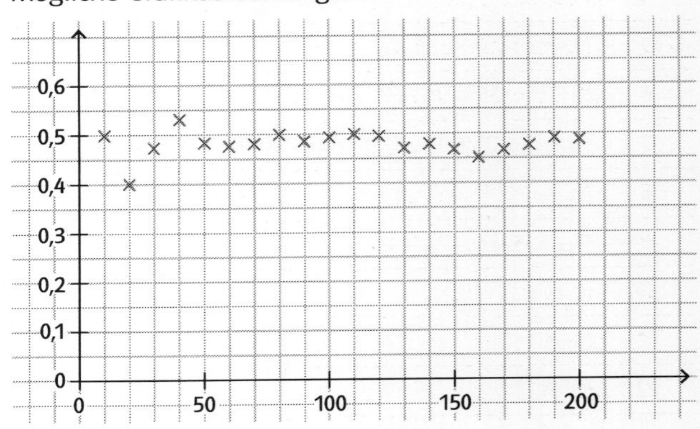

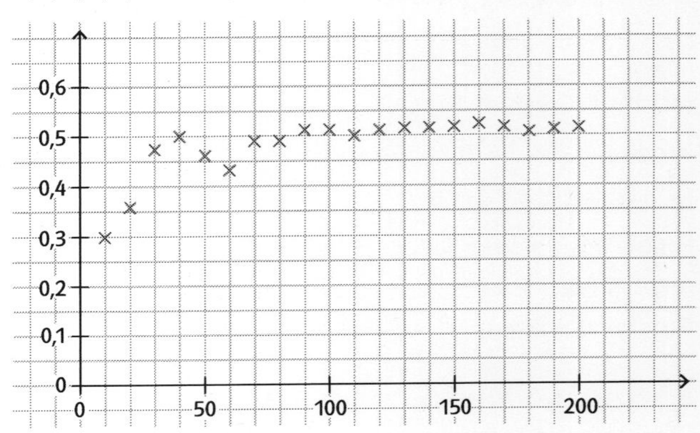

3 Annahme: Die Körper werden als „nach hinten“ konsequent fortgesetzt betrachtet, dies kann man wegen der perspektivischen Darstellung nur vermuten.
(1) P(keine blaue Fläche) = 0;
P(eine blaue Fläche) = $\frac{7}{27}$; P(zwei blaue Flächen) = $\frac{7}{27}$;
P(drei blaue Flächen) = $\frac{7}{27}$; P(vier blaue Flächen) = $\frac{6}{27}$;
P(fünf blaue Flächen) = 0
(2) P(keine blaue Fläche) = $\frac{1}{35}$;
P(eine blaue Fläche) = $\frac{9}{35}$; P(zwei blaue Flächen) = $\frac{4}{35}$;
P(drei blaue Flächen) = $\frac{16}{35}$; P(vier blaue Flächen) = $\frac{4}{35}$;
P(fünf blaue Flächen) = $\frac{1}{35}$

4 Da sich in Fig. 2 im Schülerbuch die niedrigen Augenzahlen bei Würfel A und die hohen bei Würfel B befinden, häufen sich die Wahrscheinlichkeiten der Summe in der Mitte, in der Nähe von 7.
Bei den in den folgenden Tabellen angegebenen Pfaden gibt die erste Zahl jedes Zahlenpaares die Augenzahl für Würfel A an, die zweite Zahl die Augenzahl für Würfel B. Da bestimmte Augenzahlen auf den Würfeln mehrfach vorkommen, sind bestimmte Pfade mehrfach möglich.

Augensumme	Pfade, die zu der Augensumme führen	Wahrscheinlichkeit für die Augensumme bei den Würfeln von Fig. 1 im Schülerbuch
2	(1, 1)	$\frac{1}{36}$
3	(1, 2)	$\frac{1}{36}$
4	(1, 3) und (3, 1)	$\frac{1+1}{36} = \frac{2}{36}$
5	(1, 4), (3, 2) und (4, 1)	$\frac{1+1+1}{36} = \frac{3}{36}$
6	(3, 3), (4, 2) und (5, 1)	$\frac{1+1+2}{36} = \frac{4}{36}$
7	(1, 6), (3, 4), (4, 3), (5, 2) und (6, 1)	$\frac{2+1+1+2+1}{36} = \frac{7}{36}$
8	(4, 4), (5, 3) und (6, 2)	$\frac{1+2+1}{36} = \frac{4}{36}$
9	(3, 6), (5, 4) und (6, 3)	$\frac{2+2+1}{36} = \frac{5}{36}$
10	(4, 6) und (6, 4)	$\frac{2+1}{36} = \frac{3}{36}$
11	(5, 6)	$\frac{4}{36}$
12	(6, 6)	$\frac{2}{36}$
		Summe: $\frac{36}{36} = 1$

Augensumme	Pfade, die zu der Augensumme führen	Wahrscheinlichkeit für die Augensumme bei den Würfeln von Fig. 2 im Schülerbuch
2	–	0
3	–	0
4	–	0
5	(1, 4)	$\frac{4}{36}$
6	(1, 5) und (2, 4)	$\frac{4+4}{36} = \frac{8}{36}$
7	(1, 6), (2, 5) und (3, 4)	$\frac{4+4+4}{36} = \frac{12}{36}$
8	(2, 6) und (3, 5)	$\frac{4+4}{36} = \frac{8}{36}$
9	(3, 6)	$\frac{4}{36}$
10	–	0
11	–	0
12	–	0
		Summe: $\frac{36}{36} = 1$

Exkursion: Schokoladentest

Seite 164

1 individuelle Lösung

Seite 165

2 individuelle Lösung

3 individuelle Lösung

4 a) P(0 Treffer) = $\frac{9}{24}$ P(1 Treffer) = $\frac{8}{24}$
P(2 Treffer) = $\frac{6}{24}$ P(3 Treffer) = 0
P(4 Treffer) = $\frac{1}{24}$
b) individuelle Lösung

VI Terme und Gleichungen

Seite 169

Ganz New York ist auf der Suche

Da Maria vor einer bestimmten Zeit so alt war, wie es Anna jetzt ist, ist Anna jünger als Maria.
Mit x wird das Alter von Maria zu dem Zeitpunkt bezeichnet, an dem Anna 12 war. Heute ist Anna x Jahre alt und Maria 24. Da sich der Altersunterschied nicht verändert, muss $24 - x = x - 12$ gelten. Durch Ausprobieren erhält man die Lösung $x = 18$.
Anna ist also 18 Jahre alt. Als Maria 18 Jahre alt war, war Anna erst 12 Jahre alt, also halb so alt wie Maria heute.

Lösungshinweise zu den Erkundungen

Seite 170

Rechenregeln erkunden und anwenden

„Rechne geschickt" – ein Spiel

- Bei den einzelnen Aufgaben der drei Karten ist die Anwendung verschiedener Rechenregeln hilfreich, zum Beispiel: Vertauschen der Reihenfolge von zwei Zahlen, die addiert oder multipliziert werden, Ausklammern eines gemeinsamen Faktors, Auflösen von Klammern etc.
  Karte 1:
  (1) Lösung: 530 (2) Lösung: 200
  (3) Lösung: 48 900
  Karte 2:
  (1) Lösung: 213,5 (2) Lösung: 1
  (3) Lösung: 351
  Karte 3:
  (1) Lösung: 41 (2) Lösung: 150
  (3) Lösung: 1
- individuelle Lösung
- individuelle Lösung

Spielanalyse

- Diese Rechenregel gilt für die Addition und die Multiplikation, aber nicht für die Subtraktion und die Division.
- Weitere Rechenregeln:
  - Stehen zwei Zahlen, die addiert werden, innerhalb einer Klammer und wird außerhalb der Klammer eine weitere Zahl dazuaddiert, kann man die Klammer auch umsetzen.
    Allgemein: $(a + b) + c = a + (b + c)$
    Diese Regel gilt auch für die Multiplikation, also: $(a \cdot b) \cdot c = a \cdot (b \cdot c)$.
  - Ausmultiplizieren: Wird die Summe von zwei Zahlen mit einer dritten Zahl multipliziert, so kann jede der beiden Zahlen getrennt mit der dritten Zahl multipliziert werden und die zwei Produkte werden addiert.
    Allgemein: $(a + b) \cdot c = a \cdot c + b \cdot c$ oder $c \cdot (a + b) = c \cdot a + c \cdot b$
    Für die Division gilt eine ähnliche Regel: $(a + b) : c = a : c + b : c$.
  - Ausklammern: Werden zwei Zahlen jede für sich mit einer dritten Zahl multipliziert und dann addiert, so kann die Summe der zwei Zahlen in eine Klammer gesetzt und die dritte Zahl ausgeklammert werden.
    Allgemein: $a \cdot c + b \cdot c = c \cdot (a + b)$
- individuelle Lösung

Seite 171

Knackt die Box

Forschungsauftrag 1: Boxen füllen

- Durch Ausprobieren kann man ermitteln, dass in jeder blauen Box jeweils 2 Hölzchen liegen müssen. Um weitere Boxen zu füllen, kann man so vorgehen, dass die Boxen in gewünschter Anzahl zunächst leer aufgestellt werden, um sie dann anschließend mit Hölzchen zu füllen bzw. abschließend fehlende Hölzchen auf den beiden Seiten des Gleichheitszeichens zu ergänzen.
- individuelle Lösung

Forschungsauftrag 2: Boxen und Gleichungen

- (1) $3 \cdot h = 3 + 2 \cdot h$
  oder $h + h + h = 2 + h + 1 + h$
  (2) $h + 7 = 3 \cdot h + 3$
  oder $2 + h + 5 = h + 3 + 2 \cdot h$
  (3) $4 \cdot h = 2 \cdot h + 6$
  oder $2 \cdot h + h + h = h + 3 + h + 3$
  (4) $2 \cdot h + 7 = 3 \cdot h + 1$
  oder $h + 7 + h = 2 \cdot h + 1 + h$
  Begründungen:
  Durch Abzählen der einzelnen Boxen- und Hölzchenanzahlen kann man die Gleichungen leicht zuordnen.
- Ergebnisse:
  (1) 3 Hölzchen pro Box
  (2) 2 Hölzchen pro Box
  (3) 3 Hölzchen pro Box
  (4) 6 Hölzchen pro Box
- Bei der Boxengleichung im Forschungsauftrag 1 muss die Gleichung dann $2 \cdot h + 5 = 3 \cdot h + 3$ lauten.
- individuelle Lösung

Forschungsauftrag 3: Boxenfolgen legen

- Die Ausgangssituation wird nochmals dargestellt. Im 1. Schritt wird auf beiden Seiten des Gleichheitszeichens jeweils ein Hölzchen entfernt. Im 2. Schritt wird auf beiden Seiten des Gleichheitszeichens jeweils eine Box entfernt. Man kann diese Handlungen jeweils durchführen, weil man auf beiden Seiten des Gleichheitszeichens das Gleiche durchführt – an der Gleichheit ändert sich nichts. Im 2. Schritt ist daher gleichzeitig das Ergebnis angegeben (4 Hölzchen).

- Boxenfolge für den Forschungsauftrag 1:

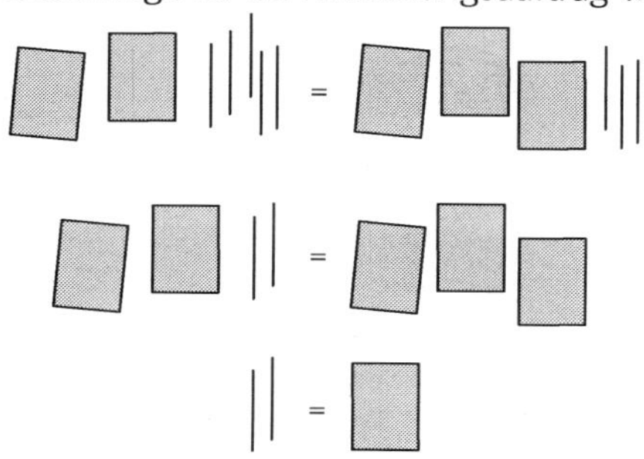

Also sind in einer Box 2 Hölzchen.
Boxenfolge für den Forschungsauftrag 2:
(1)

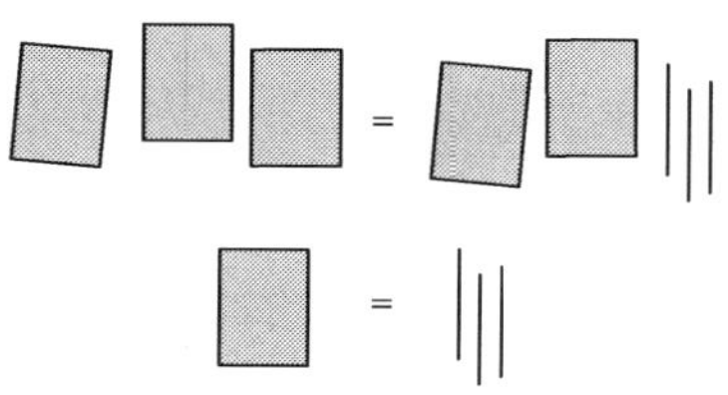

Also sind in einer Box 3 Hölzchen.
(2)

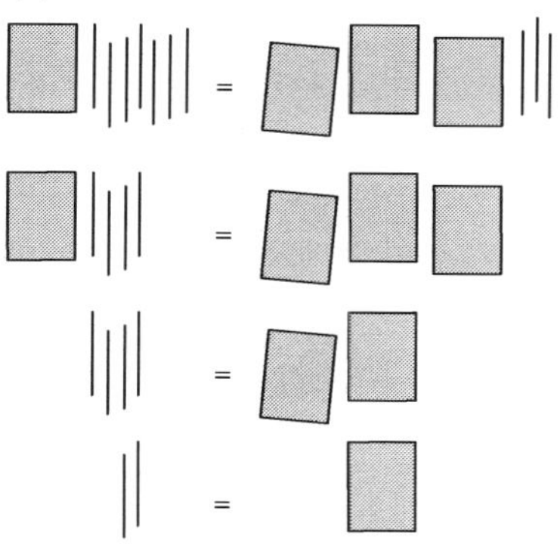

Also sind in einer Box 2 Hölzchen.
(3)

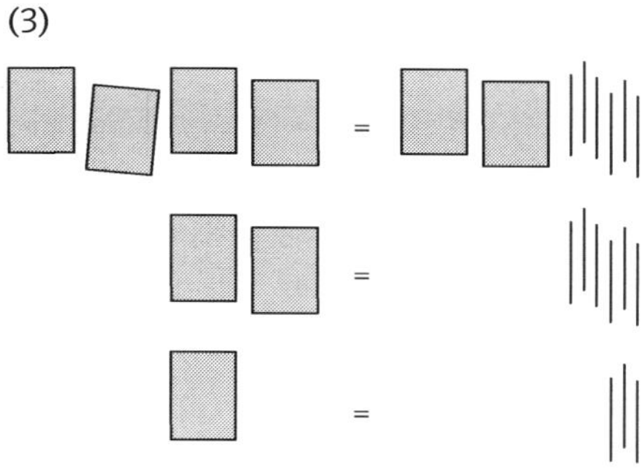

Also sind in einer Box 3 Hölzchen.
(4)

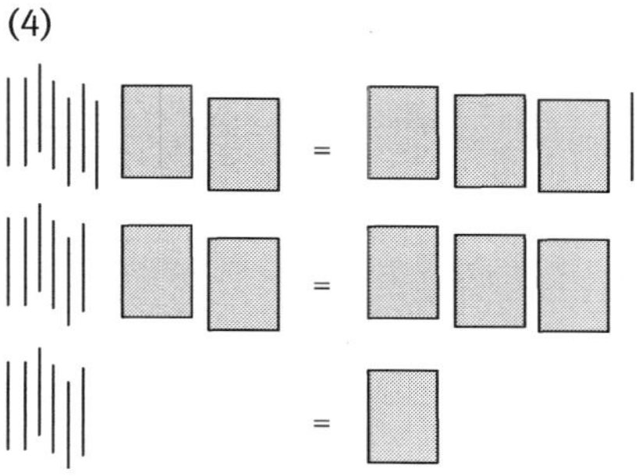

Also sind in einer Box 6 Hölzchen.

- Wenn man die Idee der Boxenfolgen auf Gleichungen überträgt, ergeben sich folgende Gleichungsfolgen, indem man die Bilder einfach in Gleichungen überführt:

Forschungsauftrag 1:
$2 \cdot h + 5 = 3 \cdot h + 3$
$2 \cdot h + 2 = 3 \cdot h$
$2 = h$

Forschungsauftrag 2:
(1) $3 \cdot h = 2 \cdot h + 3$
$h = 3$
(2) $h + 7 = 3 \cdot h + 3$
$h + 4 = 3 \cdot h$
$4 = 2 \cdot h$
$2 = h$
(3) $4 \cdot h = 2 \cdot h + 6$
$2 \cdot h = 6$
$h = 3$
(4) $7 + 2 \cdot h = 3 \cdot h + 1$
$6 + 2 \cdot h = 3 \cdot h$
$6 = h$

Forschungsauftrag 3:
$2 \cdot h + 1 = h + 5$ (Ausgangssituation)
$2 \cdot h = h + 4$ (1. Schritt)
$h = 4$ (2. Schritt)

- individuelle Lösung

1 Terme

Seite 172

Einstiegsaufgabe
Das erste Quadratmuster hat eine Seitenlänge von 2 Punkten, das zweite Quadratmuster eine Seitenlänge von 3 Punkten, das dritte Muster eine Seitenlänge von 4 Punkten …; jedes weitere Muster hat eine Seitenlänge, die jeweils um einen Punkt länger ist.
Da jedes Quadratmuster vier Seiten hat, kommen jeweils 4 Punkte hinzu.

Figur	Anzahl der Punkte
1	4
2	8
3	12
4	16
5	20
6	24
…	…

Seite 174

1 a) Beispiele:
Gedachte Zahl: 5
Ergebnis: $7 \cdot 5 + 12 = 47$
Gedachte Zahl: -4
Ergebnis: $7 \cdot (-4) + 12 = -16$
Term: $7 \cdot x + 12$
b) Beispiele:
Gedachte Zahl: 5
Ergebnis: $5 \cdot 3{,}5 - 9{,}25 = 8{,}25$
Gedachte Zahl: -4
Ergebnis: $(-4) \cdot 3{,}5 - 9{,}25 = -23{,}25$
Term: $x \cdot 3{,}5 - 9{,}25$

c) Beispiele:
Gedachte Zahl: 5
Ergebnis: $5:10 + 2 \cdot 5 = 10{,}5$
Gedachte Zahl: -4
Ergebnis: $(-4):10 + 2 \cdot (-4) = -8{,}4$
Term: $x:10 + 2 \cdot x$

2

Term	6	4	−3	$\frac{4}{5}$
$3x - 5$	$3 \cdot 6 - 5 = 13$	$3 \cdot 4 - 5 = 7$	$3 \cdot (-3) - 5 = -14$	$3 \cdot \frac{4}{5} - 5 = -\frac{13}{5}$
$4 + 5x$	$4 + 5 \cdot 6 = 34$	$4 + 5 \cdot 4 = 24$	$4 + 5 \cdot (-3) = -11$	$4 + 5 \cdot \frac{4}{5} = 8$
$(-0{,}5)x + 3$	$(-0{,}5) \cdot 6 + 3 = 0$	$(-0{,}5) \cdot 4 + 3 = 1$	$(-0{,}5) \cdot (-3) + 3 = 4{,}5$	$(-0{,}5) \cdot \frac{4}{5} + 3 = \frac{13}{5}$

3

	Term	a = 3, b = 5	a = 5, b = 1
a)	$3a - 2b + a$	$3 \cdot 3 - 2 \cdot 5 + 3 = 2$	$3 \cdot 5 - 2 \cdot 1 + 5 = 18$
b)	$4a - a^2 + 10b$	$4 \cdot 3 - 3^2 + 10 \cdot 5 = 53$	$4 \cdot 5 - 5^2 + 10 \cdot 1 = 5$
c)	$(a + b)(a - b)$	$(3 + 5)(3 - 5) = -16$	$(5 + 1)(5 - 1) = 24$
d)	$a^2 - b^2$	$3^2 - 5^2 = -16$	$5^2 - 1^2 = 24$

4

	Term	3	12	−7	0,8
a)	$3x - 7$	2	29	−28	−4,6
b)	$4(x - 3) + 5$	5	41	−35	−3,8
c)	$(-2)x + 3x$	3	12	−7	0,8
d)	$4x - 5(x + 1)$	−8	−17	2	−5,8

5 a)

Muster	x	gezählte Perlenanzahl	$4x + 2$
	1	6	$4 \cdot 1 + 2 = 6$
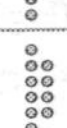	2	10	$4 \cdot 2 + 2 = 10$
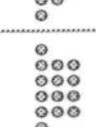	3	14	$4 \cdot 3 + 2 = 14$
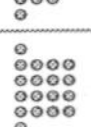	4	18	$4 \cdot 4 + 2 = 18$
	5	22	$4 \cdot 5 + 2 = 22$
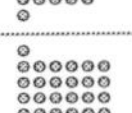	6	26	$4 \cdot 6 + 2 = 26$

b) In jeder Perlenreihe hat Katharina 4 Perlen gezählt, also sind es $4 \cdot x$ Perlen. Dazu kommen die beiden Perlen oben und unten in der ersten Reihe. Insgesamt sind es $4 \cdot x + 2$ Perlen.
c) Wenn $x = 1$ ist, so stimmt zwar die Perlenanzahl $3 \cdot 1 + 3 = 6$, für $x = 2$ ist aber $3 \cdot 2 + 3 = 9$, während die Perlenanzahl 10 ist. Somit kann man mit dem Term $3x + 3$ die Perlenanzahl nicht berechnen.

6 a)

x (Anzahl der Stockwerke)	Anzahl der Bauklötze
3	$4 \cdot 3 + 8 = 20$
5	$4 \cdot 5 + 8 = 28$
7	$4 \cdot 7 + 8 = 36$
16	$4 \cdot 16 + 8 = 72$

b) Für den Sockel benötigt Fabian 8 Klötze, je 4 Klötze braucht er für jedes Stockwerk. Insgesamt sind es also bei x Stockwerken $4x + 8$ Klötze.

7 a) Term für den Umfang des blauen Rechtecks bei Länge x: $2x + 10$
b) Term für die Zahl x mit 3 multiplizieren und 4 addieren: $x \cdot 3 + 4$
c) Term für das Gewicht von Florians Kirschen (in kg) nach x Stunden: $3 + 4x$
d) Term für die Perlenanzahl der Rakete bei x Perlenreihen: $3x + 12$
e) Term für den Flächeninhalt des roten Rechtecks mit Länge x: $2x$

Seite 175

8 a) individuelle Lösung, zum Beispiel:

Muster	x	gezählte Streichhölzer	$7 + 5(x - 1)$
	1	7	$7 + 5 \cdot (1 - 1) = 7$
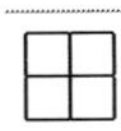	2	12	$7 + 5 \cdot (2 - 1) = 12$
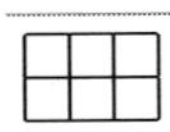	3	17	$7 + 5 \cdot (3 - 1) = 17$
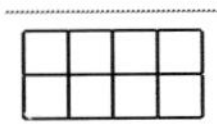	4	22	$7 + 5 \cdot (4 - 1) = 22$

b) Für die ersten beiden Quadrate (in der Aufgabe rot) braucht Theo 7 Streichhölzer. Wenn er danach zwei weitere Quadrate an sein Muster anhängt, so braucht er 5 weitere Streichhölzer. Also braucht er insgesamt $7 + 5(x - 1)$ Streichhölzer.
c) $2 + 5x$: Der Term beschreibt die Anzahl der Streichhölzer korrekt. Die 2 steht für die beiden Streichhölzer ganz links. Für jede zusätzliche Reihe von zwei Quadraten kommen 5 Streichhölzer dazu, also $2 + 5x$.
$4 + 3x$: Der Term beschreibt die Anzahl der Streichhölzer nicht korrekt. Der Term nimmt für $x = 2$ den Wert 10 an, es sind aber 12 Streichhölzer.
$3x + 2(x + 1)$: Der Term beschreibt die Anzahl der Streichhölzer korrekt. Bei x Reihen hat man $3x$ waagerecht liegende Streichhölzer (3 waagerechte Reihen) und $2(x + 1)$ senkrecht liegende Streichhölzer.

9 a) Beispiele:
Anzahl Tage: 4
Gewicht (in g): $500 + 4 \cdot 70 = 780$
Anzahl Tage: 12
Gewicht (in g): $500 + 12 \cdot 70 = 1340$
Term: $500 + x \cdot 70$ (Gewicht nach x Tagen in g)

b) Beispiele:
Kubikmeter Gas: 40
Gesamtpreis (in €): 12,35 + 40 · 1,35 = 66,35
Kubikmeter Gas: 24,4
Gesamtpreis (in €): 12,35 + 24,4 · 1,35 = 45,29
Term: 12,35 + x · 1,35 (Gesamtpreis in € beim Verbrauch von x Kubikmetern Gas)
c) Beispiele:
Zeit (in s): 6
Entfernung (in km): 6 : 3 = 2
Zeit (in s): 10,5
Entfernung (in km): 10,5 : 3 = 3,5
Term: x : 3 (Entfernung in km bei x Sekunden)

10 a) Term: 0,21 · x + 9
Situation: Betrag einer monatlichen Telefonrechnung in € bei x telefonierten Einheiten. Jede Einheit kostet dabei 0,21 €, die Grundgebühr für den Anschluss beträgt 9 €.
b) Term: 2 · x + 8
Situation: Umfang eines Rechtecks in cm mit Länge x und Breite 4 cm
c) Term: 9 + 2 · x
Situation: Zahlenrätsel (Multipliziere 2 mit einer gedachten Zahl und addiere das Ergebnis zu 9.)

14 x: Anzahl der (angefangenen) Gesprächsminuten pro Monat
y: Anzahl der verschickten SMS pro Monat
Term, der die monatlichen Handykosten (in €) angibt:
0,11 x + 0,09 y + 9,95

Seite 176

15 a) Umfang (in m): 2x + 2y
Flächeninhalt (in m^2): x · y
für x = 7 und y = 9: Umfang: 32 m, Flächeninhalt: 63 m^2
b) Umfang (in m):
15 + 20 + (15 − y) + x + y + (20 − x) = 70
(Der Umfang ist von der Länge von x bzw. y unabhängig.)
Flächeninhalt: 20 · 15 − x · y = 300 − x · y
für x = 7 und y = 9: Umfang: 70 m, Fläche: 237 m^2
c) Umfang (in m): 18 + 20 + 18 + 20 + 2x = 76 + 2x
Flächeninhalt: 20 · 18 − x · y = 360 − x · y
für x = 7 und y = 9: Umfang: 90 m, Fläche: 297 m^2

16 a) Umfang: 12x, Flächeninhalt: $5x^2$
b) Umfang: $4\frac{2}{3} \cdot x$, Flächeninhalt: $6 \cdot \left(\frac{1}{3}x\right)^2 = \frac{2}{3}x^2$
c) Umfang: 6x, Flächeninhalt: $6 \cdot \left(\frac{1}{2}x\right)^2 = 1\frac{1}{2} \cdot x^2$

Seite 177

17 C2: Hier steht der Wert des Terms 3x − 2y für x = 5 und y = 8:
3 · 5 − 2 · 8 = − 1; die Eingabe im Programm war richtig. Der Eintrag lautet: *= 3*A2−2*B2*.
C3: Hier steht der Wert des Terms 3x − 2y für x = 2 und y = −4:
3 · 2 − 2 · (−4) = 14; die Eingabe im Programm war richtig. Der Eintrag lautet: *= 3*A3−2*B3*.

18 mögliche Form des Terms: a · x + b
Das Einsetzen von x = 0 liefert: a · 0 + b = −7, also b = −7.
Das Einsetzen von x = 1 liefert: a · 1 − 7 = −4, also a = 3.
Wenn die Annahme stimmt, so müsste der Term 3x − 7 lauten. Es muss noch geprüft werden, ob auch die restlichen Bedingungen erfüllt werden:
x = 2: 3 · 2 − 7 = −1 (richtig),
x = 3: 3 · 3 − 7 = 2 (richtig),
x = 5: 3 · 5 − 7 = 8 (richtig).
Der Term lautet somit 3x − 7.

19 x: Anzahl der Gesprächsminuten pro Monat
y: Anzahl der SMS pro Monat
Der Term zur Berechnung der monatlichen Handy-Gesamtkosten (in €) lautet: 0,15x + 0,11y + 7,95.
Der Wert des Terms gibt die monatlichen Kosten in € an.
Tabelle: individuelle Lösung, zum Beispiel:

C2 fx =0,15*A2+0,11*B2+7,95

	A	B	C	D
1	x	y	0,15x+0,11y+7,95	
2	50	25	18,2	
3	75	30	22,5	
4	60	55	23	
5				

20 Der Term gibt den Eintrittspreis, der jeweils gezahlt werden muss, an.
a) Der Eintritt kostet 9 € für Kinder und 4 € für Erwachsene, also a = 9 und b = 4.
b) Gezahlt haben 203 Kinder und 43 Erwachsene, also k = 203 und e = 43.
c) Der Eintritt für Erwachsene beträgt das Doppelte des Eintrittes für Kinder, also b = 2 · a.

21 a) Sei b die Breite der quadratischen Pflastersteine (in cm) und A die Anzahl der benötigten Steine.
Dann ist A = (480 : b) · (480 : b), denn die Anzahl der Steine pro Reihe ergibt sich aus dem Term 480 : b (beide Angaben in cm) und im quadratischen Hof gibt es ebenfalls 480 : b Reihen.
b) b = 4: A = (480 : 4) · (480 : 4) = 14 400;
also werden 14 400 Pflastersteine benötigt.
b = 5: A = $(480 : 5)^2$ = 9216;
also werden 9216 Pflastersteine benötigt.
b = 6: A = $(480 : 6)^2$ = 6400;
also werden 6400 Pflastersteine benötigt.
b = 8: A = $(480 : 8)^2$ = 3600;
also werden 3600 Pflastersteine benötigt.
c) Sei P der Preis für alle Steine (in €) und p der Preis pro Stein (in €).
Dann ist P = A · p.
b = 4: P = 14 400 · 0,05 = 720;
also beträgt der Preis für alle Steine 720 €.
b = 5: P = 9216 · 0,08 = 737,28;
also beträgt der Preis für alle Steine 737,28 €.
b = 6: P = 6400 · 0,12 = 768;
also beträgt der Preis für alle Steine 768 €.
b = 8: P = 3600 · 0,21 = 756;
also beträgt der Preis für alle Steine 756 €.
Mögliche Antworten:
- Ich würde die Steine mit der Breite 4 cm kaufen, da sie insgesamt am günstigsten sind.

- Ich würde die großen Steine kaufen (b = 8), weil ich sie am hübschesten finde und sie auch nicht am teuersten sind.
- Ich würde die großen Steine kaufen (b = 8), weil sie am schnellsten verlegt sind.

22 a) Festbetrag für die Reparaturkosten: 20 €
Kosten pro Viertelstunde: 11 €
b) Bei 75 € hat der Installateur 5 Viertelstunden, also 1 Stunde und 15 Minuten gearbeitet. Bei 350 € sind es 30 Viertelstunden, also 7,5 Stunden und bei 295 € sind es 25 Viertelstunden, also 6 Stunden und 15 Minuten gewesen.

2 Wertgleiche Terme – Termumformungen

Seite 178

Einstiegsaufgabe
$x^2 - (x - 2)^2$ zeigt die Berechnung auf der oberen Zeile rechts: Aus der Anzahl der Punkte des vollen Quadrats wird die Anzahl der Punkte des inneren Quadrats abgezogen, dessen Seitenlänge um 2 Punkte kürzer ist.
$2 \cdot (x + (x - 2))$ zeigt die Berechnung unten in der Mitte: Die senkrechte Seite ist um zwei Punkte kürzer als die waagerechte; die Summe der beiden wird verdoppelt.
$4 \cdot x - 4$ entspricht dem Muster unten links: Die Anzahl der Punkte einer Seite wird mal vier genommen und die vier Eckpunkte, die man dadurch doppelt gezählt hat, werden abgezogen.
$x + x + (x - 2) + (x - 2)$ entspricht dem Muster oben links: Die waagerechten Seiten haben je x Punkte und die senkrechten jeweils zwei Punkte weniger.
$4 \cdot (x - 1)$ entspricht dem zweiten Quadratmuster von links auf der oberen Zeile: Man rechnet viermal die Punktzahl einer Seite um 1 vermindert.
$4 \cdot (x - 2) + 4$ entspricht dem dritten Quadratmuster von links auf der oberen Zeile: Man rechnet viermal die „innere" Punktanzahl einer Seite (d.h. Punktanzahl − 2) und addiert die vier Eckpunkte dazu.

Seite 180

1 a)

	$5 \cdot x - 1$	$7 \cdot x - 1 - 3 \cdot x$	$-x + 6 \cdot x - 1$
3	14	11	14
15	74	59	74
−5	−26	−21	−26
−7	−36	−29	−36

	$1 + 4 \cdot x - 2$	$(x - 1) + 4 \cdot x$	$4 \cdot x + 1$
3	11	14	13
15	59	74	61
−5	−21	−26	−19
−7	−29	−36	−27

b) $5 \cdot x - 1 = -x + 6 \cdot x - 1 = (x - 1) + 4 \cdot x$ (Alle drei Terme sind wertgleich.)
Begründung: $-x + 6 \cdot x - 1 = 5 \cdot x - 1$
$(x - 1) + 4 \cdot x = x + 4 \cdot x - 1 = 5 \cdot x - 1$
$7 \cdot x - 1 - 3 \cdot x = 1 + 4 \cdot x - 2$ (Die beiden Terme sind wertgleich.)
Begründung: $7 \cdot x - 1 - 3 \cdot x = 7 \cdot x - 3 \cdot x - 1 = 4 \cdot x - 1$
$1 + 4 \cdot x - 2 = 4 \cdot x + 1 - 2 = 4 \cdot x - 1$

2 a) 4s b) 5x c) 5t d) −5d
e) 0 f) k g) 6b h) 19f
i) 30g j) 3,6s k) 3,2t l) 20,3y

3 a) 9x; also 18; 27; −36 bzw. −45
b) 12x; also 24; 36; −48 bzw. −60
c) 3,8x; also 7,6; 11,4; −15,2 bzw. −19
d) −1,04x; also −2,08; −3,12; 4,16 bzw. 5,2
e) $\frac{7}{3}x$; also $\frac{14}{3} = 4\frac{2}{3}$; $\frac{21}{3} = 7$; $-\frac{28}{3} = -9\frac{1}{3}$ bzw. $-\frac{35}{3} = -11\frac{2}{3}$
f) $\frac{13}{12}x$; also $\frac{26}{12} = 2\frac{1}{6}$; $\frac{39}{12} = 3\frac{1}{4}$; $-\frac{52}{12} = -4\frac{1}{3}$ bzw. $-\frac{65}{12} = -5\frac{5}{12}$
g) $-\frac{11}{16}x$; also $-\frac{22}{16} = -1\frac{3}{8}$; $-\frac{33}{16} = -2\frac{1}{16}$; $\frac{44}{16} = 2\frac{3}{4}$ bzw. $\frac{55}{16} = 3\frac{7}{16}$
h) $\frac{5}{12}x$; also $\frac{10}{12} = \frac{5}{6}$; $\frac{15}{12} = 1\frac{1}{4}$; $-\frac{20}{12} = -1\frac{2}{3}$ bzw. $-\frac{25}{12} = -2\frac{1}{12}$

4 a) 7d b) 1000x c) 11f d) 0
e) −x f) 0 g) $\frac{11}{9}x$ h) $\frac{13}{6}x$

5 a) $5 \cdot s + 6 = s \cdot 5 + 6$ oder $5 \cdot s + 6 = 6 + 5 \cdot s$
b) $c \cdot 9 = 9 \cdot c$
c) $3 \cdot t - 9 = t \cdot 3 - 9$ oder $3 \cdot t - 9 = -9 + 3 \cdot t$
d) $2 \cdot (3 \cdot x) = (2 \cdot 3) \cdot x$
e) $2 + (3 \cdot x + 4) = (2 + 3 \cdot x) + 4$
f) $(d \cdot 3) \cdot 6 = d \cdot (3 \cdot 6)$

6 a) 4d + 20 b) 6x + 12 c) 2s − 12
d) 24t − 60 e) 3 + 18x f) −z − 2
g) −6 + 15k h) 5x + 10

7 a) 0; also jeweils 0
b) −20n; also −30; 40; 60 bzw. −120
c) 2,83n; also 4,245; −5,66; −8,49 bzw. 16,98
d) −13n; also −19,5; 26; 39 bzw. −78
e) 5n; also 7,5; −10; −15 bzw. 30
f) −36n; also −54; 72; 108 bzw. −216
g) 16n; also 24; −32; −48 bzw. 96
h) 16n, also wie bei Teilaufgabe g)
i) 1,25n; also 1,875; −2,5; −3,75 bzw. 7,5
j) $\frac{2}{9}n + \frac{53}{15}$; also $\frac{58}{15}$; $\frac{139}{45}$; $\frac{43}{15}$ bzw. $\frac{73}{15}$
k) −10; also auch für alle Einsetzungen −10
l) −5n; also −7,5; 10; 15 bzw. −30

8 a)

	$5 \cdot d - 3 \cdot d - 1$	$3 \cdot d + (1 - d)$	$d + 2 \cdot d + 3$
1	1	3	6
8	15	17	27
22	43	45	69
60	119	121	183

	$(1 - d) + 4 \cdot d$	$2d - 1$	$6 \cdot d$
1	4	1	6
8	25	15	48
22	67	43	132
60	181	119	360

b) $5 \cdot d - 3 \cdot d - 1 = 2d - 1$, da man beide Terme durch Umformen ineinander überführen kann. Die anderen Terme sind jeweils nicht wertgleich, wie man an den Einsetzungen der Tabelle sieht.
c) Bei d Quadraten sind
$4 + (d - 1) \cdot 3 = 3d + 1 = (1 - d) + 4d$ Streichhölzer notwendig.
Für das erste Quadrat braucht man 4 und für jedes weitere Quadrat 3 Streichhölzer.
d) Weil es keine negative Anzahl von Quadraten gibt, kann man für d keine negativen Zahlen einsetzen.

Seite 181

9 a) $4 \cdot (5 + x) + 3 \cdot (2x - 4)$
$= 20 + 4 \cdot x + 6 \cdot x - 12$ Distributivgesetz
$= 4x + 6x + 20 - 12$ Kommutativgesetz
$= 10x + 8$
b) $7 \cdot (n - 2) + 5(1 + 2n)$
$= 7n - 14 + 5 + 10n$ Distributivgesetz
$= 7n + 10n - 14 + 5$ Kommutativgesetz
$= 17n - 9$
c) $5 \cdot (d + 3) + 4(2 - 2d)$
$= 5d + 15 + 8 - 8d$ Distributivgesetz
$= 5d - 8d + 15 + 8$ Kommutativgesetz
$= -3d + 23$
d) $-5 \cdot (4 + 2v) + 1{,}5 \cdot (2 - 4v)$
$= -20 - 10v + 3 - 6v$ Distributivgesetz
$= -10v - 6v - 20 + 3$ Kommutativgesetz
$= -16v - 17$
e) $-\frac{3}{5} \cdot \left(\frac{5}{2} \cdot x + 1\right) + \frac{1}{4} \cdot \left(\frac{3}{2} - 4x\right)$
$= -\frac{3}{2}x - \frac{3}{5} + \frac{3}{8} - x$ Distributivgesetz
$= -\frac{3}{2}x - x - \frac{3}{5} + \frac{3}{8}$ Kommutativgesetz
$= -2\frac{1}{2}x - \frac{9}{40}$
f) $-\frac{5}{6}\left(\frac{3}{4}b - \frac{4}{9}\right) - \left(-\frac{3}{7}\right) \cdot \left(14 - \frac{7}{9}b\right)$
$= -\frac{5}{8}b + \frac{10}{27} + 6 - \frac{1}{3}b$ Distributivgesetz
$= -\frac{5}{8}b - \frac{1}{3}b + \frac{10}{27} + 6$ Kommutativgesetz
$= -\frac{23}{24}b + 6\frac{10}{27}$

10 a) $(3 \cdot n + 5) + 10 \cdot n = 3n + 5 + 10n$
$= 3n + 10n + 5$
$= 13n + 5$
b) $7 + x \cdot 2 + 15 - x = 7 + 2x + 15 - x$
$= 2x - x + 7 + 15$
$= x + 22$
$2 \cdot (-x) + 22 + 3 \cdot x = -2x + 22 + 3x$
$= 3x - 2x + 22$
$= x + 22$
Also sind beide Terme wertgleich.
c) $7 \cdot s - (3 - 2 \cdot s) = 7s - 3 + 2s = 7s + 2s - 3$
$= 9s - 3$
d) $5 \cdot x + 3 - 9 \cdot x = 5x - 9x + 3 = -4x + 3$
e) $2 \cdot (5 - 2 \cdot d) - 13 = 10 - 4d - 13 = -4d + 10 - 13$
$= -4d - 3$
$4 \cdot (1 - d) - 7 = 4 - 4d - 7 = -4d + 4 - 7 = -4d - 3$
Also sind beide Terme wertgleich.
f) $(3v + 5) \cdot 5 - v = 15v + 25 - v = 15v - v + 25$
$= 14v + 25$
$32 + 7 \cdot (2v - 1) = 32 + 14v - 7 = 14v + 32 - 7$
$= 14v + 25$
Also sind beide Terme wertgleich.

11 a) $2 + d \cdot 4 = 2 + 4d = 4d + 2$. Also sind beide Terme wertgleich.
b) $2 \cdot (1 + 2x) = 2 + 4x$ ist nicht wertgleich zu $4 + 4x$.
c) $s \cdot 7 - 27 = 7s - 27$ ist nicht wertgleich zu $27 - 7s = -7s + 27$.
d) $5a - 55 = 5 \cdot (a - 11)$. Also sind beide Terme wertgleich.
e) $3 \cdot (0{,}5 + 2t) = 1{,}5 + 6t$ ist nicht wertgleich zu $6t + 2{,}5$.
f) $5 \cdot x + 2{,}5 = 5 \cdot (x + 0{,}5) = (x + 0{,}5) \cdot 5$. Also sind beide Terme wertgleich.

12 $2 \cdot x + 5 - 3 \cdot x = 2x + 5 - 3x$
$= 5 - x$
$3 - x + 2 = 5 - x$
Die beiden Terme sind also wertgleich.

16 a) $4x + (2x - 5) = 4x + 2x - 5 = 6x - 5$
b) $9v - (2 - 5v) + 10 = 9v - 2 + 5v + 10 = 14v + 8$
c) $-(7 - 6x) + 4x + 5 = -7 + 6x + 4x + 5 = 10x - 2$
d) $(-10) \cdot d - (7 + 7d) \cdot 2 = -10d - 14 - 14d$
$= -24d - 14$
e) $5a + [3a - (4a + 1)] = 5a + [3a - 4a - 1] = 4a - 1$
f) $[(7x - 4) - (5x + 8)] + 9 = [7x - 4 - 5x - 8] + 9$
$= 2x - 3$

17 Wert des Terms für $x = 2$: $4 \cdot 2 + 3 = 11$
Es gibt viele Lösungen. Mögliche Antworten:
$5x + 1$, denn $5 \cdot 2 + 1 = 11$
$6x - 1$, denn $6 \cdot 2 - 1 = 11$
$2x + 7$, denn $2 \cdot 2 + 7 = 11$ etc.

18 a)

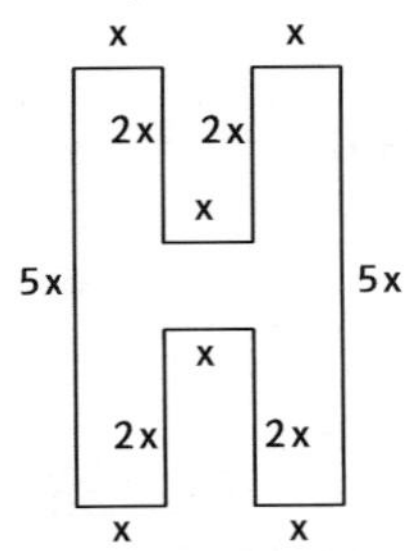

Horst fasst von oben bis zur Mitte zusammen, dann von unten bis zur Mitte. Am Schluss addiert er die beiden langen Seitenstücke.

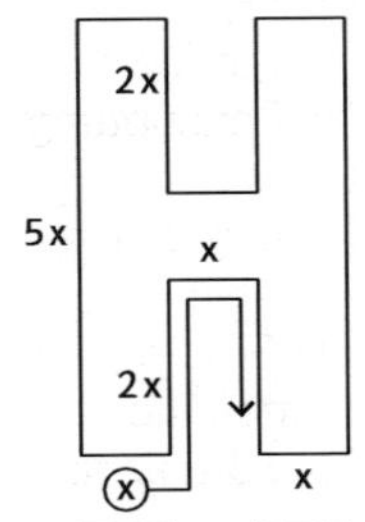

Helmut geht reihum:
Er beginnt links unten und addiert alle Teilstücke.

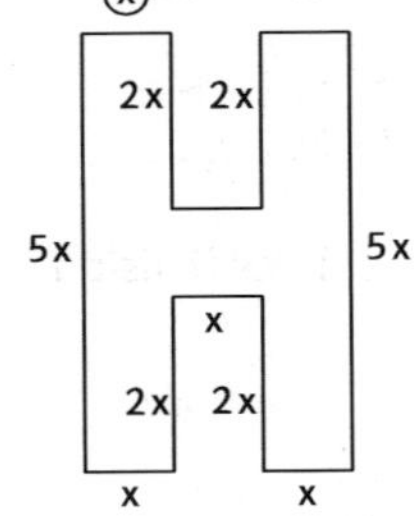

Außer bei den Stücken der Länge x fasst Hanna immer die Stücke einer Länge zusammen.
$2 \cdot (3 \cdot x)$
$4 \cdot (2 \cdot x)$
$2 \cdot (5 \cdot x)$

b) Horst
$2 \cdot x + 2 \cdot 2 \cdot x + x + 2 \cdot x + 2 \cdot 2 \cdot x + x + 2 \cdot 5 \cdot x$
$= 2x + 4x + x + 2x + 4x + x + 10x$
$= 24x$
Helmut
$x + 2 \cdot x + x + 2 \cdot x + x + 5 \cdot x + x + 2 \cdot x + x + 2 \cdot x + x + 5 \cdot x$
$= x + 2x + x + 2x + x + 5x + x + 2x + x + 2x + x + 5x$
$= 24x$
Hanna
$2 \cdot (3 \cdot x) + 4 \cdot 2 \cdot x + 2 \cdot 5 \cdot x = 6x + 8x + 10x = 24x$
Alle drei Terme kann man zu $24x$ umformen, weshalb sie wertgleich sind.
c) Mit dem einfacheren Term $24x$ kann man die Drahtlänge für jedes x sehr schnell berechnen.

Seite 182

19 a) Sei r die Anzahl der gelaufenen Runden, S das Sponsorengeld von Susanne (in €) und V das Sponsorengeld des Vaters (in €). Dann sind
$S = 9 + 5 \cdot r$ und
$V = 7 + 4 \cdot r$.
b) $r = 4$: $S = 9 + 5 \cdot 4 = 29$, also 29 €
$r = 5$: $S = 9 + 5 \cdot 5 = 34$, also 34 €
$r = 9$: $S = 9 + 5 \cdot 9 = 54$, also 54 €
$r = 4$: $V = 7 + 4 \cdot 4 = 23$, also 23 €
$r = 5$: $V = 7 + 4 \cdot 5 = 27$, also 27 €
$r = 9$: $V = 7 + 4 \cdot 9 = 43$, also 43 €
c) Zusammen erhalten sie pro Runde (S + V):
$9 + 5 \cdot r + 7 + 4 \cdot r = 16 + 9 \cdot r$.
$r = 7$: $16 + 9 \cdot 7 = 79$. Beide zusammen erlaufen bei 7 Runden ein Sponsorengeld von 79 €.
d) Ja, sie hat recht, weil man beide Terme (wie in c)) addieren kann zu $16 + 9 \cdot r$.
e) individuelle Lösung, zum Beispiel:
- $10 + 3 \cdot r$ beschreibt das Sponsorengeld, das Lisa erhält: für die Teilnahme erhält sie 10 € und für jede gelaufene Runde 3 €.
- $10 + 3 \cdot r$ beschreibt das Sponsorengeld, das Peter und Heidi zusammen erlaufen: Peter bekommt für die Teilnahme 4 € und für jede gelaufene Runde weitere 2 €. Heidi erhält für die Teilnahme 6 € und für jede Runde 1 €.

20 a) Sei l die Kantenlänge des Quadrats (in m) und f der Flächeninhalt des Quadrats (in m^2). Weiter soll H die Kosten (in €) für die Holzleisten pro Leinwand und S die Kosten (in €) für den Stoff pro Leinwand beschreiben.
Dann sind
$H = 4 \cdot l \cdot 2 = 8 \cdot l$ und
$S = f \cdot 4 = l^2 \cdot 4$.
b) Für $l = 0{,}4$ ist $f = 0{,}16$, also $H = 8 \cdot 0{,}4 = 3{,}2$ und $S = 4 \cdot 0{,}16 = 0{,}64$.
Für die Holzleisten muss Tom 3,20 € und für den Stoff 0,64 € pro Leinwand, insgesamt also 15,36 € bezahlen.
Für $l = 0{,}8$ ist $f = 0{,}64$, also $H = 8 \cdot 0{,}8 = 6{,}4$ und $S = 4 \cdot 0{,}64 = 2{,}56$.
Holzleisten: 6,40 €
Stoff: 2,56 €,
insgesamt also 35,84 €
Für $l = 1$ ist $f = 1$, also $H = 8 \cdot 1 = 8$ und $S = 4 \cdot 1 = 4$.
Holzleisten: 8 €
Stoff: 4 €,
insgesamt also 48 €
c) Tom benötigt von dem Stoff mehr, als er berechnet hat, weil dieser um die Leisten gelegt und dort angeklebt wird. Die größeren Mengen ergeben dann einen höheren Preis.

21 a) $4 \cdot s + s - s$, $s \cdot 4$ und $2 + s \cdot 1 + 3s - 2$ sind wertgleich, denn alle drei Terme kann man zu $4s$ vereinfachen.
$3s + 4 - s$ und $-1 - 5s + 5 + 7s$ sind wertgleich, denn beide Terme kann man zu $2s + 4$ vereinfachen.
$3 \cdot s - 5$ und $-8 + s + 1 + 2s + 2$ sind wertgleich, da der zweite Term ebenfalls zu $3 \cdot s - 5$ umgeformt werden kann.
$4s - 5 + s$ ist zu keinem anderen Term wertgleich.
b) $3x + 1 - x$, $x + 1 + x$ und $0{,}8 + 2{,}1 + x \cdot 2 - 1{,}9$ sind wertgleich, denn alle drei Terme kann man zu $2x + 1$ vereinfachen.
$x + x + x + 5$ und $\frac{5}{2} \cdot x + 7{,}3 + 0{,}5x - 2{,}3$ sind wertgleich, denn beide Terme lassen sich zu $3x + 5$ vereinfachen.
$x + 10 + x - 5 + 2x$, $4x + 5$ und $-2 \cdot x + 3 + 6x + 2$ sind wertgleich, denn alle Terme lassen sich zu $4x + 5$ umformen.

22 a) $n = 2$ b) $n = 0{,}5$ c) $n = 8$ d) $n = 6$
e) $n = 20$ f) $n = 40$ g) $n = 8$ h) $n = 5$

23 Beispiel für den Term $n + (-3) \cdot n + n \cdot 2$:
Zuerst wird die Schreibweise vereinfacht. $(-3) \cdot n$ ist wertgleich mit $-3 \cdot n$ und $n \cdot 2$ kann man als $2 \cdot n$ schreiben. Daraus ergibt sich der Term $n - 3 \cdot n + 2 \cdot n$. Zusammengefasst ergibt das 0.

Seite 183

24 a) Mit den Termen $3 \cdot (2n - 3)$, $3 \cdot (2n - 1) - 3 \cdot 2$ und $3 \cdot 2(n - 1) - 3 \cdot 1$ kann die Anzahl der Platten bestimmt werden.
Begründung: Der Weg wird in drei gleich lange Teilstücke unterteilt. Es wird zuerst nur ein Teilstück betrachtet.

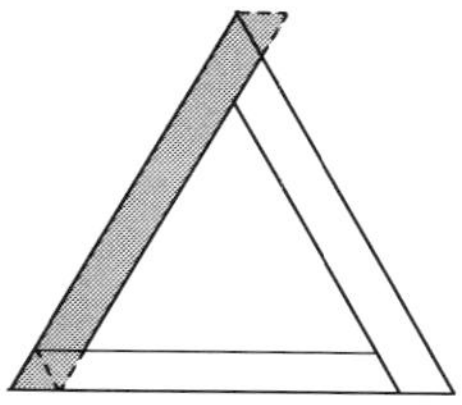

$3 \cdot (2n - 3)$
$2n$ ist grau
3 Dreiecke zu viel

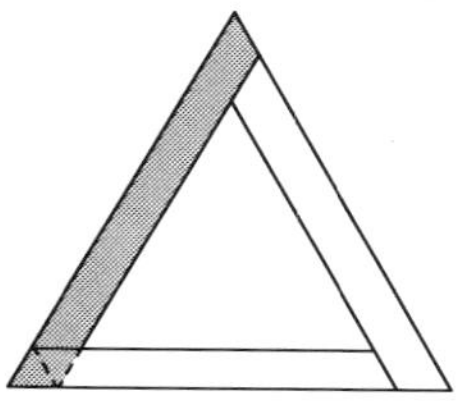

$3 \cdot (2n - 1) - 3 \cdot 2$
$2n - 1$ grau
2 Dreiecke zu viel

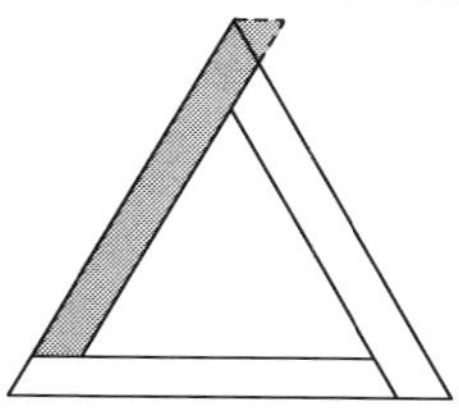

$3 \cdot 2(n - 1) - 3 \cdot 1$
$2(n - 1)$ grau
1 Dreieck zu viel

b) $3 \cdot (2n - 3) = 6n - 9$
$3 \cdot (2n - 1) - 3 \cdot 2 = 6n - 3 - 6 = 6n - 9$
$3 \cdot 2(n - 1) - 3 \cdot 1 = 6n - 6 - 3 = 6n - 9$
Damit sind alle drei Terme wertgleich.
c) Kantenlänge der Platten: 2m
$50 : 2 = 25$. Entlang einer Grundseite der Pyramide (also auf der Innenseite des Weges) können 25 Platten anliegen. Damit liegen an einer Außenseite des Weges 28 Platten an.
Also ist $n = 28$. Dann ist $6 \cdot n - 9 = 6 \cdot 28 - 9 = 159$.
Man benötigt 159 Platten.
Kantenlänge: 2,50m
$50 : 2{,}5 = 20$. Also liegen 23 Platten $(20 + 3 = 23)$ an einer Außenseite des Weges an.
Mit $n = 23$ ergibt sich $6 \cdot n - 9 = 129$.
Man benötigt 129 Platten.

25 Länge des Drahtes:
$10 + 3x + 2 + 9 + x + 1 + x + 3x + 2 = 8x + 24$

26 individuelle Lösung, zum Beispiel:

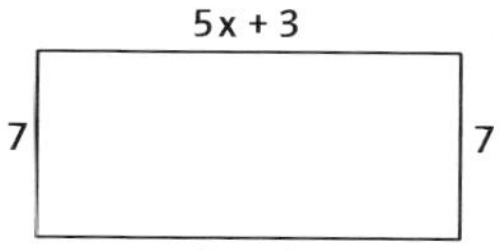

27 a) $5z + 3z = 8z$
b) $2z + 4 = 2(z + 2)$
c) $0{,}5z + 7 = 0{,}5(z + 14)$
d) $(z + 8) \cdot 3 - 20 = z \cdot 3 + 24 - 20 = 3z + 4$

28 a) mögliche Beispiele:
$5 + 6 + 7 = 18$ ist durch 3 teilbar
$4 + 5 + 6 = 15$ ist durch 3 teilbar
$21 + 22 + 23 = 66$ ist durch 3 teilbar
Das erfolgreiche Ausprobieren an zufällig ausgewählten Zahlenbeispielen garantiert nicht, dass Karins Behauptung immer zutrifft. Da man nicht alle existierenden ganzen Zahlen ausprobieren kann, ist Karins Behauptung nicht begründet.
b) Sei n die erste der drei aufeinanderfolgenden Zahlen. Dann ist die Summe $n + (n + 1) + (n + 2)$;
vereinfacht ergibt sich $n + n + n + 1 + 2 = 3 \cdot (n + 1)$.
Dividiert man die Summe durch 3, so erhält man die mittlere Zahl $n + 1$. Die Summe ist also durch 3 teilbar.

29 Sei n die Zahl, dann wird die Summe durch den Term $(n + 5) + 4 \cdot n$ beschrieben. Vereinfacht ergibt sich $5 \cdot n + 5 = 5 \cdot (n + 1)$.
$5 \cdot (n + 1)$ ist durch 5 teilbar. Man erhält bei der Division durch 5 den Term $n + 1$.

3 Multiplizieren von Summen mit Summen – Binomische Formeln

Seite 184

Einstiegsaufgabe
Länge der Koppel: x, Breite der Koppel: y
Friederikes Behauptung: $(x + 20) \cdot (y + 10) = x \cdot y + 200$
Friederike täuscht sich, denn es ist:
$(x + 20) \cdot (y + 10) = x \cdot y + 10x + 20y + 200 \neq x \cdot y + 200$
(außer wenn $x = y = 0$ gilt, Friederikes Pferd vorher also gar keine Koppel hatte).

Seite 185

1 a) $3x^2 + 16x + 5$
b) $2s^2 - 5s - 12$
c) $12a^2 + 13a - 35$
d) $b^2 - 8b + 15$
e) $ab + 8a + 7b + 56$
f) $3sv + 6v + 15s + 30$
g) $5q + 30 + pq + 6p$
h) $20t + 120 + 5rt + 30r$

2 a) $2ab + 16ac + b^2 + 8bc$
b) $2sv + 7v + 10sw + 35w$
c) $4q + 20p - 6pq - 30p^2$
d) $5x^2 - 27xy - 18y^2$
e) $2bc - b^2$
f) $ab - a^2 + b^2$
g) $c^2 - 10c + 25$
h) $8a^2 - 84a + 244$
Prüfen durch Einsetzen von Zahlenbeispielen:
individuelle Lösung, zum Beispiel für Teilaufgabe a)
$a = 2$, $b = 3$, $c = 4$:
$(2 \cdot 2 + 3) \cdot (3 + 8 \cdot 4) = 245$
$2 \cdot 2 \cdot 3 + 16 \cdot 2 \cdot 4 + 3^2 + 8 \cdot 3 \cdot 4 = 245$

3 a) $q^2 + 2qr + r^2$
b) $d^2 + 2de + e^2$
c) $g^2 - 2gh + h^2$
d) $w^2 - 2wv + v^2$
e) $x^2 + 18x + 81$
f) $a^2 - 12a + 36$
g) $x^2 - 16x + 64$
h) $y^2 + 32y + 256$
i) $4x^2 + 8x + 4$
j) $25x^2 - 100x + 100$
k) $4x^2 + 12xy + 9y^2$
l) $9a^2 - 3ay + 0{,}25y^2$
m) $4x^2 - x + \frac{1}{16}$
n) $\frac{1}{9}x^2 + \frac{4}{15}x + \frac{4}{25}$
o) $\frac{1}{36}x^2 + \frac{1}{9}x + \frac{1}{9}$
p) $\frac{9}{16}x^2 - \frac{3}{14}x + \frac{1}{49}$

4 a) $x^2 - y^2$ b) $a^2 - c^2$ c) $x^2 - 4$ d) $4x^2 - 9$
e) $\frac{1}{4}x^2 - 1$ f) $\frac{4}{9} - 16x^2$ g) $x^2 - 1$ h) $\frac{49}{25} - \frac{25}{49}x^2$

5 a) $a^2 + 6a + 9$
b) $36 + 12a + a^2$
c) $b^2 - 6b + 9$
d) $s^2 - 2sk + k^2$
e) $4x^2 + 20x + 25$
f) $49 - 42x + 9x^2$
g) $x^2 - 9$
h) $4x^2 - 36$

6 a) $(a + b)^2 = a^2 + b^2 + \mathbf{2ab}$
b) $(a - b)^2 = a^2 \mathbf{+} b^2 \mathbf{- 2ab}$
c) $(a - b)^2 = a^2 + b^2 \mathbf{- 2ab}$
d) $(a + b)(a - b) = a^2 - b^2$

Seite 186

7 a) $(x + 4) \cdot (\mathbf{y} + 6) = xy + \mathbf{6x} + \mathbf{4y} + \mathbf{24}$
b) $(d - e) \cdot (a + \mathbf{z}) = da + \mathbf{dz} + \mathbf{(-ea)} - ez$
c) $(x + 5) \cdot (\mathbf{x + 5}) = x^2 + \mathbf{10x} + 25$
d) $(z + 2) \cdot (y - \mathbf{2x}) = -4x + \mathbf{(-2xz)} + \mathbf{yz} + 2y$

10 I) Hier wurde nicht richtig ausmultipliziert.
Korrektur:
$(x + 4)(x + 7) = x^2 + 4x + 7x + 28$
$= x^2 + 11x + 28$
II) Hier wurden zwar alle Zahlen miteinander multipliziert, dabei wurde aber das negative Vorzeichen bei der −7 missachtet.
Korrektur:
$(3a + b)(2b - 7) = 3a \cdot 2b + b \cdot 2b - 3a \cdot 7 - b \cdot 7$
$= 6ab + 2b^2 - 21a - 7b$
III) Hier wurde die letzte Multiplikation falsch ausgeführt. Es ist $(-4) \cdot (-7) = +28$.
Korrektur:
$(5x - 4y)(3x - 7y) = 15x^2 - 12xy - 35xy + 28y^2$
$= 15x^2 - 47xy + 28y^2$
IV) Der erste Schritt ist vollständig richtig. Beim zweiten Ausmultiplizieren wurden wieder Fehler bei den Vorzeichen gemacht.
Korrektur:
$(-x - 4)(x + 7) = -x \cdot (x + 7) - 4 \cdot (x + 7)$
$= -x^2 - 7x - 4x - 28$
$= -x^2 - 11x - 28$
V) Hier wurde aus $(4t) \cdot (4t)$ fälschlicherweise $4t^2$ berechnet. Man muss aber 4 ebenfalls quadrieren; ebenso gilt $(2s) \cdot (2s) = 4s^2$.
Korrektur: $(2s + 4t)^2 = 4s^2 + 16st + 16t^2$

11 a) Fig. 1 beschreibt den Term $4p - 4$, weil mit dem Term $4p$ die Anzahl der Pfähle auf jeder Zaunseite gezählt wird, wobei die Eckpfähle doppelt gezählt werden. Deshalb müssen sie wieder abgezogen werden. Fig. 2 beschreibt den Term $p^2 - (p - 2)^2$. Mit p^2 werden alle abgebildeten Punkte (Pfähle) gezählt. Dies gleicht einem mit Punkten ausgefüllten Quadrat. Das innere kleinere Quadrat muss nun abgezogen werden: Die Seitenlänge dieses kleineren Quadrats ist $(p - 2)$. Daher ergibt sich der gesamte Term.
b) $p^2 - (p - 2)^2 = p^2 - (p^2 - 4p + 4)$
$= p^2 - p^2 + 4p - 4 = 4p - 4$
Für $p = 3$ ist $A = 4 \cdot 3 - 4 = 8$. Man benötigt 8 Pfähle.
Für $p = 5$ ist $A = 4 \cdot 5 - 4 = 16$. Man benötigt 16 Pfähle.
Für $p = 25$ ist $A = 4 \cdot 25 - 4 = 96$. Man benötigt 96 Pfähle.
Für $p = 46$ ist $A = 4 \cdot 46 - 4 = 180$. Man benötigt 180 Pfähle.

12 Man kann die binomischen Formeln anwenden und das Produkt damit schreiben.
Beispiel:
$(10 + 5)(10 + 5) = 10^2 + 2 \cdot 10 \cdot 5 + 5^2 = 100 + 100 + 25$
Wenn man die Quadratzahlen von 1^2 bis 9^2 auswendig kennt, braucht man kein Produkt auszurechnen, sondern kann eine Summe berechnen, um z. B. 15^2 auszurechnen.
Man könnte auch
$15 \cdot 15 = (20 - 5) \cdot (20 - 5) = 400 - 200 + 25 = 225$
rechnen. Um z. B. 19^2 oder 28^2 zu berechnen, ist dies möglicherweise einfacher.
Fortsetzung der Reihe:
$14^2 = (10 + 4)(10 + 4) = 10^2 + 2 \cdot 10 \cdot 4 + 4^2$
$= 100 + 80 + 16 = 196$
$15^2 = (10 + 5)(10 + 5) = 10^2 + 2 \cdot 10 \cdot 5 + 5^2$
$= 100 + 100 + 25 = 225$
$16^2 = (10 + 6)(10 + 6) = 10^2 + 2 \cdot 10 \cdot 6 + 6^2$
$= 100 + 120 + 36 = 256$
$17^2 = (10 + 7)(10 + 7) = 10^2 + 2 \cdot 10 \cdot 7 + 7^2$
$= 100 + 140 + 49 = 289$
$18^2 = (10 + 8)(10 + 8) = 10^2 + 2 \cdot 10 \cdot 8 + 8^2$
$= 100 + 160 + 64 = 324$
$19^2 = (10 + 9)(10 + 9) = 10^2 + 2 \cdot 10 \cdot 9 + 9^2$
$= 100 + 180 + 81 = 361$
…
Alternative Möglichkeit:
$19^2 = (20 - 1)(20 - 1) = 20^2 - 2 \cdot 20 \cdot 1 + 1^2$
$= 400 - 40 + 1 = 361$
…

13 a) (1) $31^2 = (30 + 1)^2 = 30^2 + 2 \cdot 30 \cdot 1 + 1^2 = 961$
(2) $44^2 = (40 + 4)^2 = 40^2 + 2 \cdot 40 \cdot 4 + 4^2$
$= 1600 + 320 + 16 = 1936$
(3) $29^2 = (30 - 1)^2 = 30^2 - 2 \cdot 30 \cdot 1 + 1^2 = 841$
(4) $58^2 = (60 - 2)^2 = 60^2 - 2 \cdot 60 \cdot 2 + 2^2$
$= 3600 - 240 + 4 = 3364$
(5) $65^2 = (60 + 5)^2 = 60^2 + 2 \cdot 60 \cdot 5 + 5^2$
$= 3600 + 600 + 25 = 4225$
(6) $17 \cdot 23 = (20 - 3)(20 + 3) = 20^2 - 3^2 = 391$
(7) $38 \cdot 42 = (40 - 2)(40 + 2) = 40^2 - 2^2 = 1596$
(8) $54 \cdot 46 = (50 + 4)(50 - 4) = 50^2 - 4^2$
$= 2500 - 16 = 2484$
b) individuelle Lösung

14 a) Hier ist $x^2 = a^2$, $4 \cdot x = 2 \cdot a \cdot b$ und $4 = b^2$.
Daraus ergibt sich: $a = x$ und $b = 2$.
also: $x^2 + 4x + 4 = (x + 2)^2$
b) $x^2 - 6x + 9$: Es handelt sich um die zweite binomische Formel: $x^2 = a^2$, $-6x = -2 \cdot a \cdot b$ und $9 = b^2$.
Daraus ergibt sich: $a = x$ und $b = 3$.
also: $x^2 - 6x + 9 = (x - 3)^2$
$x^2 - 64$: Hier handelt es sich um die dritte binomische Formel: $x^2 = a^2$ und $-64 = -b^2$.
Daraus ergibt sich: $a = x$ und $b = 8$.
also: $x^2 - 64 = (x - 8)(x + 8)$

4 Gleichungen

Seite 187

Einstiegsaufgabe
gesuchte Zahl: x
Maria schreibt $x \cdot x - 16 = x \cdot (x - 2)$.
Vereinfachen: $x^2 - 16 = x^2 - 2x$
Durch Vergleichen sieht man, dass $-16 = -2x$ gelten muss. Durch Ausprobieren erhält man $x = 8$.
Überprüfen: $8^2 - 16 = 48$ und $8^2 - 2 \cdot 8 = 48$
Die gesuchte Zahl ist also 8.

Seite 188

1 a) probieren:

x	1,5x + 7
3	11,5
5	14,5
4	13

vorwärts:

rückwärts:

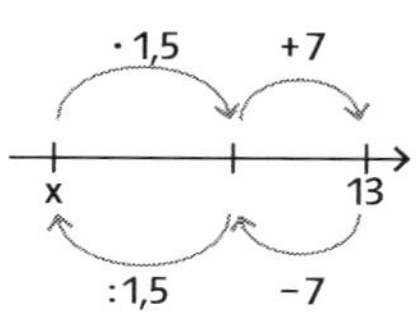

Lösung:
x = 4

b) probieren:

x	1,6x − 3,2
5	4,8
10	12,8
7	8

vorwärts:

rückwärts:

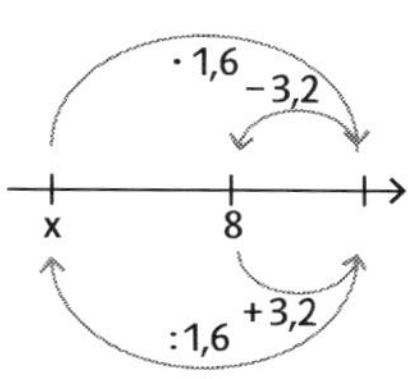

Lösung:
x = 7

c) probieren:

x	−3,4 + 4,2x
5	17,6
10	38,6
6	21,8

vorwärts:

rückwärts:

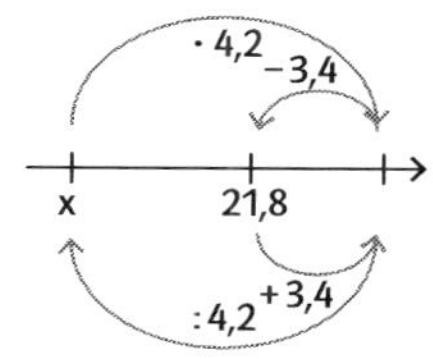

Lösung:
x = 6

d) probieren:

x	2 · (x + 1)
5	12
4	10

vorwärts:

rückwärts:

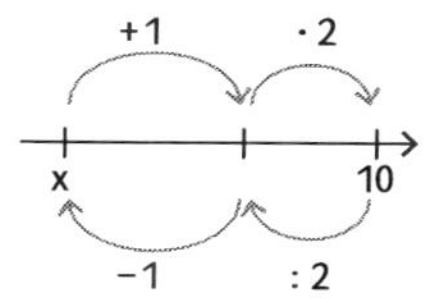

Lösung:
x = 4

2 a) b = 2 b) g = 8 c) d = 8 d) x = −5
e) v = 0,5 f) c = 4 g) t = 8 h) m = 4
i) $a = \frac{1}{7}$ j) x = 9 k) x = 4 l) x = 8

3 a) Gleichung: $1{,}5x - 33 = 12$
Einsetzung: x = 30
b) Gleichung: $2{,}35x - 33{,}59 = 12$
Einsetzung: x = 19,4
c) Gleichung: $x \cdot 5{,}4 - 8{,}52 = 12$
Einsetzung: x = 3,8
d) Gleichung: $-55{,}2 + 140x = 12$
Einsetzung: x = 0,48

4

x	−7	−6	−5	−4	−3	−2	−1	0
7 + 5x	−28	−23	−18	−13	−8	−3	2	7
2x + 25	11	13	15	17	19	21	23	25

x	1	2	3	4	5	6	7
7 + 5x	12	17	22	27	32	37	42
2x + 25	27	29	31	33	35	37	39

a) x = 5 b) x = −6 c) x = −6 d) x = 6

5
a) $4x + 1 = 9$
x = 2
b) $4n - 5 = 5$
x = 2,5
c) $6d + 12 = 0$
d = −2
d) $4x + 4 = 5$
x = 0,25

Seite 189

6 a) Gleichung: $2x + 5 = 43$; Lösung: $x = 19$
Rike hat sich 19 gedacht. Jakob kann das herausfinden, indem er die Gleichung $2x + 5 = 43$ löst, z. B. durch Rückwärtsrechnen: $43 - 5 = 38$; $38 : 2 = 19$.
b) individuelle Lösung

7 Term: $116 + 7x$ (Gewicht in kg nach x Wochen)
Gleichung: $116 + 7x = 200$
Lösungsweg (rückwärts rechnen): $200 - 116 = 84$;
$84 : 7 = 12$
Ergebnis: Chandra wird 12 Wochen nach der Geburt 200 kg wiegen.

8 a) Gleichung: $3x + 8 = 26$
Lösung: $x = 6$
b) Gleichung: $8x - 17 = 79$
Lösung: $x = 12$

12 a) $L = \{-4; 4\}$ b) $L = \{-7; 7\}$ c) $L = \{-6; 6\}$
d) $L = \{\ \}$ e) $L = \{-3; 3\}$ f) $L = \{-10; 10\}$
g) $L = \{-4; 8\}$ h) $L = \{-8; 2\}$

13 Term: $23 + 3x$ (Anzahl der Perlen bei x Perlenreihen)
Gleichung: $23 + 3x = 200$
Lösungsweg (rückwärts rechnen): $200 - 23 = 177$;
$177 : 3 = 59$
Ergebnis: Der Körper der Perlenschlange kann aus bis zu 59 Reihen bestehen.

14 Term: $16 + 4x$ (Anzahl der Würfel bei x Stockwerken)
Gleichung: $16 + 4x = 140$
Lösungsweg (rückwärts rechnen): $140 - 16 = 124$;
$124 : 4 = 31$
Ergebnis: Man kann mit 140 Würfeln den Turm 31 Stockwerke hoch bauen.

15 a) Sei p der Preis für einen DVD-Rohling. Dann ist $6 \cdot p + 11 = 20$. Durch Ausprobieren oder Rückwärtsrechnen erhält man $p = 1{,}5$, denn $6 \cdot 1{,}5 + 11 = 9 + 11 = 20$ (Probe). Ein DVD-Rohling kostet demnach 1,50 €.
b) individielle Lösung, zum Beispiel:
Im Supermarkt zahlt Anna für 13 Tafeln Schokolade 6,37 €. Wie teuer ist eine Tafel Schokolade?
Lösung: Sei p der Preis für eine Tafel Schokolade.
Dann ist $13 \cdot p = 6{,}37$, also $p = 0{,}49$. Dann kostet eine Tafel Schokolade 0,49 €.

16 a) 10 Sekunden ≙ 2 Liter
1,5 Stunden = 90 Minuten = 5400 Sekunden
5400 Sekunden ≙ $2 \cdot \frac{5400}{10}$ Liter = 1080 Liter
Felix verbraucht jeden Abend ca. 1080 Liter Wasser.
b) 1000 Liter = $1\,m^3$, denn
$1\,m^3 = 1\,m \cdot 1\,m \cdot 1\,m = 10\,dm \cdot 10\,dm \cdot 10\,dm$
$= 1000\,dm^3$ = 1000 Liter
Damit kosten 1000 Liter Wasser 1,15 €.
c) 1000 Liter ≙ 1,15 €
1080 Liter ≙ 1,15 € · 1,08 = 1,242 € ≈ 1,24 €
Die abendliche Bewässerung kostet demnach 1,24 €.

d) Sei z die Bewässerungsdauer in Sekunden.
Dann wurden $2 \cdot \frac{z}{10}$ Liter verbraucht (siehe a)).
Die Kosten kann man dann mit dem Term
$1{,}15 \cdot \left(2 \cdot \frac{z}{10}\right) : 1000$ berechnen (siehe c)).
Da 6,90 € bezahlt werden, muss man die Gleichung
$1{,}15 \cdot \left(2 \cdot \frac{z}{10}\right) : 1000 = 6{,}9$ lösen.
Zuerst vereinfacht man die linke Seite der Gleichung zu $0{,}00023 \cdot z = 6{,}9$. Durch Ausprobieren oder Rückwärtsrechnen erhält man $z = 30\,000$.
Die Bewässerungszeit ist demnach
30 000 Sekunden = 500 Minuten = $8\frac{1}{3}$ Stunden lang.
(Auch der Dreisatz kann als Lösungsweg verwendet werden.)
e) Im Schlauch befinden sich
$0{,}00025 \cdot 25\,m^3 = 0{,}00625\,m^3$ Wasser.
Dieses Wasser kostet
0,006 25 · 1,15 € ≈ 0,0072 € = 0,72 Cent.

5 Lösen von Gleichungen durch Äquivalenzumformungen

Seite 190

Einstiegsaufgabe
Anzahl der Hölzchen in einer Schachtel: x
Gleichung: $3 \cdot x + 2 = x + 8$
Die Gleichung kann nicht durch Rückwärtsrechnen gelöst werden, weil die Variable x auf beiden Seiten der Gleichung vorkommt.
Lösen durch passendes Wegnehmen:
1. Auf beiden Seiten werden 2 Hölzchen weggenommen.
   Die Gleichung lautet nun: $3 \cdot x = x + 6$.
2. Auf jeder Seite wird eine ganze Schachtel weggenommen.
   Die Gleichung lautet nun: $2 \cdot x = 6$.
3. Es ist nun leicht zu sehen, dass $x = 3$ sein muss.
   Somit befinden sich je drei Hölzchen in einer Schachtel.

Seite 192

1

linke Seite	rechte Seite
7 Dosen und 2 Gewichte	3 Dosen und 10 Gewichte
Nach Abräumen von 3 Dosen und 2 Gewichten bleiben übrig:	
4 Dosen	8 Gewichte
4 Dosen	8 kg

also: 1 Dose wiegt 2 kg.

2 a) $8b = 3b + 5$ $\quad |-3b$
$\Leftrightarrow \quad 5b = 5$
Beide Gleichungen sind zueinander äquivalent.
b) $7x - 2 = 3 - x$ $\quad |+x$
$\Leftrightarrow \quad 8x - 2 = 3$ $\quad |+2$
$\Leftrightarrow \quad 8x = 5$
Beide Gleichungen sind zueinander äquivalent.
c) $5d + 10 = 2d + 16$ $\quad |-10$
$\Leftrightarrow \quad 5d = 2d + 6$ $\quad |-2d$
$\Leftrightarrow \quad 3d = 6$ $\quad |:3$
$\Leftrightarrow \quad d = 2$
Beide Gleichungen sind zueinander äquivalent.

d) $6n - 6 = 3 - 3n \quad |+3n$
$\Leftrightarrow 9n - 6 = 3 \quad |+6$
$\Leftrightarrow 9n = 9 \quad |:9$
$\Leftrightarrow n = 1$

$6n = 6 \quad |:6$
$\Leftrightarrow n = 1$
Damit sind beide Gleichungen zueinander äquivalent.

e) $15 - 3x = 0 \quad |:3$
$\Leftrightarrow 5 - x = 0$

$2x = 5 + x \quad |-2x$
$\Leftrightarrow 0 = 5 - x$
$\Leftrightarrow 5 - x = 0$
Also sind beide Gleichungen zueinander äquivalent.

f) $2d + 3 - d = -5d \quad$ |Vereinfachen
$\Leftrightarrow d + 3 = -5d \quad |+5d$
$\Leftrightarrow 6d + 3 = 0$

$d + 4 = -2 - 11d \quad |+11d$
$\Leftrightarrow 12d + 4 = -2 \quad |+2$
$\Leftrightarrow 12d + 6 = 0 \quad |:2$
$\Leftrightarrow 6d + 3 = 0$
Also sind beide Gleichungen zueinander äquivalent.

3 a)
$5x - 10 = 25 \quad |+10$
$\Leftrightarrow 5x = 35 \quad |:5$
$\Leftrightarrow x = 7$
Probe:
$5 \cdot 7 - 10 = 25$
$\Leftrightarrow 25 = 25$

x	5x – 10
1	–5
10	40
9	35
8	30
7	25

b) $4k + 12 = 62 \quad |-12$
$\Leftrightarrow 4k = 50 \quad |:4$
$\Leftrightarrow k = 12{,}5$
Probe:
$4 \cdot 12{,}5 + 12 = 62$
$\Leftrightarrow 50 + 12 = 62$
$\Leftrightarrow 62 = 62$

k	4k + 12
1	16
10	52
13	64
12	60
12,5	62

c) $3{,}4t + 83 = 100 \quad |-83$
$\Leftrightarrow 3{,}4t = 17 \quad |:3{,}4$
$\Leftrightarrow t = 5$
Probe:
$3{,}4 \cdot 5 + 83 = 100$
$\Leftrightarrow 17 + 83 = 100$
$\Leftrightarrow 100 = 100$

t	3,4t + 83
1	86,4
10	117
5	100

d) $8b + 12 = 12 \quad |-12$
$\Leftrightarrow 8b = 0 \quad |:8$
$\Leftrightarrow b = 0$
Probe:
$8 \cdot 0 + 12 = 12$
$\Leftrightarrow 12 = 12$

b	8b + 12
1	20
0	12

e) $5{,}5p + 10 = 26{,}5 \quad |-10$
$\Leftrightarrow 5{,}5p = 16{,}5 \quad |:5{,}5$
$\Leftrightarrow p = 3$
Probe:
$5{,}5 \cdot 3 + 10 = 26{,}5$
$\Leftrightarrow 26{,}5 = 26{,}5$

p	5,5p + 10
1	15,5
10	65
2	21
3	26,5

f) $5 - 2{,}5y = 7{,}5 \quad |-5$
$\Leftrightarrow -2{,}5y = 2{,}5 \quad |:(-2{,}5)$
$\Leftrightarrow y = -1$
Probe:
$5 - 2{,}5 \cdot (-1) = 7{,}5$
$\Leftrightarrow 5 + 2{,}5 = 7{,}5$
$\Leftrightarrow 7{,}5 = 7{,}5$

y	5 – 2,5y
1	2,5
2	0
–1	7,5

g) $0{,}1g + 8 = 18 \quad |-8$
$\Leftrightarrow 0{,}1g = 10 \quad |\cdot 10$
$\Leftrightarrow g = 100$
Probe:
$0{,}1 \cdot 100 + 8 = 18$
$\Leftrightarrow 10 + 8 = 18$
$\Leftrightarrow 18 = 18$

g	0,1g + 8
1	8,1
10	9
100	18

h) $d \cdot (-3) = 15 \quad |:(-3)$
$\Leftrightarrow d = -5$
Probe:
$(-5) \cdot (-3) = 15$
$\Leftrightarrow 15 = 15$

d	d · (–3)
1	–3
5	–15
–5	15

i) $\frac{1}{2}a + 6 = 13 \quad |-6$
$\Leftrightarrow \frac{1}{2}a = 7 \quad |\cdot 2$
$\Leftrightarrow a = 14$
Probe:
$\frac{1}{2} \cdot 14 + 6 = 13$
$\Leftrightarrow 7 + 6 = 13$
$\Leftrightarrow 13 = 13$

a	$\frac{1}{2}a + 6$
1	6,5
10	11
11	11,5
15	13,5
14	13

j) $\frac{1}{4} - x = \frac{3}{4} \quad |-\frac{1}{4}$
$\Leftrightarrow -x = \frac{2}{4} \quad |\cdot(-1)$
$\Leftrightarrow x = -\frac{1}{2}$
Probe:
$\frac{1}{4} - \left(-\frac{1}{2}\right) = \frac{3}{4}$
$\Leftrightarrow \frac{1}{4} + \frac{1}{2} = \frac{3}{4}$
$\Leftrightarrow \frac{3}{4} = \frac{3}{4}$

x	$\frac{1}{4} - x$
1	$-\frac{3}{4}$
$-\frac{1}{2}$	$\frac{3}{4}$

k) $\frac{3}{4} = \frac{1}{4}b + 3 \quad |\cdot 4$
$\Leftrightarrow 3 = b + 12 \quad |-12$
$\Leftrightarrow -9 = b$
Probe:
$\frac{3}{4} = \frac{1}{4} \cdot (-9) + 3$
$\Leftrightarrow \frac{3}{4} = -2\frac{1}{4} + 3$
$\Leftrightarrow \frac{3}{4} = \frac{3}{4}$

b	$\frac{1}{4}b + 3$
1	3,25
–1	$2\frac{3}{4}$
–10	0,5
–8	1
–9	$\frac{3}{4}$

l) $7 - \frac{1}{2}x = 1 \quad |-7$
$\Leftrightarrow -\frac{1}{2}x = -6 \quad |\cdot(-2)$
$\Leftrightarrow x = 12$
Probe:
$7 - \frac{1}{2} \cdot 12 = 1$
$\Leftrightarrow 7 - 6 = 1$
$\Leftrightarrow 1 = 1$

x	$7 - \frac{1}{2}x$
1	6,5
10	2
11	1,5
12	1

Es gibt Aufgaben, bei denen das systematische Probieren schneller geht, meistens wenn die Lösung ganzzahlig ist. Ist dies nicht der Fall, führen die Äquivalenzumformungen häufig schneller zur Lösung.

4 a) $9b + 3 = 7b + 11 \quad |-7b$
$\Leftrightarrow 2b + 3 = 11 \quad |-3$
$\Leftrightarrow 2b = 8 \quad |:2$
$\Leftrightarrow b = 4$

b) $5 + 7x = 45 + 3x \quad |-3x$
$\Leftrightarrow 5 + 4x = 45 \quad |-5$
$\Leftrightarrow 4x = 40 \quad |:4$
$\Leftrightarrow x = 10$

c) $5d + 4 = 4 + d \quad |-d$
$\Leftrightarrow 4d + 4 = 4 \quad |-4$
$\Leftrightarrow 4d = 0 \quad |:4$
$\Leftrightarrow d = 0$

d) $16v + 7 = 15v + 1 \quad |-15v$
$\Leftrightarrow v + 7 = 1 \quad |-7$
$\Leftrightarrow v = -6$

e) $8n - 15 = 3n \quad |-3n$
$\Leftrightarrow 5n - 15 = 0 \quad |+15$
$\Leftrightarrow 5n = 15 \quad |:5$
$\Leftrightarrow n = 3$

f) $12k = 15k - 60 \quad |-15k$
$\Leftrightarrow -3k = -60 \quad |:(-3)$
$\Leftrightarrow k = 20$

g) $5{,}5 + 3t = t - 2{,}5 \quad |-t$
$\Leftrightarrow 5{,}5 + 2t = -2{,}5 \quad |-5{,}5$
$\Leftrightarrow 2t = -8 \quad |:2$
$\Leftrightarrow t = -4$

h) $5{,}5z = -9 + 4{,}5z \quad |-4{,}5z$
$\Leftrightarrow z = -9$

i) $\frac{1}{2}a + 6 = 13 - a \quad |+a$
$\Leftrightarrow \frac{3}{2}a + 6 = 13 \quad |-6$
$\Leftrightarrow \frac{3}{2}a = 7 \quad |\cdot\frac{2}{3}$
$\Leftrightarrow a = \frac{14}{3} = 4\frac{2}{3}$

j) $6 - \frac{1}{2}x = 1 + 2x \quad |+\frac{1}{2}x$
$\Leftrightarrow 6 = 1 + 2\frac{1}{2}\cdot x \quad |-1$
$\Leftrightarrow 5 = \frac{5}{2}x \quad |\cdot\frac{2}{5}$
$\Leftrightarrow 2 = x$

k) $\frac{3}{4}b = \frac{1}{4}b + 3 \quad |-\frac{1}{4}b$
$\Leftrightarrow \frac{1}{2}b = 3 \quad |\cdot 2$
$\Leftrightarrow b = 6$

l) $\left(-\frac{1}{4}\right)\cdot x = \frac{3}{4}x - 1 \quad |+\frac{1}{4}x$
$\Leftrightarrow 0 = x - 1 \quad |+1$
$\Leftrightarrow 1 = x$

Probe zum Beispiel für a):
$9\cdot 4 + 3 = 7\cdot 4 + 11$
$\Leftrightarrow 36 + 3 = 28 + 11$
$\Leftrightarrow 39 = 39$

Durch die Einsetzung $b = 4$ wird die Gleichung zur wahren Aussage. Bei den anderen Teilaufgaben geht man analog vor.
Man kann diese Gleichungen nicht durch Rückwärtsrechnen lösen, weil auf beiden Seiten des Gleichheitszeichens eine Variable steht.

5

$2b - 3 = 3b + 1$	Lösung: $b = -4$
$10 - n = 23$	Lösung: $n = -13$
$6d + 2\cdot(d - 13) = d\cdot 5 - 5$	Lösung: $d = 7$
$5\cdot(b + 3) = 25$	Lösung: $b = 2$
$8 + 0{,}5x = 2{,}5x$	Lösung: $x = 4$
$(v - 5)\cdot 3 + 5v + 3 = 4v$	Lösung: $v = 3$
$\frac{4}{7}b = -8$	Lösung: $b = -14$
$x:8 = 5$	Lösung: $x = 40$
$2\cdot(x + 1) = 10$	Lösung: $x = 4$
$3{,}5\cdot(x + 1) = 10{,}5$	Lösung: $x = 2$
$\left(-\frac{3}{4} + k\right)\cdot 2 + \frac{5}{4} = \frac{1}{4}$	Lösung: $k = \frac{1}{4} = 0{,}25$

6 a) $15 = 3x \quad |-3x$
$\Leftrightarrow 15 - 3x = 0 \quad |-15$
$\Leftrightarrow -3x = -15 \quad |:(-3)$
$\Leftrightarrow x = 5$

b) $15 = 3x \quad |:3$
$\Leftrightarrow 5 = x$

Karl wollte, dass das x auf der linken Seite des Gleichheitszeichens steht, damit er am Ende die Lösung „x = …" schreiben kann. Die ersten beiden Umformungen hätte man auch umgehen können, indem man die Terme auf den beiden Seiten des Gleichheitszeichens der Gleichung vertauscht: $15 = 3x$ und $3x = 15$ sind zueinander äquivalent. Nun muss man auch nicht durch eine negative Zahl dividieren, um x auszurechnen.

Seite 193

7 a) Beide erhalten die Lösung $t = 6$.
b) Wenn man beim Rechnen mit Brüchen Schwierigkeiten hat, wäre der rechte Weg einfacher, weil man hier das Rechnen mit Brüchen umgeht.
c) individuelle Lösung, zum Beispiel:

1. Weg: $2 + \frac{1}{3}x = \frac{2}{3}x + 4 \quad |-\frac{1}{3}x$
$\Leftrightarrow 2 = \frac{1}{3}x + 4 \quad |-4$
$\Leftrightarrow -2 = \frac{1}{3}x \quad |\cdot 3$
$\Leftrightarrow -6 = x$

2. Weg: $2 + \frac{1}{3}x = \frac{2}{3}x + 4 \quad |-\frac{2}{3}x$
$\Leftrightarrow 2 - \frac{1}{3}x = 4 \quad |-2$
$\Leftrightarrow -\frac{1}{3}x = 2 \quad |\cdot(-3)$
$\Leftrightarrow x = -6$

3. Weg: $2 + \frac{1}{3}x = \frac{2}{3}x + 4 \quad |\cdot 3$
$\Leftrightarrow 6 + x = 2x + 12 \quad |-x$
$\Leftrightarrow 6 = x + 12 \quad |-12$
$\Leftrightarrow -6 = x$

Bei allen drei Wegen benötigt man drei Rechenschritte. Beim 3. Weg umgeht man die Bruchrechnung, indem beide Seiten der Gleichung mit 3 multipliziert werden und anschließend auf beiden Seiten ausmultipliziert wird.

8 a) $32x + 43 - 20x = -25 - 45x + 30$ | Vereinfachen
$\Leftrightarrow\ 12x + 43 = -45x + 5$ | $+45x$
$\Leftrightarrow\ 57x + 43 = 5$ | -43
$\Leftrightarrow\ 57x = -38$ | $:57$
$\Leftrightarrow\ x = -\frac{38}{57} = -\frac{2}{3}$
Probe:
lS: $32 \cdot \left(-\frac{38}{57}\right) + 43 - 20 \cdot \left(-\frac{38}{57}\right) = -21\frac{1}{3} + 43 + 13\frac{1}{3} = 35$
rS: $-25 - 45 \cdot \left(-\frac{38}{57}\right) + 30 = 5 + 30 = 35$

b) $12 - 9b + 15 - 5b = 14 - 8b + 6$ | Vereinfachen
$\Leftrightarrow\ 27 - 14b = 20 - 8b$ | $+14b$
$\Leftrightarrow\ 27 = 20 + 6b$ | -20
$\Leftrightarrow\ 7 = 6b$ | $:6$
$\Leftrightarrow\ \frac{7}{6} = b$
Probe:
lS: $12 - 9 \cdot \frac{7}{6} + 15 - 5 \cdot \frac{7}{6} = 10\frac{2}{3}$
rS: $14 - 8 \cdot \frac{7}{6} + 6 = 10\frac{2}{3}$

c) $-41 + 26t = 2t + 20t - 53 + 72$ | Vereinfachen
$\Leftrightarrow\ -41 + 26t = 22t + 19$ | $-22t$
$\Leftrightarrow\ -41 + 4t = 19$ | $+41$
$\Leftrightarrow\ 4t = 60$ | $:4$
$\Leftrightarrow\ t = 15$
Probe:
lS: $-41 + 26 \cdot 15 = 349$
rS: $2 \cdot 15 + 20 \cdot 15 - 53 + 72 = 349$

d) $4f + 49 - 13f - 78 + 23f = 0$ | Vereinfachen
$\Leftrightarrow\ 14f - 29 = 0$ | $+29$
$\Leftrightarrow\ 14f = 29$ | $:14$
$\Leftrightarrow\ f = \frac{29}{14} = 2\frac{1}{14}$
Probe:
$4 \cdot \frac{29}{14} + 49 - 13 \cdot \frac{29}{14} - 78 + 23 \cdot \frac{29}{14} = 0$

e) $3 \cdot (a - 4) + 3 \cdot (4 - a) + 2a - 1 = 3$ | Ausmultiplizieren
$\Leftrightarrow\ 3a - 12 + 12 - 3a + 2a - 1 = 3$ | Vereinfachen
$\Leftrightarrow\ 2a - 1 = 3$ | $+1$
$\Leftrightarrow\ 2a = 4$ | $:2$
$\Leftrightarrow\ a = 2$
Probe:
$3 \cdot (2 - 4) + 3 \cdot (4 - 2) + 2 \cdot 2 - 1 = -6 + 6 + 4 - 1 = 3$

f) $13 \cdot (s - 5) - 4 \cdot (s - 1) + s = 5$ | Ausmultiplizieren
$\Leftrightarrow\ 13s - 65 - 4s + 4 + s = 5$ | Vereinfachen
$\Leftrightarrow\ 10s - 61 = 5$ | $+61$
$\Leftrightarrow\ 10s = 66$ | $:10$
$\Leftrightarrow\ s = \frac{66}{10} = 6\frac{3}{5}$
Probe:
$13 \cdot \left(\frac{33}{5} - 5\right) - 4\left(\frac{33}{5} - 1\right) + \frac{33}{5} = 13 \cdot \left(\frac{8}{5}\right) - 4 \cdot \left(\frac{28}{5}\right) + \frac{33}{5}$
$= \frac{104}{5} - \frac{112}{5} + \frac{33}{5} = 5$

g) $3 \cdot (2x - 5) + 6 = 5 \cdot (3 - 5x) + 6x$ | Ausmultiplizieren
$\Leftrightarrow\ 6x - 15 + 6 = 15 - 25x + 6x$ | Vereinfachen
$\Leftrightarrow\ 6x - 9 = 15 - 19x$ | $+19x$
$\Leftrightarrow\ 25x - 9 = 15$ | $+9$
$\Leftrightarrow\ 25x = 24$ | $:25$
$\Leftrightarrow\ x = \frac{24}{25}$
Probe:
lS: $3 \cdot \left(2 \cdot \frac{24}{25} - 5\right) + 6 = -3{,}24$
rS: $5 \cdot \left(3 - 5 \cdot \frac{24}{25}\right) + 6 \cdot \frac{24}{25} = -3{,}24$

h) $4 \cdot (v + 3) - 5 \cdot (3v - 8)$
$= 12 - 2 \cdot (3v + 1)$ | Ausmultiplizieren
$\Leftrightarrow\ 4v + 12 - 15v + 40 = 12 - 6v - 2$ | Vereinfachen
$\Leftrightarrow\ -11v + 52 = 10 - 6v$ | $+6v$
$\Leftrightarrow\ -5v + 52 = 10$ | -52
$\Leftrightarrow\ -5v = -42$ | $:(-5)$
$\Leftrightarrow\ v = \frac{42}{5} = 8\frac{2}{5} = 8{,}4$
Probe:
lS: $4 \cdot (8{,}4 + 3) - 5 \cdot (3 \cdot 8{,}4 - 8) = -40{,}4$
rS: $12 - 2 \cdot (3 \cdot 8{,}4 + 1) = -40{,}4$

11 Die Rechnung wird ohne Einheiten vorgenommen; im Ergebnis wird die Eineit ergänzt.
a) $4x = 50$, also $x = 12{,}5\,\text{m}$
b) $2x + 2(x + 3) = 4x + 6 = 50$, also $x = 11\,\text{m}$
c) $2(x + 1) + 2x + 2 = 4x + 4 = 50$, also $x = 11{,}5\,\text{m}$
d) $2x + x + 1 + 3 = 3x + 4 = 50$, also $x \approx 15{,}33\,\text{m}$

12
a) $x + 6 + x + 4 = x + 4 + x + x + x$ | Vereinfachen
$\Leftrightarrow\ 2x + 10 = 4x + 4$ | $-2x$
$\Leftrightarrow\ 10 = 2x + 4$ | -4
$\Leftrightarrow\ 6 = 2x$ | $:2$
$\Leftrightarrow\ 3 = x$
Die Seitenlänge x beträgt 3 Längeneinheiten.
b) $5 + x + 5 + x =$
$x + 2x - 1 + x + 2 + x + 3 + 4$ | Vereinfachen
$\Leftrightarrow\ 2x + 10 = 5x + 8$ | $-2x$
$\Leftrightarrow\ 10 = 3x + 8$ | -8
$\Leftrightarrow\ 2 = 3x$ | $:3$
$\Leftrightarrow\ \frac{2}{3} = x$
Die Seitenlänge x beträgt $\frac{2}{3}$ Längeneinheiten.

13 a) $2x + 3 = 7$ | -3
$\Leftrightarrow\ 2x = 4$ | $:2$
$\Leftrightarrow\ x = 2$
Probe: $2 \cdot 2 + 3 = 7$

$3x - 7 = x + 1$ | $+7$
$\Leftrightarrow\ 3x = x + 8$ | $-x$
$\Leftrightarrow\ 2x = 8$ | $:2$
$\Leftrightarrow\ x = 4$
Probe: $3 \cdot 4 - 7 = 5 = 4 + 1$
Der Fehler von Rolf lag darin, dass er mit 0 multipliziert hat.
b) Die Behauptung ist wahr, denn jeder Term, der mit null multipliziert wird, ergibt null. Demnach erhält man mithilfe dieser Umformung nicht die Lösungen einer Gleichung. Daher ist diese Umformung auch keine Äquivalenzumformung.

Seite 194

14 individuelle Lösungen, zum Beispiel:

$\frac{1}{2}$: $20 = 5(3{,}5 + x)$ oder
$\frac{1}{2}x = \frac{1}{4}$

$-\frac{3}{4}$: $(4x + 2) \cdot 3 = -3$ oder
$x + 6 + x = 4{,}5$

4: $2x + 3 = 11$ oder
$(x - 2) \cdot 5 = 10$

7: $x \cdot 10 - 15 = x + 48$ oder
$(2 - x) \cdot 3 = -22 + x$

-5: $2(x + 3) = -4$ oder
$24 = -4x + 4$

-2: $3(x + 5) + 1 = -5x$ oder
$\frac{1}{2}x = -1$

3,5: $x + 2x = 14 - x$ oder
$4(x - 0{,}5) = 12$

$-1{,}7$: $10(-x) = 17$ oder
$x + x = -3{,}4$

25: $4x = 100$ oder
$3x + 10 = x + 60$

2,55: $100x = 255$ oder
$10x + 0{,}5 = 26$

8: $3x = 2x + 8$ oder
$x + 7 + x = 30 - x + 1$

11,5: $10x + 5 = 120$ oder
$24 = x \cdot 2 + 1$

-12: $-10x = 120$ oder
$x + 30 = 2x + 42$

15 a) Im ersten Schritt muss 12 subtrahiert werden.
Richtig ist:

$12 + 2b = 22 \quad |-12$
$\Leftrightarrow \quad 2b = 10 \quad |:2$
$\Leftrightarrow \quad b = 5$

b) Im zweiten Schritt muss man d auf beiden Seiten subtrahieren und nicht durch d dividieren. Die Division durch d führt hier zu einem falschen Ergebnis, da die Gleichung die Lösung $d = 0$ hat. Eine Division durch d ist also genauso wie die Division durch null nicht zulässig.

$2d + 3 = d + 3 \quad |-3$
$\Leftrightarrow \quad 2d = d \quad |-d$
$\Leftrightarrow \quad d = 0$

c) Im ersten Schritt wurde falsch ausmultipliziert und im letzten Schritt wurde x auf der linken Seite der Gleichung falsch subtrahiert.

$-2(x + 3) = x \quad |\text{Vereinfachen}$
$\Leftrightarrow \quad -2x - 6 = x \quad |+6$
$\Leftrightarrow \quad -2x = x + 6 \quad |-x$
$\Leftrightarrow \quad -3x = 6 \quad |:(-3)$
$\Leftrightarrow \quad x = -2$

d) Im ersten Schritt wurde auf der rechten Seite falsch ausmultipliziert und die Äquivalenzumformungen im zweiten Schritt wurden falsch durchgeführt:

$3(2 - s) = 2s - (s + 6) \quad |\text{Vereinfachen}$
$\Leftrightarrow \quad 6 - 3s = s - 6 \quad |+6+3s$
$\Leftrightarrow \quad 12 = 4s \quad |:4$
$\Leftrightarrow \quad 3 = s$

16 Gleichsetzen zweier Termsummen, die nur eine Variable enthalten:

$4a + 18 + 2a = 2a + 14 + 6a$
$a = 2$

Ermitteln der Summe:

$4 \cdot 2 + 18 + 2 \cdot 2 = 30$

Ermitteln von c:

$4c + 5a + 2a = 30 \quad |\text{Einsetzen von a}$
$\Leftrightarrow \quad 4c + 5 \cdot 2 + 2 \cdot 2 = 30$
$\Leftrightarrow \quad c = 4$

Ermitteln von b:

$4a + 2b + 8 + 4c = 30 \quad |\text{Einsetzen von a und c}$
$\Leftrightarrow \quad 4 \cdot 2 + 2b + 8 + 4 \cdot 4 = 30$
$\Leftrightarrow \quad b = -1$

17 a) und b)
h ist die Anzahl der Hölzer in einer blauen Box.
Situation A:
$4h + 1 = 2h + 4$, also $h = \frac{3}{2}$. Demnach liegen in einer blauen Box drei halbe Hölzchen.
Situation B:
$h + 5 = 4h + 2$, also $h = 1$. Demnach liegt in jeder blauen Box ein ganzes Hölzchen.
Man kann die Lösungen auch zunächst durch Ausprobieren erhalten.
c) individuelle Lösung

18 Für $x = 2$ ist $(x - 2) = 0$.
Die Division durch $(x - 2)$ ist keine Äquivalenzumformung, da man nicht durch null dividieren kann.

*6 Ungleichungen und Lösen von Ungleichungen

Seite 195

Einstiegsaufgabe
Anzahl der Gesprächsminuten: x
Kosten Hans: $0{,}05x + 8{,}95$
Kosten Maria: $0{,}14x$
Gesucht ist x, sodass gilt: $0{,}05x + 8{,}95 > 0{,}14x$.
Lösen der Ungleichung:

$0{,}05x + 8{,}95 > 0{,}14x \quad |-0{,}05x$
$\Leftrightarrow \quad 8{,}95 > 0{,}09x \quad |:0{,}09$
$\Leftrightarrow \quad 99{,}\overline{4} > x$

Marias Vertrag ist also günstiger, wenn sie höchstens 99 Minuten telefoniert (d.h. für $0 \leq x \leq 99$).

Seite 196

1 a) $b + 15 < 20 \quad |-15$
$\Leftrightarrow \quad b < 5$

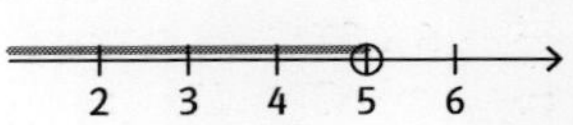

b) $56 > c - 13 \quad |+13$
$\Leftrightarrow \quad 69 > c$

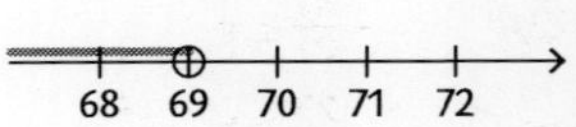

c) $3{,}5t + 16 < 86 \quad |-16$
$\Leftrightarrow \quad 3{,}5t < 70 \quad |:3{,}5$
$\Leftrightarrow \quad t < 20$

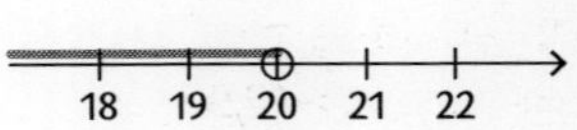

d) $-2{,}6x + 7{,}2 > x \quad |+2{,}6x$
$\Leftrightarrow \quad 7{,}2 > 3{,}6x \quad |:3{,}6$
$\Leftrightarrow \quad 2 > x$

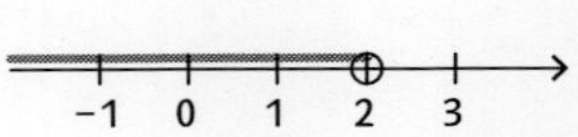

e) $8d + 3 < 6d + 7 \quad |-6d$
$\Leftrightarrow 2d + 3 < 7 \quad |-3$
$\Leftrightarrow 2d < 4 \quad |:2$
$\Leftrightarrow d < 2$

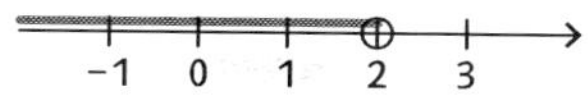

f) $12f > 15f - 12 \quad |-15f$
$\Leftrightarrow -3f > -12 \quad |:(-3)$
$\Leftrightarrow f < 4$

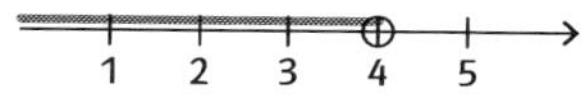

g) $5{,}5 - 4k > k + 2{,}5 \quad |-k$
$\Leftrightarrow 5{,}5 - 5k > 2{,}5 \quad |-5{,}5$
$\Leftrightarrow -5k > -3 \quad |:(-5)$
$\Leftrightarrow k < 0{,}6$

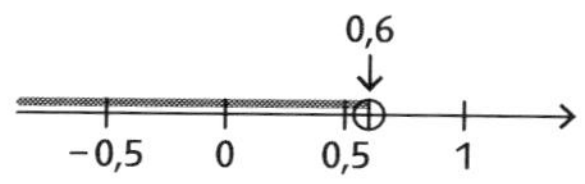

h) $-1{,}5 - 4{,}5x > 1{,}5 \quad |+1{,}5$
$\Leftrightarrow -4{,}5x > 3 \quad |:(-4{,}5)$
$\Leftrightarrow x < -\frac{3}{4{,}5}$
$\Leftrightarrow x < -\frac{6}{9}$
$\Leftrightarrow x < -\frac{2}{3}$

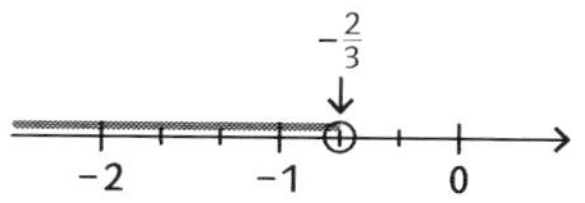

2

a) $22v + 21 - 20v < -15 + 20 - 5v \quad |\text{Vereinfachen}$
$\Leftrightarrow 2v + 21 < 5 - 5v \quad |+5v - 21$
$\Leftrightarrow 7v < -16 \quad |:7$
$\Leftrightarrow v < -\frac{16}{7}$

b) $-3 - 6x \leqq 12x - 24x - 23 - 32 \quad |\text{Vereinfachen}$
$\Leftrightarrow -3 - 6x \leqq -12x - 55 \quad |+12x + 3$
$\Leftrightarrow 6x \leqq -52 \quad |:6$
$\Leftrightarrow x \leqq -\frac{52}{6} = -\frac{26}{3} = -8\frac{2}{3}$

c) $5 \cdot (2d + 3) \geqq 27 - 3d - 2 \cdot (1 + d) \quad |\text{Ausmultiplizieren}$
$\Leftrightarrow 10d + 15 \geqq 27 - 3d - 2 - 2d \quad |\text{Vereinfachen}$
$\Leftrightarrow 10d + 15 \geqq 25 - 5d \quad |+5d - 15$
$\Leftrightarrow 15d \geqq 10 \quad |:15$
$\Leftrightarrow d \geqq \frac{10}{15} = \frac{2}{3}$

d) $16 \cdot (10 - 11x) < (-2 + 20x) \cdot 7 \quad |\text{Ausmultiplizieren}$
$\Leftrightarrow 160 - 176x < -14 + 140x \quad |+176x + 14$
$\Leftrightarrow 174 < 316x \quad |:316$
$\Leftrightarrow \frac{174}{316} < x$
$\Leftrightarrow \frac{87}{158} < x$

e) $2 \cdot (x - 3) + 3 \cdot (3 - x) \geqq x - 10 \quad |\text{Ausmultiplizieren}$
$\Leftrightarrow 2x - 6 + 9 - 3x \geqq x - 10 \quad |\text{Vereinfachen}$
$\Leftrightarrow -x + 3 \geqq x - 10 \quad |+x + 10$
$\Leftrightarrow 13 \geqq 2x \quad |:2$
$\Leftrightarrow 6{,}5 \geqq x$

f)
$-3 \cdot (2 + 9t) \geqq 8t + 3 \cdot (t + 27 - 2t) \quad |\text{Ausmultiplizieren}$
$\Leftrightarrow -6 - 27t \geqq 8t + 3t + 81 - 6t \quad |\text{Vereinfachen}$
$\Leftrightarrow -6 - 27t \geqq 5t + 81 \quad |+27t - 81$
$\Leftrightarrow -87 \geqq 32t \quad |:32$
$\Leftrightarrow -\frac{87}{32} \geqq t$
$\Leftrightarrow -2\frac{23}{32} \geqq t$

3 a) $4x > 50 \quad |:4$
$\Leftrightarrow x > 12{,}5$
x muss länger als 12,5 m sein.

b) $2x + 2(x + 4) > 50 \quad |\text{Ausmultiplizieren}$
$\Leftrightarrow 2x + 2x + 8 > 50 \quad |\text{Vereinfachen}$
$\Leftrightarrow 4x + 8 > 50 \quad |-8$
$\Leftrightarrow 4x > 42 \quad |:4$
$\Leftrightarrow x > 10{,}5$
x muss länger als 10,5 m sein.

c) $2x + 2 \cdot (x + 2) + 2 \cdot 2 > 50 \quad |\text{Ausmultiplizieren}$
$\Leftrightarrow 2x + 2x + 4 + 4 > 50 \quad |\text{Vereinfachen}$
$\Leftrightarrow 4x + 8 > 50 \quad |-8$
$\Leftrightarrow 4x > 42 \quad |:4$
$\Leftrightarrow x > 10{,}5$
x muss länger als 10,5 m sein.

d) $x + 1 + 2x + 2 > 50 \quad |\text{Vereinfachen}$
$\Leftrightarrow 3x + 3 > 50 \quad |-3$
$\Leftrightarrow 3x > 47 \quad |:3$
$\Leftrightarrow x > 15\frac{2}{3}$
x muss länger als etwa 15,67 m sein.

Seite 197

4

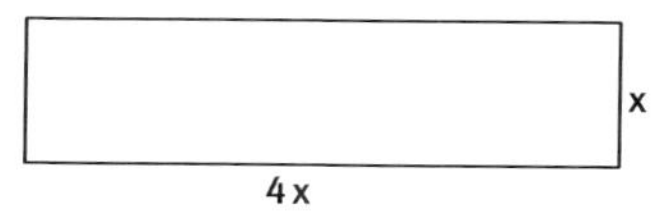

$U = 2x + 2 \cdot 4x$
$= 10x$

$10x \leqq 26 \quad |:10$
$\Leftrightarrow x \leqq 2{,}6$
Die eine Seite beträgt höchstens 2,6 cm und die andere höchstens 10,4 cm.

7 a) 75 steht für das Gewicht von Fritz (75 kg). Jede Kiste wiegt 14 kg, deshalb wiegen k Kisten $k \cdot 14$ kg. Da der Fahrstuhl maximal 650 kg tragen kann, muss die Summe aller Gewichte kleiner oder gleich 650 kg sein.

b) $75 + k \cdot 14 \leqq 650 \quad |-75$
$\Leftrightarrow k \cdot 14 \leqq 575 \quad |:14$
$\Leftrightarrow k \leqq 41{,}07\ldots$
Demnach kann Fritz höchstens 41 Kisten transportieren.

c) Es sind nur natürliche Zahlen als Lösungen sinnvoll.

8 a) Die Kosten werden durch den Term $525 + 1 \cdot c$ beschrieben (rechte Seite der Ungleichung): Tonstudiokosten (525 €) und Kosten pro kopierte CD (1 €).

b) $8c > 525 + c \quad |-c$
$\Leftrightarrow 7c > 525 \quad |:7$
$\Leftrightarrow c > 75$

c) Tara muss mindestens 76 CDs verkaufen, damit ihre Einnahmen größer sind als ihre Ausgaben.

d) Der Gewinn ist gegeben durch die Einnahmen abzüglich der Kosten, also:
Gewinn $= 8 \cdot c - (525 + c) = 8 \cdot c - 525 - c$.
Man erhält die Ungleichung:
$8c - 525 - c > 10\,000 \quad |+525$
$\Leftrightarrow 7c > 10\,525 \quad |:7$
$\Leftrightarrow c > 1503{,}57\ldots$
Tara muss also mindestens 1504 CDs verkaufen, um mehr als 10 000 € zu verdienen.

9 Mit h wird die Anzahl der Kilowattstunden bezeichnet.
a) „Normaltarif":
Kosten pro Monat: $8{,}70 + 0{,}2040\,h$
„Singletarif":
Kosten pro Monat: $\frac{87{,}60}{12} + 0{,}2535\,h$
Mit $h = 206\,\text{kWh}$ folgt:
Kosten pro Monat beim „Normaltarif":
$8{,}70 + 0{,}204 \cdot 206 = 50{,}724$;
Kosten pro Monat beim „Singletarif":
$\frac{87{,}6}{12} + 0{,}2535 \cdot 206 = 59{,}521$.
Beim „Normaltarif" zahlen also Janinas Eltern 50,72 € und beim „Singletarif" 59,52 €.
b) $8{,}7 + 0{,}204\,h > 7{,}3 + 0{,}2535\,h \quad | -7{,}3$
$\Leftrightarrow \quad 1{,}4 + 0{,}204\,h > 0{,}2535\,h \quad | -0{,}204\,h$
$\Leftrightarrow \quad 1{,}4 > 0{,}0495\,h \quad | :0{,}0495$
$\Leftrightarrow \quad 28{,}\overline{28} > h$
Bis etwa 28,28 kWh ist also der „Singletarif" günstiger als der „Normaltarif".

Vertiefen und Vernetzen

Seite 198

1 a) $x + \mathbf{18} = 23$ b) $\mathbf{21} + 3v = 12$
c) $\mathbf{9} + v = 0$ d) $4a + 2 = \mathbf{a - 6}$

2 a ist die Anzahl der Jahre, bis die Mutter doppelt so alt ist wie ihre Tochter Susanne.
Dann ist $(13 + a) \cdot 2 = 45 + a$, denn in a Jahren ist Susanne $13 + a$ und ihre Mutter $45 + a$ Jahre alt. Dann soll Susannes Mutter doppelt so alt sein wie Susanne.
Auflösen der Gleichung ergibt:
$(13 + a) \cdot 2 = 45 + a \quad |$ Ausmultiplizieren
$\Leftrightarrow \quad 26 + 2a = 45 + a \quad | -a - 26$
$\Leftrightarrow \quad a = 19$
In 19 Jahren ist Susanne 32 und ihre Mutter 64 Jahre alt, demnach ist die Forderung erfüllt.

3 g ist das Gewicht des Fisches in Pfund und a der Anteil des Mittelstückes des Fisches in Prozent.
Die Aufgabe kann über den Anteil a gelöst werden (linke Spalte; Gewicht ≙ 1) oder über eine Gleichung mit dem unbekannten g (rechte Spalte).
$\frac{1}{3} + \frac{1}{4} + a = 1$, also $a = \frac{5}{12}$ oder $\frac{1}{3}g + \frac{1}{4}g + 10 = g$
also: $\frac{5}{12} \mathrel{\hat=} 10$ Pfund $\quad \Leftrightarrow \quad \frac{7}{12}g + 10 = g$
$1 \mathrel{\hat=} 24$ Pfund $= g \quad \Leftrightarrow \quad 10 = \frac{5}{12}g$
$\Leftrightarrow 24 = g$
Der Fisch wiegt demnach insgesamt 24 Pfund.

4 a) Es ist die Gleichung $45t = 30$ zu lösen, wobei t die Variable für die gefahrene Zeit in Stunden ist. Es ist dann $t = \frac{30}{45} = \frac{2}{3}$. Die Fahrtzeit beträgt also $\frac{2}{3}\,h = 40\,\text{min}$. Zusammen mit der Pause benötigen sie 60 min.

b) Hin- und Rückfahrt: $2 \cdot 30\,\text{km} = 60\,\text{km}$
Der Verbrauch ergibt sich anteilig mit:
100 km ≙ 3 l,
60 km ≙ 1,8 l.
Daraus ergeben sich Mischbenzinkosten von
$1{,}8 \cdot 1{,}17\,€ = 3{,}06\,€$.

5 a)

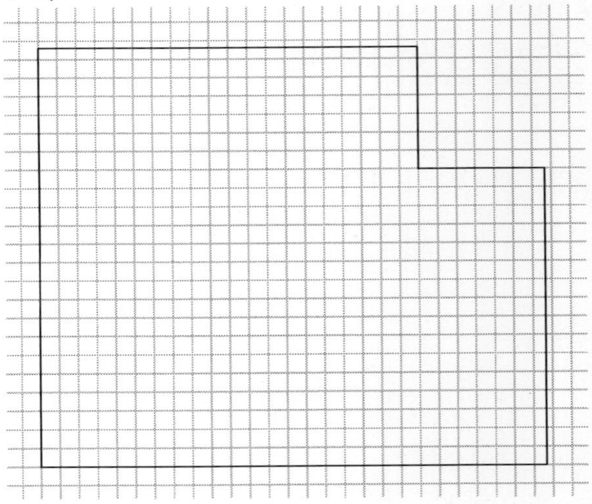

b) Umfang:
$11{,}4\,m + 9{,}9\,m + 4{,}3\,m + 3{,}4\,m + 7{,}1\,m + 13{,}3\,m = 49{,}4\,m$
c) $11{,}4 + 9{,}9 + 4{,}3 + (x - 9{,}9) + 7{,}1 + x = 2x + 22{,}8$
(Umfang in m bei Seitenlänge x in m)
d) Gleichung: $2x + 22{,}8 = 52$
Lösung:
$2x + 22{,}8 = 52 \quad | -22{,}8$
$\Leftrightarrow \quad 2x = 29{,}2 \quad | :2$
$\Leftrightarrow \quad x = 14{,}6$
Ergebnis: Bei einem Umfang von 52 m ist das Grundstück 14,6 m lang.
e) $13{,}3 \cdot 7{,}1\,m^2 + 4{,}3 \cdot 9{,}9\,m^2 = 137\,m^2$ oder
$11{,}4 \cdot 13{,}3\,m^2 - 4{,}3 \cdot 3{,}4\,m^2 = 137\,m^2$
f) $x \cdot 7{,}1 + 4{,}3 \cdot 9{,}9 = 7{,}1x + 42{,}57$ (Flächeninhalt in m^2 bei Seitenlänge x in m)
g) Judith: (3); Judith berechnet erst den Gesamtflächeninhalt $11{,}4 \cdot x$ und zieht dann den Flächeninhalt des Rechtecks rechts oben ab.
Pia: (4); Pia berechnet den Flächeninhalt der drei Rechtecke links oben $(9{,}9 \cdot 4{,}3)$, links unten $(9{,}9 \cdot 7{,}1)$ und rechts $(7{,}1 \cdot (x - 9{,}9))$ separat und addiert dann ihre Flächeninhalte.
Katharina: (1); Katharina berechnet zunächst den Flächeninhalt des linken Rechtecks $(11{,}4 \cdot 9{,}9)$, dann den des rechten $(7{,}1 \cdot (x - 9{,}9))$.
Lukas: (2); Lukas berechnet zunächst den Flächeninhalt des oberen Rechtecks $(9{,}9 \cdot 4{,}3)$, dann den des unteren $(x \cdot 7{,}1)$.

6 Länge einer Grundkante: x; Höhe des Quaders: 3x
Gleichung: $8x + 4 \cdot 3x = 5$ (in m).
$8x + 12x = 5 \quad |$ Vereinfachen
$\Leftrightarrow \quad 20x = 5 \quad | :20$
$\Leftrightarrow \quad x = \frac{1}{4} = 0{,}25$
Eine Kante der quadratischen Basis ist also 25 cm lang.
Die Drahtstücke sind 8-mal 25 cm und 4-mal 75 cm lang.

7 a)
- Insgesamt hat Kira 300 Würstchen.
- 100 Würstchen wurden zu je 0,40 € verkauft, also wurden $100 \cdot 0{,}4\,€ = 40\,€$ eingenommen.
- Kiras Kosten wären beglichen worden, wenn 300 Würstchen zu je 1 € verkauft worden wären. Also betragen die Kosten $300 \cdot 1\,€ = 300\,€$.

b) Aus a) ergibt sich die Gleichung $300 = 40 + 200\,p$, wobei p der neue Preis der Würstchen ist.
Auflösen nach p ergibt:

$300 = 40 + 200\,p \quad | -40$
$\Leftrightarrow 260 = 200\,p \quad | :200$
$\Leftrightarrow p = 1{,}3$

Die restlichen 200 Würstchen müssen demnach für je 1,30 € verkauft werden, um die Kosten noch abzudecken.

Seite 199

8 a) $3z + 15 = 8z$
Auflösen nach z ergibt:

$3z + 15 = 8z \quad | -3z$
$\Leftrightarrow 15 = 5z \quad | :5$
$\Leftrightarrow 3 = z$

Die gesuchte Zahl ist 3.
b) $n + (n + 1) + (n + 2) < 96$, wobei n die erste der aufeinanderfolgenden natürlichen Zahlen ist.
also: $3n + 3 < 96 \quad | :3$
$\Leftrightarrow n + 1 < 32 \quad | -1$
$\Leftrightarrow n < 31$

Die kleinste der drei aufeinanderfolgenden natürlichen Zahlen darf höchstens 30 sein, damit die Summe kleiner als 96 ist.
c) Sei z die kleinere der beiden Zahlen. Dann ist $z + 70$ die größere Zahl.

$3 \cdot (z + 70) < 5 \cdot z \quad$ | Ausmultiplizieren
$\Leftrightarrow 3z + 210 < 5z \quad | -3z$
$\Leftrightarrow 210 < 2z \quad | :2$
$\Leftrightarrow 105 < z$

Die kleinere Zahl z muss größer als 105 sein, also beispielsweise 106. Die größere Zahl ist dann jeweils um 70 größer.

kleine Zahl	größere Zahl
106	176
107	177
120	190
⋮	⋮

9 Fläche des ursprünglichen Rechtecks: $6a$ (in cm^2)
Fläche des veränderten Rechtecks: $2(a + 9)$
Da der Flächeninhalt gleich bleibt, gilt:
$6a = 2(a + 9)$.
Lösen der Gleichung:

$6a = 2(a + 9) \quad$ | Ausmultiplizieren
$\Leftrightarrow 6a = 2a + 18 \quad | -2a$
$\Leftrightarrow 4a = 18 \quad | :4$
$\Leftrightarrow a = 4{,}5$

Die zweite Seite des Rechtecks ist 4,5 cm lang.

10 Kantenlänge des Würfels (in cm): s
Wird das Paket wie in der Abbildung geschnürt, so wird pro Würfelseite eine Schnur der Länge 2s benötigt.
Es gilt also $6 \cdot 2s + 30 = 510$.
Lösung:

$12s + 30 = 510 \quad | -30$
$\Leftrightarrow 12s = 480 \quad | :12$
$\Leftrightarrow s = 40$

Die Kanten des Würfels sind 40 cm lang.

11 Wenn α der Winkel zu Sinas Anteil im Kreisdiagramm ist, so gehört zu Johannes der Winkel 2α, zu Jelena der Winkel 3α und zu Ida der Winkel 4α. Zusammen ergibt dies $\alpha + 2\alpha + 3\alpha + 4\alpha = 360°$.
Zusammmenfassen und Auflösen nach α:

$10\alpha = 360° \quad | :10$
$\Leftrightarrow \alpha = 36°$

Somit gehört zu Sina der Winkel 36°. Damit ist Johannes' Anteil 72°, Jelenas 108° und Idas 144° groß.

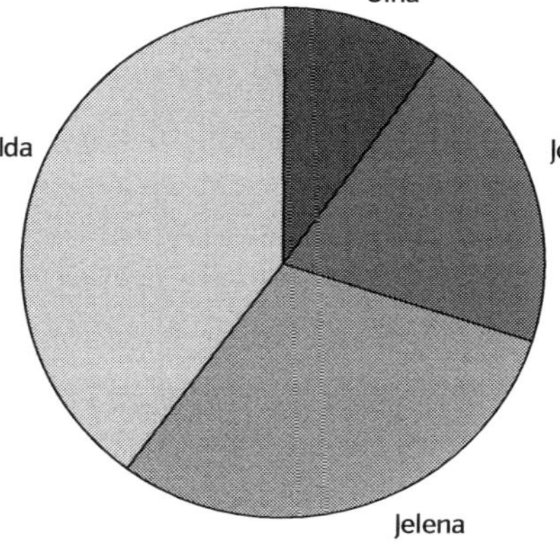

12 a) $3{,}2 \cdot 30 \cdot 25\,m^3 + 20 \cdot 25 \cdot 0{,}8\,m^3 = 2800\,m^3$
b) $x \cdot 30 \cdot 25 + 20 \cdot 25 \cdot 0{,}8 = 750x + 400$
(Rauminhalt des Beckens in m^3)
c) Gleichung: $750x + 400 = 2000$
(2000 Kubikmeter entsprechen 2 000 000 l)
Auflösen nach x:

$750x + 400 = 2000 \quad | -400$
$\Leftrightarrow 750x = 1600 \quad | :750$
$\Leftrightarrow x \approx 2{,}13$

Damit 2 Millionen Liter Wasser ins Schwimmerbecken passen, muss es ca. 2,13 m tief werden.
d) $2 \cdot 30 \cdot x + 2 \cdot 0{,}8 \cdot 20 + 0{,}8 \cdot 25 + 25 \cdot x + 30 \cdot 25 + 25 \cdot (x - 0{,}8) + 20 \cdot 25$
$= 50 \cdot 25 + 2 \cdot 25 \cdot x + 2 \cdot 30 \cdot x + 2 \cdot 0{,}8 \cdot 20$
$= 110x + 1282$
(Fläche in m^2 bei Tiefe x des Schwimmerbeckens in m).
e) Für 1000 € kann man 160 Liter Farbe kaufen ($1000 : 6{,}25 = 160$). Diese reicht für $1600\,m^2$.
Gleichung: $110x + 1282 = 1600$
Lösung:

$110x + 1282 = 1600 \quad | -1282$
$\Leftrightarrow 110x = 318 \quad | :110$
$\Leftrightarrow x \approx 2{,}89$

Das Schwimmerbecken darf höchstens 2,89 m tief werden.

13 a) $0{,}95\,€ + 36 \cdot 0{,}10\,€ = 4{,}55\,€$
b) Von 14 Fotos wurde kein Papierbild erstellt, denn wenn von x Fotos ein Abzug gemacht wurde, kann man folgende Gleichung aufstellen:

$4 \cdot 0{,}95 + x \cdot 0{,}15 = 23{,}3$ | Vereinfachen
$\Leftrightarrow$ $3{,}8 + 0{,}15x = 23{,}3$ | −3,8
$\Leftrightarrow$ $0{,}15x = 19{,}5$ | :0,15
$\Leftrightarrow$ $x = 130$

Da auf den vier Speicherkarten insgesamt $4 \cdot 36 = 144$ Fotos gespeichert waren, ergibt sich eine Differenz von $144 - 130 = 14$.
c) Kosten pro Bild (in €): p
Gleichung: $2 \cdot 0{,}95 + 2 \cdot 36p = 12{,}70$
Auflösen nach p liefert $p = 0{,}15$.
Klaus hat das Format 10 × 15 cm gewählt.

Seite 200

14 a)
- Der Vater fährt mit 1300 m pro Minute. Sei t die Anzahl der Minuten, dann legt der Vater in t Minuten 1300t Meter Wegstrecke zurück.
- Phillip legt in t Minuten 85t Meter Wegstrecke zurück.
- Beide zusammen sollen 12 km = 12 000 m zurücklegen.
  also: $1300t + 85t = 12\,000$ | Vereinfachen
  $\Leftrightarrow$ $1385t = 12\,000$ | :1385
  $\Leftrightarrow$ $t \approx 8{,}66$

Beide treffen sich nach ca. 8,66 Minuten (8 Minuten 40 Sekunden).
b) Phillip hat nach ca. 8,66 Minuten
$85 \cdot 8{,}66 = 736{,}1$ Meter zurückgelegt.
Es ist $\frac{736{,}1}{12\,000} \approx 0{,}0613$. Also ist Phillip ca. 6,13 % des Gesamtweges marschiert.
c) Es ist zu prüfen, ob $1300\,\frac{\text{m}}{\text{min}} = 78\,\frac{\text{km}}{\text{h}}$ gilt.
1 km = 1000 m
1 h = 60 min
also: $78\,\frac{\text{km}}{\text{h}} = 78 \cdot \frac{1000\,\text{m}}{60\,\text{min}} = 1300\,\frac{\text{m}}{\text{min}}$
Der Vater ist also tatsächlich mit einer Geschwindigkeit von $78\,\frac{\text{km}}{\text{h}}$ gefahren.

15 a)
- Aus dem Wasserhahn kommen in 1,5 Minuten (dies sind 90 Sekunden) 10 l Wasser, also $\frac{10}{90}$ l pro Sekunde.
- Durch den Abfluss laufen in 55 Sekunden 10 l Wasser, also $\frac{10}{55}$ l pro Sekunde.
- Wenn das Becken halb gefüllt ist, fasst es 5 l Wasser.
- Der Term $\frac{10}{55} \cdot t - \frac{10}{90} \cdot t$ beschreibt, wie viele Liter Wasser pro Sekunde effektiv ablaufen, wenn der Wasserhahn geöffnet ist (t beschreibt dabei die Zeit in Sekunden).
- Die Gleichung $\frac{10}{55} \cdot t - \frac{10}{90} \cdot t = 5$ beschreibt nun, nach wie vielen Sekunden 5 l Wasser effektiv abgelaufen sind.

b) $\frac{10}{55} \cdot t - \frac{10}{90} \cdot t = 5$ | Vereinfachen
$\Leftrightarrow$ $0{,}\overline{07} \cdot t = 5$ | :$0{,}\overline{07}$
$\Leftrightarrow$ $t \approx 70{,}71$

Der Messwert und der berechnete Wert stimmen gut überein. Die Differenz ergibt sich aus experimentellen Ungenauigkeiten.
c) Die Ungleichung $\frac{10}{55} \cdot t - \frac{10}{90} \cdot t \geqq 5$ beschreibt, nach wie vielen Sekunden 5 l oder mehr abgelaufen sind.

16 a) $[(4z + 14) \cdot 2 - z] : 7 = z + 4$ | ·7
$\Leftrightarrow$ $(4z + 14) \cdot 2 - z = 7 \cdot z + 28$ | Ausmultiplizieren
$\Leftrightarrow$ $8z + 28 - z = 7z + 28$ | Vereinfachen
$\Leftrightarrow$ $7z + 28 = 7z + 28$ | −28
$\Leftrightarrow$ $7z = 7z$ | :7
$\Leftrightarrow$ $z = z$

Diese Gleichung ist für alle Zahlen erfüllt, denn $z = z$ gilt immer. Also gilt $L = \mathbb{Q}$.
b)
- das Vierfache einer Zahl: $4z$
- addiere dann 14: $4z + 14$
- verdoppele das Ergebnis: $(4z + 14) \cdot 2$
- ziehe die gedachte Zahl wieder ab: $(4z + 14) \cdot 2 - z$
- teile durch 7: $[(4z + 14) \cdot 2 - z] : 7$

c) $[(4z + 14) \cdot 2 - z] : 7$ (durch Termumformungen)
$= [8z + 28 - z] : 7$
$= [7z + 28] : 7$
$= z + 4$

d) Auf der linken Seite der Gleichung (die auszuführende Rechenvorschrift) steht ein komplex erscheinender Term. Wenn man diesen vereinfacht, erhält man den Term $z + 4$. Beide Terme sind wertgleich. Daher muss man von dem genannten Endergebnis 4 abziehen, um die Zahl z zu erhalten.
e) individuelle Lösung, zum Beispiel:
$[(5z - 8) \cdot 3 + z] : 8 = 2z - 3$
„Verfünffache die gedachte Zahl, ziehe 8 ab und multipliziere das Ergebnis mit 3. Addiere dann die gedachte Zahl und dividiere durch 8."
Beim erhaltenen Endergebnis muss man 3 addieren und dann halbieren, um die gedachte Zahl zu erhalten.

17 a) $5(4x - 6) = -10(3 - 2x)$ | Ausmultiplizieren
$\Leftrightarrow$ $20x - 30 = -30 + 20x$ | +30
$\Leftrightarrow$ $20x = 20x$ | :20
$\Leftrightarrow$ $x = x$

Diese Gleichung ist allgemeingültig.
b) $5(3x - 6) = -10(3 - 2x)$ | Ausmultiplizieren
$\Leftrightarrow$ $15x - 30 = -30 + 20x$ | +30
$\Leftrightarrow$ $15x = 20x$ | −15x
$\Leftrightarrow$ $0 = 5x$ | :5
$\Leftrightarrow$ $0 = x$

Diese Gleichung hat die Lösung $x = 0$.
c) $5(4x - 6) = -10(2 - 3x)$ | Ausmultiplizieren
$\Leftrightarrow$ $20x - 30 = -20 + 30x$ | +30
$\Leftrightarrow$ $20x = 10 + 30x$ | −30x
$\Leftrightarrow$ $-10x = 10$ | :(−10)
$\Leftrightarrow$ $x = -1$

Diese Gleichung hat die Lösung $x = -1$.

d) $5(4x - 6) = -10(4 - 2x)$ | Ausmultiplizieren
$\Leftrightarrow 20x - 30 = -40 + 20x$ | $-20x$
$\Leftrightarrow -30 = -40$
Diese Gleichung ist nicht lösbar, da $-30 \neq -40$ ($L = \{\ \}$).
e) $6x - 14 = 2(-7 + 2x) + 2x$ | Ausmultiplizieren
$\Leftrightarrow 6x - 14 = -14 + 4x + 2x$ | $+14$
$\Leftrightarrow 6x = 6x$ | $:6$
$\Leftrightarrow x = x$
Diese Gleichung ist allgemeingültig.
f) $6x - 14 = 2(-4 + 3x) + 2x$ | Ausmultiplizieren
$\Leftrightarrow 6x - 14 = -8 + 6x + 2x$ | $+8$
$\Leftrightarrow 6x - 6 = 8x$ | $-6x$
$\Leftrightarrow -6 = 2x$ | $:2$
$\Leftrightarrow -3 = x$
Diese Gleichung hat die Lösung $x = -3$.
g) $6x - 14 = 2(-7 + 3x) + 2x$ | Ausmultiplizieren
$\Leftrightarrow 6x - 14 = -14 + 6x + 2x$ | $+14$
$\Leftrightarrow 6x = 8x$ | $-6x$
$\Leftrightarrow 0 = 2x$ | $:2$
$\Leftrightarrow 0 = x$
Diese Gleichung hat die Lösung $x = 0$.
h) $6x - 14 = 2(-6 + 2x) + 2x$ | Ausmultiplizieren
$\Leftrightarrow 6x - 14 = -12 + 4x + 2x$ | $+14$
$\Leftrightarrow 6x = 2 + 6x$ | $-6x$
$\Leftrightarrow 0 = 2$
Diese Gleichung ist nicht lösbar, da $0 \neq 2$ ($L = \{\ \}$).

Seite 201

18 a) $x \cdot (x - 2) = 0$
Für $x = 0$ ist $0 \cdot (0 - 2) = 0$, und für $x = 2$ ist $2 \cdot (2 - 2) = 2 \cdot 0 = 0$.
Demnach sind $x = 0$ und $x = 2$ die Lösungen der Gleichung $x \cdot (x - 2) = 0$ ($L = \{0; 2\}$).
b) Zu Rolf: Er erhält die Lösung $x = 2$. Diese Lösung ist zwar richtig, aber unvollständig. Wenn man durch x dividiert, fällt also eine Lösung ($x = 0$) weg. Das liegt daran, dass die Division durch x hier keine Äquivalenzumformung ist, weil $x = 0$ nicht ausgeschlossen wurde.
Zu Nina: Wenn man Gleichungen mit 0 multipliziert, ergibt sich immer die Gleichung $0 = 0$. Der Wert und damit die Anzahl der Lösungen bleibt aber nicht erhalten – bei der veränderten Gleichung kommen mehr Lösungen infrage als bei der Originalgleichung. Die Multiplikation mit null ist keine Äquivalenzumformung.
c) $(x - 5) \cdot x = 0$
Hier sind die Lösungen $x = 0$ und $x = 5$.
$0 = x \cdot (6 - x)$
Hier sind die Lösungen $x = 0$ und $x = 6$.
Regel: Wenn man eine Gleichung in der Form $A \cdot B = 0$ schreiben kann, so erhält man die Lösungen, indem man die Gleichungen $A = 0$ und $B = 0$ löst. Dieses Verfahren funktioniert, weil $A \cdot B = 0$ gilt, wenn $A = 0$ oder $B = 0$ oder gleichzeitig $A = 0$ und $B = 0$ erfüllt ist.

19 a) Bei jeweils x telefonierten Minuten können für die beiden Tarife folgende Terme aufgestellt werden, die jeweils die Kosten (in €) beschreiben:
Tarif 1: „Günstiko"
$0{,}29x$
Tarif 2: „Telefun"
$9{,}95 + 0{,}09x$
Bei einer geringen Anzahl an telefonierten Minuten ist Tarif 1 trotz des höheren Minutenpreises günstiger, da er keine Grundgebühr beinhaltet. Um die Anzahl der Minuten zu bestimmen, ab denen Tarif 2 günstiger wird, kann man folgende Ungleichung lösen:
$9{,}95 + 0{,}09x < 0{,}29x$ | $-0{,}09x$
$\Leftrightarrow 9{,}95 < 0{,}2x$ | $:0{,}2$
$\Leftrightarrow 49{,}75 < x$
Ab 50 telefonierten Minuten ist Tarif 2 günstiger.
b) In Teilaufgabe a) wurde gezeigt, dass bis 49 telefonierten Minuten Tarif 1 günstiger ist. Bei 49 telefonierten Minuten muss man bei diesem Tarif $49 \cdot 0{,}29\,€ = 14{,}21\,€$ bezahlen. Dies ist weniger als bei der Flatrate. Wenn man mehr als 49 Minuten telefoniert, ist Tarif 2 günstiger als Tarif 1. Daher vergleicht man die Flatrate mit Tarif 2:
$20 < 9{,}95 + 0{,}09x$ | $-9{,}95$
$\Leftrightarrow 10{,}05 < 0{,}09x$ | $:0{,}09$
$\Leftrightarrow 111{,}6 < x$
Ab 112 telefonierten Minuten ist die Flatrate am günstigsten.
c) Beim linken Graphen beschreibt x die verbrauchten Einheiten (Gesprächsminuten bzw. SMS) insgesamt und y die Gesamtkosten. Beim rechten Graphen sind die Kosten getrennt voneinander dargestellt. x beschreibt hier im Vergleich nur die verbrauchten Einheiten (Gesprächsminuten bzw. SMS) bei den einzelnen Teiltarifen.
Die Kosten berechnen sich durch
$122 \cdot 0{,}25 + 176 \cdot 0{,}19 + 58 \cdot 0{,}09$ (Gesprächszeit) und $40 \cdot 0{,}09$ (SMS). Dies macht zusammen 72,76 €.
Hinzu kommt der monatliche Grundpreis von 9,95 €.
Sebastian müsste also 82,71 € bezahlen.
d) Wenn bei allen Teiltarifen gleich viele Minuten verbraucht wurden, kann man mit dem Term $0{,}25x + 0{,}19x + 0{,}09x + 0{,}09s$ die variablen Kosten berechnen, wobei x die Anzahl der jeweils telefonierten Minuten und s die Anzahl der SMS beschreibt.
Der Term $0{,}53x + 0{,}09s$ ergibt sich aus dem obigen Term durch Vereinfachen (Zusammenfassen). Demnach hat Sebastian recht.

Exkursion: Zahlenzauberei

Seite 202

Kartenzauber

1 a) $(z + 1) \cdot 100 + z \cdot 10 + (z - 1) \cdot 1 - [(z - 1) \cdot 100 + z \cdot 10 + (z + 1) \cdot 1]$
$= 100z + 100 + 10z + z - 1 - [100z - 100 + 10z + z + 1]$
$= 100z + 100 + 10z + z - 1 - 100z + 100 - 10z - z - 1$
$= 200 - 2 = 198$

b) Für zwei aufeinanderfolgende Ziffern sei z die kleinste Ziffer.
größtmögliche Zahl: $(z + 1) \cdot 10 + z \cdot 1$
kleinstmögliche Zahl: $z \cdot 10 + (z + 1) \cdot 1$
also: $(z + 1) \cdot 10 + z - [z \cdot 10 + (z + 1) \cdot 1]$
$= 10z + 10 + z - 10z - z - 1$
$= 10 - 1 = 9$
Das Ergebnis ist immer 9.
Für vier aufeinanderfolgende Ziffern sei z die kleinste Ziffer.
größtmögliche Zahl:
$(z + 3) \cdot 1000 + (z + 2) \cdot 100 + (z + 1) \cdot 10 + z \cdot 1$
kleinstmögliche Zahl:
$(z \cdot 1000 + (z + 1) \cdot 100 + (z + 2) \cdot 10 + (z + 3) \cdot 1$
also:
$(z + 3) \cdot 1000 + (z + 2) \cdot 100 + (z + 1) \cdot 10 + z \cdot 1$
$-[z \cdot 1000 + (z + 1) \cdot 100 + (z + 2) \cdot 10 + (z + 3) \cdot 1]$
$= 1000z + 3000 + 100z + 200 + 10z + 10 + z$
$- [1000z + 100z + 100 + 10z + 20 + z + 3]$
$= 1000z + 3000 + 100z + 200 + 10z + 10 + z$
$-1000z - 100z - 100 - 10z - 20 - z - 3$
$= 3000 + 200 + 10 - 100 - 20 - 3$
$= 3087$
Hier erhält man immer das Ergebnis 3087.

Erbsenzauber

2 a) Sei r die Anzahl der Erbsen unter dem roten Becher. Dann ist die Anzahl der Erbsen unter dem blauen Becher $13 - r$.
Der Magier Klaus leitet folgenden Term an:
$6r + 5(13 - r)$. Durch Vereinfachen erhält man $6r + 65 - 5r = r + 65$.
Mit dem ihm genannten Ergebnis kann Klaus rückwärts rechnen.
Dann ist $r + 65 = 67 \quad |-65$
$\Leftrightarrow \quad r = 2$
Also sind 2 Erbsen unter dem roten Becher und 11 $(13 - 2 = 11)$ Erbsen unter dem blauen Becher.
Ebenso verfährt Klaus auch mit anderen Ergebnissen.
Bei einem Ergebnis von z.B. 75 wäre $r + 65 = 75$, also $r = 10$ und $13 - 10 = 3$.
b) individuelle Lösung, zum Beispiel:
„Ich habe 9 Münzen. Verteile sie in deinen Händen. Multipliziere die Anzahl der Münzen in deiner linken Hand mit 5 und die in der rechten Hand mit 4. Addiere beide Ergebnisse und nenne mir das Ergebnis." – „37."
Lösung:
Sei l die Anzahl der Münzen in der linken Hand:
$5l + 4(9 - l) = 5l + 36 - 4l = l + 36$
Mit $l + 36 = 37$ folgt $l = 1$.
Es sind 1 Münze in der linken und 8 Münzen in der rechten Hand.

Seite 203

Zahlenzauber

3 a) individuelle Lösung, zum Beispiel:

Zahl	Endergebnis
2	8
4	16
5	20
7	28
10	40

b) Sei z die gedachte Zahl.
$(z + 5) \cdot 4 - 20 = 4z + 20 - 20 = 4z$
Das Ergebnis muss man einfach durch 4 dividieren.
c) individuelle Lösung, zum Beispiel:
„Denke dir eine Zahl, addiere dann 7 und multipliziere das Ergebnis mit 5. Subtrahiere nun 29 und füge die gedachte Zahl hinzu. Dividiere nun durch 6."
Lösung:
$[(z + 7) \cdot 5 - 29 + z] : 6$
$= [5z + 35 - 29 + z] : 6 = [6z + 6] : 6 = z + 1$
Vom Ergebnis muss man nur 1 subtrahieren, um die gedachte Zahl zu erhalten.

4 a) Sei z die gedachte Zahl.
Wenn man die Vorschrift übersetzt, ergibt sich folgender Term:
$[(z + 4) \cdot 2 + 5] \cdot 4 - 8z = [2z + 8 + 5] \cdot 4 - 8z$
$= 8z + 52 - 8z = 52$
Da das Ergebnis unabhängig von der ursprünglich gedachten Zahl 52 ist, stimmt es mit der Zahl auf dem Zettel überein.
Text: „Der Term $[(z + 4) \cdot 2 + 5] \cdot 4 - 8z = 52$ erklärt alles."
b) individuelle Lösung, zum Beispiel:
$[(z - 3) \cdot 3 + 14] \cdot 2 - 6z = 10$
„Denke dir eine Zahl und subtrahiere 3. Multipliziere das Ergebnis mit 3 und addiere 14. Multipliziere nun mit 2 und subtrahiere das Sechsfache der gedachten Zahl. Das Ergebnis steht schon auf dem Zettel."
c) Man sollte diesen Trick mit jeder Rechenvorschrift nur einmal durchführen, weil das Ergebnis ansonsten immer dasselbe wäre, was sehr auffällig wäre.

Streichholzzauber

5 a) Nach der 2. Anweisung liegen
- im linken Stapel 2 Hölzer,
- im mittleren Stapel 9 Hölzer und
- im rechten Stapel 4 Hölzer.

Damit nach der 3. Anweisung im mittleren Stapel 6 Hölzer liegen, müssen noch 3 Hölzer aus dem mittleren Stapel beispielsweise auf den rechten Stapel verschoben werden. Es fällt bei verschiedenen Anfangssituationen auf, dass nach der 2. Anweisung im mittleren Stapel immer 9 Hölzer liegen.

b)

	linker Stapel	mittlerer Stapel	rechter Stapel
Anfangssituation	x	x	x
nach der 1. Anweisung	x − 3	z + 6	z − 3
nach der 2. Anweisung	x − 3	x + 6 − (x − 3) = 9	x − 3 + (x − 3) = 2x − 6

Da die Anzahl der Hölzer nach der 2. Anweisung im mittleren Stapel immer 9 ist, kann Kristine die dritte, vierte oder fünfte Anweisung so wählen, dass am Ende im mittleren Stapel so viele Hölzer liegen, wie von der Person genannt wurde.